名家视点 第 6 辑

机构知识库的建设与服务推广

《图书情报工作》杂志社 编

海洋出版社

2015年·北京

图书在版编目（CIP）数据

机构知识库的建设与服务推广/图书情报工作杂志社编. —北京：海洋出版社，2015.5
ISBN 978-7-5027-9136-0

Ⅰ.①机… Ⅱ.①图… Ⅲ.①学术机构-知识库-文集 Ⅳ.①G311-53

中国版本图书馆 CIP 数据核字（2015）第 076914 号

责任编辑：杨海萍
责任印制：赵麟苏

海洋出版社 出版发行

http://www.oceanpress.com.cn
北京市海淀区大慧寺路 8 号　邮编：100081
北京旺都印务有限公司印刷　新华书店北京发行所经销
2015 年 5 月第 1 版　2015 年 5 月第 1 次印刷
开本：787 mm×1092 mm　1/16　印张：20.25
字数：348 千字　定价：48.00 元
发行部：62132549　邮购部：68038093　总编室：62114335

海洋版图书印、装错误可随时退换

《名家视点丛书》编委会

主　任：初景利
委　员：易　飞　杜杏叶　徐　健　王传清
　　　　王善军　刘远颖　魏　蕊　胡　芳
　　　　袁贺菊　王　瑜　邹中才　贾　茹
　　　　刘　超

序

　　由《图书情报工作》编辑部编选的《名家视点：图书馆学情报学理论与实践丛书》第6辑即将由海洋出版社出版发行与广大读者见面。这是一件值得高兴的事情。从期刊的角度，这是编者从大量的已经发表的文章中精心挑选出来的专题文章，虽然均在本刊发表过，但以专题的形式集中出版，是期刊内容与论文内容的一种增值，体现期刊价值的再利用；对作者而言，这是另外一种传播途径，增强研究成果再次被阅读、被利用的机会，实现论文再次得到关注和充分利用；对读者而言，通过专辑而阅读到多篇同一专题的文章，可以高效率地了解和跟踪该领域的研究进展，深化对该领域的认识，对于开展深度的研究或应用到实践工作奠定良好的基础。

　　本专辑共有4册。第一册是《机构知识库的建设与服务推广》，共收录32篇文章，涉及到机构知识库从基本概念、政策、技术、应用、服务的各个方面，也基本涵盖了机构知识库建设与服务的各个方面的问题，也是有关机构知识库国内重要作者研究成果的大汇聚。机构知识库作为开放获取的重要内容和学术机构自主知识资产的管理与服务系统，是知识管理的重要体现形式，也是图书馆业务与服务新的增长点，具有良好的发展前景和战略意义。对图书馆而言，开发、管理、维护机构知识库并提供基于机构知识库分析的情报分析与科研布局咨询，对图书馆业务与服务的转型发展具有十分重要的意义。

　　第二册是《移动图书馆服务的现状与未来》共收录37篇文章，涉及移动互联网用户阅读行为、移动图书馆服务模式、移动图书馆服务质量控制、国外移动图书馆服务实践进展、移动图书馆需求与评估等方面。移动图书馆服务在国内图书馆界研究成果不少，学界和业界也高度认同，但由于收到诸多因素的制约，实践上的发展并不够普及和深入。随着移动互联网技术的发展和相关设施的普及，移动图书馆建设仍然是一个值得重视并加大投入的一个领域，其发展前景将十分广阔。

　　第三册是《馆藏资源聚合研究与实践进展》共收录32篇文章，涉及馆藏聚合模式、数字资源语义关联、关联数据与本体、协同推荐、知识图谱、面向下一代的知识整合检索等。馆藏资源聚合是一个前沿性命题，也是图书馆从资源建设走向基于资源的挖掘与服务的必然过程。这些方面的研究对于深度地利用馆藏数字资源，实现馆藏资源价值的最大化，具有十分重要的现实意义和应用前景。

第四册是《知识网络研究的进展与创新》共收录31篇文章，涉及科研合作的网络分析、共词分析、主题演化分析、学科知识结构探测、研究热点聚类、科研合作网络等，体现了学界业界对这些领域的最新探索和应用性研究成果。为科研提供深度的前沿热点揭示和发现服务，对图书馆服务能力的提升具有重大的意义。图书馆（特别是大学图书馆和专业图书馆）需要加大这一领域的研究、研发和应用的投入，加快图书馆向知识服务的转变。

虽然本专辑的这4本书只是从《图书情报工作》近年来发表的文章精选出来的，但也可基本上代表国内学界对相关问题的最新研究成果和图书馆界实践上的探索与创新，具有学术上的引领和实践上的示范作用。尽管研究者还不够多，研究水平也还有待提升，实践应用也处于探索阶段，但也能显示作者们对这些领域的贡献以及潜在的广泛应用价值。

期待这些研究成果能通过这一专辑的出版，对推动国内的学术和实践产生应有的作用，引起更多的图书情报机构的重视，引发更多的研究人员的后续研究，并不断走向深化。在此也感谢所有作者的智慧和贡献，感谢海洋出版社的倾心出版，感谢编辑部同仁所付出的努力。

初景利

《图书情报工作》杂志社社长、主编

中国科学院文献情报中心教授，博士，博士生导师

2015年4月23日 于北京中关村

目　次

综　合　篇

机构知识库的政策、功能和支撑机制分析 …………………………… 张晓林(3)
机构知识库发展趋势探析 ……………………………………………… 陈　和(14)
中美图书馆咨询知识库比较研究 ………………………… 王　毅　罗　军(23)
中国科学院系统与高等学校机构知识库建设比较研究
　　…………………………………………………………… 徐红玉　李爱国(32)
机构知识库联盟发展现状及关键问题分析 …… 曾　苏　马建霞　祝忠明(44)
日本机构知识库发展与现状研究 ………………………… 陈枝清　徐　婷(53)
日本机构知识库存缴后印本论文的著作权策略研究 …… 朱莲花　牟建波(60)
机构知识库建设中存缴和发布已发表作品的法理透析
　　——梳理中国科学院研究所机构知识库主要著作权疑虑 ……… 周玲玲(68)
从心理学角度谈如何促进机构知识库资源建设 ……………………… 蔡　屏(75)
以人为本　科学构建学者知识库 ……………………………………… 何继红(84)
期刊出版商版权协议对我国机构知识库发展的影响
　　………………………………………………… 于佳亮　马建霞　吴新年(92)
国内机构知识库研究文献的可视化分析 ……………… 奉国和　吴敬学(101)

建　设　篇

机构知识库建设模式研究 ……………………………………………… 邓　君(115)
机构库共享机制研究 ……………………………… 谢　琴　王　军　赵伯兴(125)
公众议题知识库的多层本体设计 ………………… 张鹏翼　周　妍　袁兴福(135)

1

分类主题词表的计算机自动编制

　　——兼论用于自动分类的知识库的改进 ………… 顾　颖　何　琳(151)

OAI 资源库更新频率的定量分析和同步模型的建立 … 翟中会　石　蕾(161)

汉语框架网络知识库的语义角色特征识别 … 贾君枝　赵文娟　王东元(170)

创作共用协议在机构知识库建设中的应用与意义 …… 刘玉婷　马建霞(179)

应 用 篇

中国科学院机构知识库建设推广与服务

　　………………………… 张冬荣　祝忠明　李　麟　王　丽(189)

国家科学图书馆咨询知识库的研究与实践

　　………………… 李　玲　姚大鹏　魏　韧　张杰龙　范　炜(201)

西安交通大学机构知识库数据共享集成研究与实践

　　………………………… 魏青山　张雪蕾　陈楠楠　邵晶(211)

高校机构知识库与用户的互动关联策略研究

　　………………………… 傅　俏　卢章平　盈江燕　袁　润(223)

以用户需求为导向的高校机构知识库自存储服务机制研究 …… 胡海燕(234)

基于文献数据规律的机构知识库数据转换模型研究

　　………………………… 侯瑞芳　李　玲　陈嘉勇　肖　明(244)

基于本体知识库的模糊信息检索研究 ………………………… 俞扬信(253)

科研人员对 OA 知识库的认知程度和使用现状分析 … 李　武　卢振波(262)

评 价 篇

国内外机构库评价研究现状述评 ………… 袁顺波　华薇娜　马学良(275)

机构库评价的关键问题研究 …………………………………… 马学良(282)

基于成熟度视角的机构库评价研究 …………………………… 袁顺波(289)

Altmetrics 指标在机构知识库中的应用研究 … 邱均平　张心源　董　克(296)

开放存取知识库的网络计量排名和评价研究 ………………… 崔宇红(308)

综合篇

机构知识库的政策、功能和支撑机制分析

张晓林

(中国科学院国家科学图书馆 北京 100080)

机构知识库（Institutional Repositories，IR）作为机构知识管理的重要部分，正日益成为研究型图书馆的重要职责之一[1]。但是，IR 不仅是技术平台建设，更多地涉及复杂的目标、政策、功能和支撑机制。本文结合国家科学图书馆的实际需要，提出机构知识库建设的相关政策与机制的基本分析。

1 机构知识库目标分析

机构知识库是机构知识管理的重要机制[2-3]。根据定位的不同，机构知识库的建设目标可以分为三个层次[4-5]：

• 机构知识资产管理。主要任务和目标是对本机构已经形成的显性的知识产品本身的收集、组织和长期保存。

• 机构知识传播管理。主要目标扩展到知识内容在内外传播，将知识资产转化为生产力，关注对显性或隐性知识的及时捕获、转化、传播以及对知识内容传播状况的审计，支持机构最大限度利用自己所产生的知识内容。

• 机构知识能力管理。主要目标进一步扩展到对机构的知识需求分析（"需要什么知识"，例如可存储关于需求的知识,结合领域或任务知识地图的对照分析）、知识能力分析（"拥有什么知识"，可按主题和时间构造机构知识地图）、知识关系分析（"机构内外知识内容间存在什么关系、如何利用这些关系产生新知识或新能力的关系"，例如知识合作关系分析）、知识资产应用分析（"拥有的知识是否得到利用"，可按浏览检索、或应用程度分析）、知识需求与知识能力匹配分析（"需要与拥有的差距"，可进行领域知识地图与机构知识地图的对照分析）、知识能力竞争力分析（与竞争对手知识地图的对照分析）等，支持对真实知识状态及知识缺陷的鉴别，促进机构提升自身的知识能力。

机构知识库建设应从发展机构知识能力出发，保证实现对本机构知识资产

的收集和长期保存，积极建设对知识内容进行捕获、转化、传播、利用和审计的能力，逐步建设包括知识内容分析、关系分析和能力审计在内的能力。

2 知识内容类型

机构知识库覆盖的知识内容，一般指本机构成员学生和合作者产生的知识内容。

2.1 作者范围

- 机构成员作品。即本机构员工、学生及直接合作者所创作的知识内容，其中直接合作者指在本机构资助下或以机构名义参与有关工作的其他人员，例如项目聘任人员、委托研究人员、参加本机构资助项目的合作研究人员等。
- 其他合作者作品。例如本机构牵头合作项目的参加者、本机构主办承办会议的参加者等生产的知识内容。
- 合作作品。本机构作者与其他作者合作产生的知识内容，包括在合作课题中、或在合作者机构支持课题中产生的知识内容。
- 本机构出版物。例如学术期刊、专著或其他出版物，其中包含机构成员和非机构成员的作品。

2.2 内容形式

- "文献型"作品，例如文件、论文、报告、图书等文献。
- "非文献型"知识产品，例如PPT、图片、课件、音视频资料、软件等多媒体或复合文献。
- "数据型"知识内容，包括数据库、数据集等。
- "隐性"知识内容，即那些隐藏在个人或部门的工作流程、方法、习惯等中的知识，尚未转化为正式资料，但可记录和转化成为显性、公共的知识。
- 个人知识内容，属于机构成员的但对本机构学术、专业、管理等有关的内容，可记录、收集和转化成为显性、公共的知识。

2.3 内容性质

具有普遍科学意义的知识内容（论文、科研报告、专著等）；有竞争意义的知识内容（例如涉及竞争性产品、方法、技术等）；内部管理性质的知识内容（例如内部工作计划、预算、评价、规范、程序等）；带有个人私密信息的知识内容（例如应聘招聘、学位学习和答辩成绩、课题申请人信息等）。

2.4 发布形式

正式发布或发表的作品，例如已发布的各种正式文件、在期刊和论文集上发表的论文等."相对公开使用"但尚未发表的作品,例如已在学术会议、课题网站、个人博客、社区论坛、公开讲座等上发布,或已在一定范围"交付使用"(例如呈交、批准、通过等)且无专门传播限制的报告、论文、演示文档、访谈等;未公开发布或发表的内容,指已经完成但尚未发表或发布的作品,也可指相应的初稿、讨论稿、征求意见稿等,或个人认为有意义的已经形成文字或其他媒体表现形式的知识内容。

2.5 权属性质

根据著作权法及其实施条例等[6],知识内容区分为:

2.5.1 法人作品 由机构(法人或非法人组织,下同)主持,代表本机构意志创作,并由本机构承担责任的作品,本机构视为作者,例如机构的文件、工作报告、年度报告、工作规范等。法人作品的著作权属于法人。

2.5.2 职务作品 机构成员根据机构下达的指示创作与本机构工作业务有关的作品是职务作品,尤其是利用机构专门提供的物质技术条件来创作,并由机构承担责任的工程设计图、产品设计图、地图、计算机软件、数据集等作品,由机构组织人员进行创作,提供创作条件并承担责任的百科全书、辞书、教材、大型摄影画册等编辑作品,或者法律、行政法规规定或合同约定著作权由机构享有的职务作品。对于职务作品,作者只享有署名权,著作权的其他权利由本机构享有。

2.5.3 其他职务作品 机构成员在机构物质技术条件支持下、为完成机构工作任务所创作的其他作品(例如学位论文和课题研究报告),除合同另有规定者外,著作权由作者享有,但机构有权在其业务范围内优先使用。

2.5.4 课题作品 由机构成员在机构或公共经费支持下承担课题所完成的学术论文、科研报告、专著等作品,除合同另有约定外,著作权属于作者。但作品中涉及到的工程设计、产品设计图纸及其说明、计算机软件、地图等作品,如果是利用本机构的物质条件创作、并由本机构承担责任的,其著作权归属本机构。

2.5.5 机构出版的汇集作品 机构出版的学术刊物、会议录、汇编文集和其他汇编性质的作品,属于机构主持、由机构承担管理责任的作品。除合同另有规定者,其中完全属于机构业务工作、在机构提供物质技术条件下产生的内容,应视同作者仅享有署名权的职务作品;由机构成员创作、属于作者完成机构工作任务或在机构课题支持下完成的作品,属于作者享有著作权的职务作品或课题作品。

2.5.6 其他作品 机构成员利用其他条件所完成的学术论文、科研报告、专著等作品，除法律、合同另有约定外，著作权属于作者。

3 服务功能设计

机构知识库应在快速实现强大的机构知识资产管理的同时，积极试验、不断充实知识传播管理和知识能力管理的相应功能。

3.1 收集

应建立相关制度、方法和技术支持高效方便的收集。

- 在制度上，要确定什么人的什么作品在什么时间以什么方式进行存缴[7-8]。应规定（Require，下同）立即存缴法人作品；应规定机构成员（含直接合作者，下同）立即存缴正式发表的职务作品和课题作品（包括合作作品），并建立相应的保障激励制度（例如作为评价依据）以及必要的传播保护政策；应规定机构成员立即存缴"相对公开使用"的职务作品和课题作品（包括合作作品），并建立相应的激励与约束制度（作为评价依据、优先权属证据和知识能力证据）以及必要的传播保护政策；应规定立即存缴以机构及所属部门名义出版的汇集作品，但其中由非机构成员完成的非合作作品，应由作者选择传播方式．应要求（Request，下同）机构成员及时存缴其他作品，并建立相应的鼓励制度（作为优先权属证据和知识能力证据）以及相应的传播保护政策；应鼓励（Recommend，下同）其他合作者及时存缴已发表的和"相对公开使用"的作品，并建立相应的激励与约束制度以及必要的传播保护政策；应逐步建立对隐性知识进行记录、收集和转化的机制，同时建立相应的鉴别、权属管理、传播管理和鼓励政策；应通过多种服务鼓励存缴（例如提供浏览统计证明）；可建立集中授权机制，例如机构成员授权机构对自己正式发表或"相对公开使用"的作品进行收集和存缴。

- 在方法上，应建立可非常方便使用的存缴接口，支持连续上载、批量上载，应建立从其他内容系统（学位论文系统、期刊编辑出版系统、ARP系统、学术会议平台、研究生教育管理系统等）获得作品或元数据的接口；应逐步建立自动抽取元数据的方法．应逐步建立对非数字作品进行数字化、转换、封装和载入的方法，应逐步建立对隐性知识进行记录、收集、转化、鉴别及权属管理的方法。

- 在技术上，应支持机构成员以常见格式上载作品；应提供将常见格式转换为保存格式的机制．应建立将用户格式转换为可保护的传播格式的方便机制，应提供将用户格式和保存格式、传播格式链接的内部机制。

3.2 组织

应建立相关技术手段来支持灵活多样的内容组织。

- 从内容组织角度，应支持按照个人、部门（年级）、课题（课程）、领域、主题、类型、出版或发布渠道等多个维度关联组织所收集的作品；应支持同一内容的多类相关作品（例如某一学位论文与其他论文、数据集、软件等）的关联组织；应支持同一人员、部门或课题内容多个作品的逻辑组织；应支持多个个人、部门和课题间通过合作作者、合作单位、资助单位、资助课题或项目等的关联组织。可建立具有灵活关联标引功能的元数据格式，并在标引和检索时提供相应功能。

- 应逐步支持利用复合对象格式来关联或封装相互关联的多个作品。先期可将一般对象格式作为长期复合对象格式的一个可扩展的特例格式。

3.3 传播

促进知识内容传播是机构知识库的重要任务，需要建立积极的传播政策、必要的传播保护机制和灵活多样的传播技术。

传播政策应综合考虑促进机构知识能力发展、保障公众获取和保护作者权益的需要，规定什么人的什么作品在存缴后什么时间以什么形式传播。

对于具有普遍科学意义的知识内容，应尽量采用开放获取方式广泛传播. 对于具有竞争意义的知识内容，可以有合理的传播保护措施，但应避免对没有实质竞争意义的知识内容过分保护，避免对已经失去竞争意义的知识内容继续保护，而且应树立和宣传"传播就是竞争"（获得优先权属证明）的意识；对于具有内部管理性质的知识内容，如果包含具有普遍意义的学术或技术知识和可以提供广泛借鉴的战略、政策、制度、方法，只要不影响竞争和不涉及个人隐私，应尽量广泛传播，而且公共机构有义务公开自己的战略、政策、制度和方法，保证透明性和可公共问责：对于涉及个人隐私的内容，则应采取有效的保护措施。

从传播科学、服务公众、宣传机构、提高可公共问责性角度，应规定机构成员已公开发表的职务作品和课题作品在存缴时立即实行开放获取；应规定机构成员"相对公开使用"的职务作品和课题作品在存缴后立即实行开放获取或在有限保护期后实行开放获取（保护期内也可向指定范围开放传播）；应规定机构出版的汇集作品在存缴后立即实行开放获取或在有限保护期后实行开放获取（其中由非机构成员完成的非合作作品，应事先征得作者同意）；应鼓励机构成员的其他作品尽可能实行开放获取或在有限保护期后实行开放获取；应鼓励其他合作者已公开发表或"相对公开使用"作品尽量尽早实行开放获取。无论作品是否有传播保护措施，除非有法定保密要求，应全面开放所有保存作品的元数据。

应提供多种形式的检索浏览能力，包括对个人、部门、课题、类型等不同维度的集成浏览能力，提供利用各种关系关联检索的能力。

应提供机构知识库元数据开放收割接口[9]和开放检索接口，支持第三方对机构知识内容的揭示和对可开放获取内容的检索，建立帮助获得非开放获取内容的获取机制及咨询服务。

3.4 长期保存

机构知识库是知识资产长期保存的基础，但它还必须在存缴、组织和保存转移等方面的政策和技术上为长期保存提供具体支持。

- 从存缴角度，应规定作者存缴原始内容如果有传播保护措施—例如只发布 PDF 版本—则可由知识库系统自动转换。如果原始对象为非常用格式，应由知识库系统自动转换为常用格式。应要求作者存缴完整对象. 应提供将不同时间提供的但实质上属于同一完整对象的内容关联起来的机制。知识库元数据应包含存缴对象的技术信息、权属信息和其他与长期保存密切相关的信息。应建立已存缴作品的撤出管理机制，对规定存缴的内容，未经机构知识库管理者同意不能撤出；对要求和鼓励存缴的内容，应通过必要的传播保护和激励措施鼓励人们长期保存，并建立撤消存缴登记制度，使得机构知识库掌握和更新保存情况。

- 从对象组织的角度，应积极采用开放数字对象格式来组织存缴内容，支持存缴对象的结构化组织、迁移、输出等；应逐步支持复合对象格式，关联组织或封装涉及相同人员、课题、部门等的多个作品。

- 从对象保管的角度，应建立所存缴内容的数据管理机制，通过自动、定期的存储库审计功能，确认所存缴内容是否得到妥善保存；审计功能应能按照个人、部门、课题等分别进行，以方便理解的方式呈现和报送审计结果；应建立所保存内容的定期备份机制；应建立所保存内容的转移输出功能，按照开放封装格式进行转移，应能按照个人、部门、课题等分别进行转移。

3.5 扩展服务

应建立相关机制来支持基于保存内容的丰富服务。

- 从知识能力宣传的角度，可利用知识库所保存内容建立虚拟的个人、课题、部门等的知识目录（Portfolio），集中展现相应对象所产生的知识成果。应提供知识目录的定制功能，提供知识目录相互关联浏览的能力。

- 从知识能力审计的角度，应支持对存缴内容按照时间、部门、课题和个人等统计的功能；应支持对所保存内容被不同范围用户从不同方式使用（例如浏览题录或摘要、下载全文）的统计功能.应支持利用所保存内容建立知识地图的功能。统计结果应能正式输出以支持宣传和评价的需要。

- 从知识能力评价的角度，应逐步支持对机构的知识需求分析、知识能力分析、知识关系分析、知识资产应用分析、知识需求与知识能力匹配分析、知识能力竞争力分析等。这些可以利用外部工具，分析与评价结果应保存到机构知识库。

3.6 互操作服务

应建立相关机制来支持机构知识库与外部知识系统的有机链接，促进机构知识资产的充分传播，促进外部相关知识的发现和利用。

- 从关联利用外部相关知识的角度，应建立从机构知识库内特定知识内容直接检索外部知识系统乃至集成机构知识库内外资源的功能.应嵌入帮助机构成员获取外部知识内容的服务，应嵌入为检索外部知识内容提供咨询帮助的服务。

- 从提升知识管理能力的角度，应建立机构知识库与科研管理系统、办公管理系统、机构信息发布平台、学位论文系统、期刊编辑出版管理系统、学术会议平台、教育管理系统等双向内容交换和验证的机制，保障知识内容的及时捕获、可靠记载和与管理流程的紧密结合。

4 权益保护政策

机构知识库所保存内容涉及机构、机构成员和合作者的作品及权益，公共机构还必须考虑国家和公众的权益。因此，需要建立相应的权益保护机制，保证知识内容被可靠收集，知识产权得到妥善保护，知识管理能规范进行，消除对竞争性使用和不合理使用的顾虑，规避管理和法律风险，保证可持续运行。

4.1 传播保护机制

由于各个方面对不同性质的作品拥有不同的权利，应针对性地制定相应的传播保护政策，妥善处理个人与机构、保护与传播的关系。

在需要进行传播保护时，应首先考虑非限制性的传播保护措施，例如采用创作共享版权许可（Creative Commons Licenses，CC）[10]，支持开放传播.或将原始文档转换为不可修改及不可摘取片段的PDF文件开放传播。

在竞争性需要或出版者限制下需要采取限制性传播保护措施时，应建立"例外限制"政策，即默认是开放传播，只在必要时才能过专门选择设置传播限制，避免自动进行笼统的限制；应确定"有限限制"和"最小限制"原则，不能设置无限期的限制，尽可能设置小的时间或范围限制；应确定"自动取消"原则，任何传播限制均设期限，只要没有再次专门设置，到期自动取消限制。

在具体设置传播限制时，可综合考虑对传播时间的限制（例如发表后6个月再开放获取）、对内容形式的限制（例如先只开放文摘或简本，6个月后开放全本）、对传播范围的限制（例如先只在本机构开放、6个月后在整个网络上开放）等，尽量将限制程度降到保护知识产权或竟争优势的最低要求。

在采取限制性传播保护措施时，应提供方便经济的文献索取服务，帮助必要时经过同意后获取原文。

在实施传播保护的同时，应帮助作者更好地传播自己的作品，包括向作者提供知识目录、浏览检索统计和作品元数据批量下载服务。

4.2 权益保护机制

将作品存缴到机构知识库中，并没有改变作品的著作权权属。为了妥善保护机构和作者的合法利益，应建立明确的权益保护政策。

为了保护内容创作者的权益和规避法律风险，机构成员在存缴作品及选择传播方式时，应承诺自己对所存缴的作品拥有著作权（流程上应建立作品权属的检查确认机制），如果存缴内容属于合作作品，则应取得合作者的相应许可。对于职务作品和课题作品，应按照机构相关政策进行存缴和传播。

为维护机构知识资产和提升机构知识竟争力，除法律或合同另有规定外，机构成员应承诺将机构知识库作为职务作品和机构资助课题作品的第一存缴库，并在引用自己作品时尽可能使用作品的机构知识库标识。

为了保证对知识作品的长期保存，机构成员应允许机构知识库为保存目的对作品进行元数据抽取、格式转换、内容组合、备份迁移等处理，此时机构知识库应维护作品的署名权、完整性和作者的其他合法权益。

为了在保障机构成员著作权权益的同时促进知识广泛传播，应积极推行创作共享版权许可（CC许可）。CC许可保留作者的著作权，同时在满足一定许可条件的情况下，允许第三方对作品为研究与学习目的复制、传播和显示。第三方在超出"一定许可条件"下使用作品，仍需专门申请得到著作权人的许可。CC许可还规定了若干条件，例如使用者必须明确标注作者信息（Attribution），包括必要的出版信息，使用者不能把作品用于商业用途（Non commercial），或者不能提取作品内容生成衍生作品（No Derivative Works），或者在提取作品内容生成衍生作品时采用同样的CC版权许可（Share-alike）。No Derivative Works和Share-alike二者选一。机构可将包括Attribution、Non commercial 和 Share – alike 的授权权许可作为自己机构的基准许可,但应允许作者对个人拥有著作权的作品选择 Non Derivative Works 或 Share – alike。

为了保护公众机构的权利,对于机构成员在正式学术期刊和学术会议论文集上发表的论文,应规定在签署发表合同时通过补充协议来保留作者在机构知识库存缴与发布作品的权利[11],应要求出版者同意机构成员在机构知识库存缴与发布所发表的作品[12],所存缴版本应是正式发表版本或发表前最后作者定稿,存缴应在发表时立即进行,并在不超过发表后 6 个月按照 CC 许可开放获取。机构可代表其成员与出版者签订对所有成员有效的保留存缴与发布权的补充协议。

为保护机构作者和出版者的合法权益,应建立作品标识符和引用规则,要求使用者在使用知识库知识内容时遵守学术道德、采用规范的标识符和引用规则来注明来源。知识库在揭示或显示该作品时应给出规范标识方式。如果属于已发表作品,知识库在显示作品时应给出出版源信息,并要求使用者注明出版源信息。

机构作为知识库的管理者,应保证所存缴作品和存缴过程管理信息(例如存缴日期、存缴者、传播选择等)的完整性、安全性和长期可获得性;除法律规定和机构法定职责规定外,未经著作权人同意,不向其他机构转移存缴作品。应维护作者的合法利益,在机构知识库主页上显示合理使用的要求;出现侵权行为时,应提供有关信息,支持作者维权,机构在利用保存内容汇编新的作品时,除法人作品和个人仅享有署名权的职务作品外,应事先征得作者同意,并在新的作品中明确反映个人作者(包括仅享有署名权的作者)的贡献,如果新的作品产生经济收益,应向作者支付收益,机构在已知第三方利用知识库保存内容汇编新的作品时,应要求第三方事先征得作者同意、准确反映作者贡献、合理分配可能的经济收益。

5 支撑机制

机构知识库建设涉及复杂过程、交错权益、长期投入,需要建立相应的支撑机制来保证迅速收集、有效传播、深入利用和长期保存机构的知识资产。

5.1 战略机制

应将机构知识库建设作为机构保存知识资产、发展知识能力、构建知识环境的战略任务,并将其纳入机构的整体建设、管理和发展战略之中,以机构知识库白皮书或管理应用指南等方式明确确认。

5.2 制度机制

机构应明确规定机构知识内容的存缴政策、传播政策和权益保护政策. 认可创作共享版权许可对机构知识内容的适用性并提供适用指南. 建立作者发表论文时保留存缴与传播权利的发表合同补充协议范本和适用指南, 积极争取以机构名义与本领域主要出版商签订保留本机构作者存缴与开放传播权利的集体协议, 并作为范本供机构成员在通过其他出版商发表论文时利用; 建立直接依靠机构知识库内作品来进行年度考核和评价评奖等制度。

5.3 管理机制

应明确机构内部负责建设和管理机构知识库的责任部门及其责任目标, 设计和宣传相应机制与政策, 组织与出版商的存缴与传播权利集体谈判, 协助机构成员解决存缴和传播中的各种问题, 组织授权存缴, 组织对存缴状态的统计监测, 组织与第三方利角系统的协商, 组织可能的维权行动等。机构可授权内部相关部门负责机构知识库的技术管理和服务管理。

5.4 服务机制

应建立支持机构成员及合作者方便进行存缴和传播的服务机制, 除通过上述"管理机制"提供政策与法律咨询服务、维权服务、集体谈判服务等, 还应委托内部相关部门向个人、部门或课题提供传播管理服务（例如统计打印检索流量证明）、知识目录服务、关联信息通报服务（"谁提供了与你的作品类似或相关的作品"）, 为机构提供知识内容审计和知识能力分析服务等。

5.5 技术机制

机构知识库的技术平台应尽量采用开源软件, 遵循开放技术标准, 建立开放的元数据收割接口, 建立与开放资源集成揭示系统（例如 OpenDOAR[13]）的开放统计与检索接口; 应建立与学术出版、教育信息、科研数据、科学普及等系统的开放输入输出接口, 建立与文献信息服务系统的开放服务接口, 积极建立支持第三方工具对知识库知识内容进行深度分析的接口。

参考文献：

[1] 张晓林. 重新定位研究图书馆的形态、功能和职责——访问美国研究图书馆纪行. 图书情报啊工作, 2006, 50(12): 5-10。

[2] Clifford A L. Institutional Repositories: Essential infrastructure for scholarship in the digital age. Libraries and the Academy, 2003, 3(2): 327-336.

[3] SPARC: Institutional Repository Checklist & Resource Guide. 2002. [2007-12-10]. http://www.arl.org/sparc/bm~doc/IR_Guide_&_Checklist_vl.pdf.

[4] Davenport T, Prusak L. Working Knowledge. Boston: Harvard Business School Press, 1998.

[5] Wissensmanagement Forum (Hg): An Illustrated Guide to Knowledge Management, Graz 2002. [2007 – 12 – 10]. http://www.wm-forum.org/files/Handbuch/An_Illustrated_Guide_to_Knowledge_Management.pdf.

[6] 中华人民共和国著作权法, 2001年10月27日. 中华人民共和国著作权法实施条例, 2002年8月14日公布. 最高人民法院关于审理著作权民事纠纷案件适用法律若干问题的解释, 2002年10月12日.

[7] Pappalardo K, Fitzgerald A. A guide to developing open access through your digital Repository. [2007 – 12 – 10]. http://eprints.qut.edu.au/archive/00009671/.

[8] Steval H. The Immediate – Deposit/Optional Access (ID/OA) Mandate. [2007 – 12 – 10]. http://openaccess.eprints.org/index.php?/archives/71-guid.html.

[9] Open Archives Initiative Protocol for Metadata Harvesting. [2007 – 12 – 10]. http://www.openarchives.org/pmh/.

[10] Creative Commons International. [2007 – 12 – 10]. http://creativecommons.org/international/cn/.

[11] Hirtle P. Author Addenda: An Examination of Five Alternatives. [2007 – 12 – 10]. http://www.dlib.org/dlib/november06/hirtle/11hirtle.html.

[12] Ober J. Faculty Copyright Management: University of California Strategies. [2007 – 12 – 10]. http://www.arl.org/arldocs/events/fallforum/forum06/presentations/ober.htm.

[13] Directory of Open Access Repositories. [2007 – 12 – 10]. http://www.opendoar.org/.

作者简介

张晓林, 男, 1956年生, 教授, 博士, 常务副馆长, 博士生导师, 发表论文100余篇, 出版专著3部。

机构知识库发展趋势探析

陈 和

（厦门大学图书馆　厦门 361005）

1　前言

自从机构知识库（Institutional Repository，IR）概念在 20 世纪 90 年代被提出来以后，有关机构知识库的理论和实践研究就从来没有停止过。理论研究主要集中在机构知识库的基本概念、与开放获取（Open Access）的关系、对传统学术交流的影响等；而实践研究主要是集中在不同的学术研究机构和政府机构根据自身需求和目标构建本机构的知识库，并向本机构成员提供服务。在机构知识库早期发展阶段，实践研究更多的是注重于机构知识库"如何建"，这些早期构建的机构知识库的主要功能是收集、保存、管理和利用本机构成员的数字化学术资源。在机构知识库早期蓬勃发展过程中出现了多套用于构建机构知识库的免费开源软件，其中以 DSpace 和 EPrints 最为知名，在 OpenDOAR 站点的构建机构知识库软件统计排名中位居前列[1]。然而，随着软件技术、网络技术、存储技术等信息技术的迅速发展以及用户信息需求的不断提高和改变，机构知识库的发展出现了新的变化、新的趋势。

2　机构知识库发展趋势

2.1　功能丰富化

机构知识库最主要的功能是用来长期保存和展示本机构的数字化学术资源，因此，早期的机构知识库软件平台也是围绕这方面功能进行开发的。然而早期的机构知识库实践表明，由机构成员自愿主动提交其数字化学术资源到机构知识库的比例非常低，机构成员对机构知识库内容建设的参与度或者积极性没有预想中的高[2-3]。其中一个重要原因是机构知识库系统平台功能相对单一，用户体验度不够好，为此，不同的机构已经开始对原有的知识库系统平台进行升级开发，更有甚者进行重新设计和开发。

中国科学院机构知识库（Chinese Academy of Sciences Institutional Repository，CAS-IR）是在对 DSpace 软件进行全面熟悉和梳理的基础上进行二次开发完成的。他们对 DSpace 软件进行的主要扩展和优化涉及到内容提交、编辑流程、知识组织、传播和服务、知识资产统计、用户管理、用户界面等，并且集成开放知识组织引擎 OpenKOS 的相关功能，对机构知识库中知识产出进行主题标引和提供基于规范主题词的分面浏览，实现对数字资源的自动标引与自动分类。二次开发增加的和优化的功能极大地提升了原有机构知识库平台的性能，更好地满足了不同用户的需求[4-6]。

香港大学机构知识库（The HKU Scholars Hub）对 DSpace 软件进行了二次开发和完善，其中增加了一个重要功能，即设计了研究人员网页（researcher pages）。香港大学校内教员可以通过机构知识库研究人员网页展示其个人基本情况和学术成果，包括姓名、联系方式、研究专长、所获荣誉、学术成果等。企业单位、政府部门或学术研究机构可以通过此网页找到课题协作或合作者、相关专业咨询专家、毕业论文指导教授、媒介发言人以及快速组建不同类型项目组团队等[7]。

新西兰奥克兰大学图书馆 Stuart Lewis 在 Atom 出版协议（Atom Publishing Protocol）的基础上新创建了 SWORD（Simple Web-service Offering Repository Deposit）协议，并根据 SWORD 协议开发了相关 API 软件。用户根据 SWORD 协议和 API 软件，可以不必登录机构知识库系统就可以在远程同时把学术资源提交到多个知识库系统中，极大地提高了用户提交资源的效率[8]。

J. S. Erickson 等人在 DSpace 系统上添加了条目书签与个人标签的功能，并且与机构成员的研究兴趣相关联，在此基础上为用户推荐他可能感兴趣的条目和成员。系统还逐渐进行聚合机构成员的博客、维基、网络资源等，使机构知识库嵌入到用户的工作环境中[9]。

增加或完善机构知识库系统平台的功能，其中最为根本的目的是吸引尽量多的本机构用户使用知识库，提高和改善知识库系统的用户体验，增加用户粘性。基于这样的目的，不同的机构知识库构建者对本机构知识库进行完善并增加新的功能，如增加知识库中资源的被引用率、数字对象全文链接、资源下载排行榜以及添加标签、资源评价等 Web 2.0 的元素，简化用户提交流程等[10]。

对现有机构知识库系统进行改造和升级，必须要坚持以用户为中心的原则，以用户实际需求和增加用户体验为出发点进行改造和升级。机构知识库构建者应当调研和持续跟踪用户需求，结合国内外最新信息软件技术，丰富现有知识库系统的功能，最大限度地满足用户的不同需求。另一方面，对机构知识库系统进行功能完善或增加,所在机构需要相对较高的软件开发能力或相应资金支持,不同机构可以根据自身软件开发能力,选择开源或闭源软件灵活地进行开发和完善。

2.2 组织联盟化

根据 ROAR(Registry of Open Access Repositories)站点的统计,截至 2012 年 7 月,在其站点上注册的机构知识库数量是 2 910 家[11]。2011 年 6 月赵永超在中国大陆作了 CALIS(China Academic Library & Information System)现有高校成员馆有关机构知识库的调研,结果显示,已经建有、准备建设和拟建设机构库的图书馆分别是 54、25 和 91 家[12]。从国内外的统计数据来看,目前机构知识库的发展正犹如雨后春笋般迅速发展,如果把如此众多的孤立的机构知识库进行整合,实现联盟化,势必会出现新的资源服务局面。目前国内外已经开始出现机构知识库联盟:

• 美国俄亥俄州数字资源共享联盟(Ohio digital Resource Commons,DRC)是在俄亥俄州高校图书馆联盟(Ohio Library and Information Network,OhioLINK)的基础上于 2008 年建立的机构知识库联盟,免费为俄亥俄州的高校和文科学院提供保存、发现和共享教学、科研、历史性和创造性的数字化成果的服务,目前联盟成员共有 24 个[13]。

• 欧洲科研数字仓储架构研究项目(Digital Repository Infrastructure Vision for European Research,DRIVER)是由欧洲 38 个国家的 295 个知识库组成的机构知识库联盟,目前系统中条目超过 350 万条[14]。

• 日本的机构知识库在线(Japanese Institutional Repository Online,JAIRO)是由日本国家信息中心于 2009 年建立的一个机构知识库联盟,通过该联盟的统一检索入口,可以检索不同机构的期刊论文、学位论文、部门公告文件、研究文档等,目前联盟成员 209 个,数据总条目接近 138 万条[15]。

• 中国台湾地区台湾机构典藏 TAIR(Taiwan Academic Institutional Repository)是由台湾大学于 2007 年牵头组建的区域性机构知识库联盟,目前包括台湾地区一般大学、技职院校、各类专科学校及其他机构共 125 个成员,联盟资源条目总数超过 123 万条[16]。

• 中国科学院机构知识库服务网格(Chinese Academy of Sciences Institutional Repositories Grid,CAS-IR Grid)是 2007 年开始由中国科学院国家科学图书馆在中国科学院所属的各个研究所推广机构知识库建设的基础上发展起来的机构知识库联盟。目前,该联盟拥有 72 个成员,另外还有一批成员正在加紧建设知识库,联盟资源条目总数超过 33 万条[17-18]。

• CALIS 机构知识库是由中国高等教育文献保障系统资助，由北京大学于 2011 年牵头组建的中国大陆地区高校机构知识库联盟，目前有 27 个高校成员，联盟资源数据总条目约 8 万条[19]。

实现联盟化，无论对学术资源本身，还是构建知识库的图书馆以及用户，都是一种共赢的模式。对于学术资源而言，联盟打破了学术资源各自孤立的局面，使不同机构的知识库群形成了一个资源整体，为将来的数据挖掘、信息增值服务打下良好的"物质"基础。资源的集中呈现和统一服务，将增加学术资源被发现的机率，加速信息资源的传播，从而提升信息资源的影响力，体现资源服务整体效益。

对于图书馆而言，由于联盟之间实现资源共享，联盟成员的资源可以被本机构使用，使图书馆的信息服务保障能力得到提升，同时也为本机构成员进行学术交流增加了渠道。另外，加入联盟的图书馆，可以大大节省机构知识库构建、维护等方面的资金、人员及其他成本，避免了大量不必要的重复建设。

对于用户（学术资源消费用户和学术资源生产用户）而言，学术资源消费用户可以在联盟提供的统一服务平台上实现相关信息的跨库检索，而不必在各个成员机构知识库中反复检索，节省了学术资源消费用户检索利用知识库资源的时间；学术资源生产用户（机构科研人员）可以借助联盟提高自己学术资源被发现的机率，提升自己学术资源的被引用率和自身的学术影响力。

基于上述的共赢模式，机构知识库联盟目前发展比较迅速，也比较顺利。

2.3 存储云端化

随着机构的教学、科研活动的持续推进和发展，学术论文、著作、科学数据等机构知识产品将不断丰富，这将对机构知识库的数据存储能力提出更高的要求。传统的数据存储技术，如单一磁盘存储、磁盘阵列（Redundant Arrays of Inexpensive Disks，RAID）存储、直连式存储（Direct Attached Storage，DAS）、网络接入存储（Network Attached Storage，NAS）、存储区域网络（Storage Area Network，SAN）等在应对大规模海量数据时，都将面对技术过于复杂或投入过高等问题。另一方面，随着网格计算、云计算等虚拟技术的发展，出现了新的数据存储技术，即云存储技术，它为用户提供了低成本、高效率和无限扩展能力的虚拟存储技术。随着云技术的成熟和客户的需求，越来越多的公司或企业推出云存储服务，并受到客户青睐。

亚马逊（Amazon）是较早推出商业云存储的公司，正如刘佳所言，"当人们还在将云计算当作时髦的 IT 词汇讨论时，亚马逊早已从云计算中获益"[20]。亚马逊的云计算系统被称为"弹性计算云",可以提供"现购现付"的服务,包括计算能力和数据存储。美国麻省理工学院、哥伦比亚区公共图书馆、俄亥俄州高校图书馆联盟、西北大学、莱斯大学等都开始使用亚马逊公司的弹性计算云服务。

　　Fedorazon 是 JISC 资助的一个项目,目的在于为大规模仓储所面临的数据量不断增长和复杂度不断增加的问题找到一种合理的解决方法,从而提高英国高等教育与继续教育(UK's HE and FE)内容仓储的性能。该项目的技术实现方法是在亚马逊的云平台上部署 Fedora Commons 机构知识库软件,然后开放给不同用户使用。与传统的本地方式相比,Fedorazon 只需要在云平台上启动多个实例,就可以避免使用本地 Web Server 随着访问量的增加速度越来越慢的大规模数据访问的弊端;由于使用亚马逊的 S3 云存储,比本地磁盘阵列更容易扩展,用户不需要操心购买和部署硬件设施,不需要担心未来磁盘空间不足的问题,不需要配备专门的硬件管理人员,而可直接将注意力集中在如何开展数字资源长期保存研究上[21-22]。

　　DuraSpace 是由机构知识库构建平台开放源码软件供应商 DSpace Foundation 与 Fedora Commons 合并组建的机构,于 2011 年推出的该机构第一款开源软件产品 DuraCloud,就与云存储相关。DuraCloud 基于多个商业性或非商业性的云服务,为学术图书馆、学术研究中心和其他文化遗产机构提供和托管云存储服务,使机构的数字资源得以长期保存,并提供数据访问、转换和共享服务。目前,麻省理工学院、汉密尔顿学院、莱斯大学、罗德学院等多所美国高校都在使用 DuraCloud 来管理本机构资源的云存储,其中就包括机构知识库[23-24]。

　　学者钱宏蕊认为云存储技术具有如下特征[25]:①高可扩展性:云存储系统可支持海量数据处理,资源可以实现按需扩展;②低成本:云存储系统具备高性价比的特点,低成本体现在两方面——更低的建设成本和更低的运维成本;③无接入限制:相比传统存储,云存储强调对用户存储的灵活支持,服务域内存储资源可以随处接入,随时访问;④易管理:少量管理员可以处理上千节点和 PB 级存储,更高效地支撑大量上层应用对存储资源的快速部署需求。

　　云存储技术能够很好地解决机构知识库数字资源的不断增长的现实存储需要以及长期保存的需要,降低了机构知识库用户的使用难度。我国幅员辽阔,图书馆众多,因地区发展不均衡,不同馆的馆情不一。具体来说,中小型馆对存储和技术力量投入比例小,在构建机构知识库时,经常面临存储和技术方面的困难。对于这种情况,建议国家层面(如教育部、CALIS 管理中心等）或大型的实力强的馆能够对外提供云服务，帮助解决中小型馆面临的存储技术问题。

2.4 服务知识化

传统的信息服务是指以用户的信息需求为依据，提供有用的显性知识（以文字、图像、符号表述和以印刷或电子方式记载的）内容的信息服务活动。知识服务是指从各种显性和隐性知识资源中，通过对用户的知识需求和问题环境的分析，将信息析取、重组、创新、集成的知识提炼过程，是有针对性地解决用户问题的高级阶段信息服务活动[26]。很显然，机构知识库的服务方式属于传统信息服务范畴，而机构知识库联盟化本质是实现了信息资源组织方式的改变，没有改变其信息服务方式，即仍属于传统信息服务范畴。如何进行知识组织，如何提供知识服务，目前学界还没有统一清晰的认识，但是，国外的一些机构在知识服务方面已经开始作一些尝试和探索。

由哈佛大学开发的免费开源机构知识库软件 Dataverse Network 一方面与传统的机构知识库系统功能一样，收集、保存、发布和共享机构学者不同类型的科研数据；另一方面，它可以对专门的数据进行抽取、分析和统计，生成不同格式的数据子集和分析报表，供用户参考和使用。用户不但可以从 Dataverse 获取普通的一般的学术信息，而且还可以获取经过加工的更深层次的学术信息。Dataverse 在下一步的开发中，还将引入可视化的操作和结果展示，为用户提供更直观的学术信息[27]。

美国康奈尔大学图书馆专家认为，传统的机构知识库系统只能单纯地保存和揭示本机构成员的学术资源，用户也只能从其上面浏览或下载相关的学术资源，而对这些学术资源后面的作者了解甚少，不能进行更进一步的交流或合作。为此，康奈尔大学图书馆在传统机构知识库的基础上增加开发了开源的 VIVO 软件，该软件类似于 Facebook 的虚拟社区网络，采用实体 - 关系（entity-relationship）的语义网模型来组织和展现科研人员、研究成果和教学活动的相关信息。传统机构知识库与 VIVO 软件结合后，作为虚拟社区成员的科研人员可以在社区共享学术成果、寻找同行、跨学科合作、改进研究等[28-29]。

澳大利亚格里菲斯大学的 Malcolm Wolski 等学者引用资源描述框架（Resource Description Framework，RDF）、关联数据（link data）、相关语义网标准、VIVO 软件等理念与技术在知识库的层面上建立了元数据交换中心（Metadata Exchange Hub），通过该中心，不但可以揭示机构的学术资源信息，而且这些学术资源信息的相互关系也可以得到充分的展示。元数据交换中心与澳大利亚机构知识库联盟 RDA（the Research Data Australia）结合使用后，用户通过 RDA 的服务可在特定的领域内得到丰富的信息[30]。

国内方面，中国科学院的王思丽等学者以 CAS – IR 为基础，抽取机构知识库中的实体关系，并利用关联数据技术将实体关系发布为能够进行语义揭示的关联数据格式，应用 D2R 工具进行 RDF 化的知识呈现和语义标注。实验系统表明，基于语义扩展的机构知识库与传统的知识库相比，在内容组织、资源组织方式上能够提供更为丰富的功能支持和语义发现服务，为加速 CAS – IR 从基础服务版到语义集成资源服务版的发展转变奠定了基础[31]。

在提倡创新型人才和个性化发展的时代背景下，用户的信息需求也出现多维化和个性化趋势，传统的为用户收集、整理、提供信息资源的信息服务方式已经无法满足用户复杂的信息需求。传统的按照文献流程来揭示文献内容的信息组织，需要向按照学科、专业、项目等来组织信息的知识组织转变，以便推进和提供知识服务[32]。其中，RDF、关联数据和语义网应该是进行知识服务必须涉及的技术和阶段。

3　结语

机构知识库作为机构保存和展示机构学术成果的平台，同时也是进行信息服务的资源平台和交流平台，必将受到机构和机构成员的重视。机构知识库的未来发展，一方面将不断进行系统自我创新，增强信息资源的收集、保存和管理能力；另一方面将围绕用户不断变化的信息需求，运用数字图书馆最新信息技术为用户提供更便捷、更具价值的信息服务。

参考文献：

［1］ OpenDOAR. Usage of Open Access Repository Software-Worldwide［EB/OL］.［2012 – 06 – 30］. http：//www. opendoar. org/onechart. php？ cID = &ctID = &rtID = &clID = &lID = &potID = &rSoftWareName = &search = &groupby = r. rSoftWareName&orderby = Tally%20DESC&charttype = pie&width = 600&height = 300&caption = Usage% 20of% 20Open%20Access% 20Repository% 20Software% 20 – % 20Worldwide.

［2］ 陈和. 国内高校机构仓储构建情况调查分析［J/OL］. 图书情报工作网刊，2010（12）：1 – 11.［2012 – 06 – 30］. http：//159. 226. 100. 150：8085/lis/netjournal/LIS_NET/2010 – 12/研究论文/2010 – 2669_origin. pdf.

［3］ 施雁冰. 高校机构知识库的资源建设与管理维护［J］. 图书馆理论与实践，2011（6）：51 – 53.

［4］ 祝忠明，马建霞，卢利农，等. 机构知识库开源软件 DSpace 的扩展开发与应用［J］. 现代图书情报技术，2009（Z1）：11 – 17.

[5] 刘巍,祝忠明,张旺强,等.机构知识库个性化知识资产统计服务的设计与实现研究[J].现代图书情报技术,2012(4):17-21.

[6] 张旺强,祝忠明.机构知识库集成 OpenKOS 主题标引与检索聚类服务的实现及应用[J].现代图书情报技术,2012(3):1-7.

[7] The University of Hong Kong Libraries. HKU ResearcherPages (RPs) [EB/OL]. [2012-06-30]. http://hub.hku.hk/help.jsp#ResearcherPages.

[8] Stuart L. A brief history of SWORD[EB/OL]. [2012-06-30]. http://swordapp.org/about/a-brief-history/.

[9] Erickson J S, Rutherford J, Elliott D. The future of the institutional repository: Making it personal[G/OL]. [2012-06-30]. http://pubs.or08.ecs.soton.ac.uk/125/1/submission_19.pdf.

[10] 顾立平.提升机构知识库学位论文收藏与服务的五种方式[J/OL].图书情报工作网刊,2011(4):1-7.[2012-06-30]. http://159.226.100.150:8085/lis/netjournal/LIS_NET/2011-4/2010-3366_origin.pdf.

[11] ROAR. Registry of Open Access Repositories[EB/OL]. [2012-06-30]. http://roar.eprints.org/.

[12] 赵永超.浅析我国高校机构库建设发展现状[EB/OL]. [2012-06-30]. http://bbs.calis.edu.cn:8080/bbs/forum.php?mod=viewthread&tid=72.

[13] OhioLINK. Ohio Digital Resource Commons [EB/OL]. [2012-06-30]. http://drc.ohiolink.edu/.

[14] DRIVER. Digital Repository Infrastructure Vision for European Research[EB/OL]. [2012-06-30]. http://www.driver-repository.eu/.

[15] National Institute of Informatics. Japanese Institutional Repository Online [EB/OL]. [2012-06-30]. http://jairo.nii.ac.jp/en/.

[16] 台湾大学图书馆.台湾学术机构典藏[EB/OL]. [2012-06-30]. http://tair.org.tw/.

[17] 祝忠明,马建霞,张智雄,等.中国科学院联合机构仓储系统的开发与建设[J].图书情报工作,2008,52(9):90-93,144.

[18] 中国科学院机构知识库服务网格[EB/OL]. [2012-06-30]. http://www.irgrid.ac.cn/.

[19] 北京大学图书馆.CALIS 机构知识库[EB/OL]. [2012-06-30]. http://ir.calis.edu.cn/.

[20] 刘佳.亚马逊:从卖书到卖"云"[J].互联网周刊,2009(2):80.

[21] 高建秀,吴振新,孙硕,等.云存储在数字资源长期保存中的应用探讨[J].现代图书情报技术,2010(6):1-6.

[22] Fedorazon: The cloud repository[EB/OL]. [2012-06-30]. http://www.ukoln.ac.uk/repositories/digirep/index/Fedorazon.

[23] DURASPACE. Open technologies for durable digital content [EB/OL]. [2012-06-30]. http://duraspace.org/.

[24] DURASPACE. What users are saying [EB/OL]. [2012-06-30]. http://www.duracloud.org/testimonials.

[25] 钱宏蕊. 云存储技术发展及应用[J]. 电信工程技术与标准化, 2012(4):15-20.

[26] 王琤. 从信息服务到知识服务[J]. 情报资料工作, 2006(6):100-101.

[27] Harvard University. The Dataverse Network Project[EB/OL]. [2012-06-30]. http://thedata.org/.

[28] Devare M, Corson-Rikert J, Caruso B, et al. VIVO: Connecting people, creating a virtual life sciences community[EB/OL]. [2012-06-30]. http://www.dlib.org/dlib/july07/devare/07devare.html.

[29] VIVO team. An interdisciplinary network [EB/OL]. [2012-06-30]. http://vivoweb.org/.

[30] Malcolm W, Joanna R, Robyn R. Building an institutional discovery layer for virtual research collections[EB/OL]. [2012-06-30]. http://www.dlib.org/dlib/may11/wolski/05wolski.html.

[31] 王思丽, 祝忠明. 利用关联数据实现机构知识库的语义扩展研究[J]. 现代图书情报技术, 2011(11):17-23.

[32] 朱小平. 高校用户个性化信息需求与知识服务[J]. 高校图书情报论坛, 2005,4(4):24-26.

作者简介

陈 和, 男, 1976年生, 馆员, 发表论文多篇。

中美图书馆咨询知识库比较研究

王 毅[1] 罗 军[2]

[1] 曲阜师范大学日照校区信息技术与传播学院 日照 276826
[2] 曲阜师范大学日照校区图书馆 日照 276826

在当今网络文化环境下，用户的知识需求呈现多元化、综合化与高效化等特点，这种需求的变化对咨询知识库提出了更高的要求。首先，用户从海量咨询知识库中提取符合需求、有助于解决实际问题的知识，往往需要花费大量的时间和精力；其次，用户不再满足于单纯获取知识内容，更希望得到经过筛选、组织、链接、推荐的优化知识集合。因此，需要对咨询知识库原有的服务内容进行整合和挖掘，探索能适应泛在知识环境的服务模式。

1 咨询知识库

咨询知识库是从用户的提问中选择有普遍意义的问题，经过图书馆员编辑，配上答案，形成可供检索、浏览的参考源[1]。咨询知识库依托图书馆网站，向用户提供便捷知识查询和自助知识获取服务。

咨询知识库作为图书馆的常规服务项目，其服务模式以及个性功能也不尽相同，国内外图书馆在咨询知识库的知识内容、组织结构和服务方式上都表现出迥异的文化特征。我们通过调查取样、客观求证的方式，从个性中寻求共性，总结概括我国咨询知识库的服务现状。并通过比较分析，汲取有利于我国咨询知识库的发展经验，在共性中发扬个性。

2 研究对象、方法及时间

研究对象的选取采用典型抽样方法。国内高校样本主要选取综合实力较强、内在管理、服务等方面处于领先地位的图书馆，以中国管理科学研究院研究员武书连在《科学学与科学技术管理》杂志上发表的2009年度中国大学评价为抽样框[2]，按照高校排名抽取建设有咨询知识库的10所高校图书馆作为调研对象。国内公共图书馆的选取，以中国社会科学院发布的《城市竞争力蓝皮书：中国城市竞争力报告No.7》2008年度中国城市综合竞争力排名为抽样框[3]，按城市排名抽取建设有咨询知识库的 10 所地市级公共图书馆作为调研对象。基于同样的考虑，根据美国著名网站 U.S. News 上的 2009 年度美国大学排名（National Universities Rankings）[4]，抽取美国建设有咨询知识库的 10 所高校图书馆为调研对象；并根据 2008 年度美国城市可持续发展排名（US City Sustainability Rankings）[5]，抽出美国建设有咨询知识库的 10 所公共图书馆为调研对象。由此，共选取 40 个图书馆为调研样本，如表 1 所示：

表 1　本研究所调查的 40 个图书馆网址

中国图书馆		美国图书馆	
公共图书馆	高校图书馆	公共图书馆	高校图书馆
深圳图书馆 http://www.szlib.gov.cn	清华大学图书馆 http://www.lib.tsinghua.edu.cn	纽约市公共图书馆 http://www.nypl.org	华盛顿大学图书馆 http://www.lib.washington.edu
上海图书馆 http://www.library.sh.cn	北京大学图书馆 http://www.lib.pku.edu.cn	费城公共图书馆 http://www.library.phila.gov	布朗大学图书馆 http://library.brown.edu
广州图书馆 http://www.gzlib.org.cn	浙江大学图书馆 http://libweb.zju.edu.cn	圣安东尼奥公共图书馆 http://www.mysapl.org	圣母大学图书馆 http://www.library.nd.edu
天津图书馆 http://www.tjl.tj.cn	上海交通大学图书馆 http://www.lib.sjtu.edu.cn	圣荷西公共图书馆 http://www.sjlibrary.org	加州大学伯克利分校图书馆 http://www.lib.berkeley.edu
苏州图书馆 http://www.szlib.com	南京大学图书馆 http://lib.nju.edu.cn	迈阿密公共图书馆 http://www.mdpls.org	卡内基美隆大学图书馆 http://library.cmu.edu
大连图书馆 http://www.dl-library.net.cn	复旦大学图书馆 http://www.library.fudan.edu.cn	圣路易公共图书馆 http://www.slpl.org	纽约大学图书馆 http://library.nyu.edu
厦门图书馆 http://www.xmlib.net	中国科学技术大学图书馆 http://lib.ustc.edu.cn/lib	丹佛公共图书馆 http://denverlibrary.org	凯斯西储大学图书馆 http://www.case.edu
沈阳图书馆 http://www.sylib.net	吉林大学图书馆 http://www.lib.jlu.edu.cn	拉斯维加斯公共图书馆 http://www.lvccld.org	宾州州立大学图书馆 http://www.libraries.psu.edu
南京图书馆 http://www.jslib.org.cn	北京航空航天大学图书馆 http://lib.buaa.edu.cn	伯明翰公共图书馆 http://www.bplonline.org	德克萨斯州 A&M 大学图书馆 http://library.tamu.edu
武汉图书馆 http://www.whlib.gov.cn	北京师范大学图书馆 http://www.lib.bnu.edu.cn	格林斯伯勒公共图书馆 http://www.greensboro-nc.gov	北卡罗来纳州立大学图书馆 http://www.lib.ncsu.edu

注：调查时间为 2009 年 11 - 12 月

研究方法采用了实证研究法和比较分析法。这里的实证，是通过因特网逐一访问样本网站，亲身观察和体验样本的咨询知识库，从而获取第一手数据并对建库情况进行详细的统计分析。在实证研究的基础上，比较分析两国咨询知识库在分类方式、检索途径、组织维护和个性化功能方面存在的差异，获得改进和完善我国咨询知识库的启示。

3　调研结果及比较分析

3.1　咨询知识库分类方式调查分析

通过调研，中美图书馆咨询知识库的分类方式可归纳为以下几种：①依据"服务类型"分类。指从图书馆各项服务的角度划分咨询知识库。②依据"学科归属"分类。指根据知识内容的隶属学科进行分类。③以"自然语言"为主题分类。这是一种应用自然语言为类别名称的聚类分类法，每一个类别代表着一类知识集合。④其他分类。指的是没有依照特定的主题对咨询知识库进行分类。⑤没有提供分类查询。有些咨询知识库没有提供分类查询，用

户在查阅时只能翻页逐条浏览。调查结果如图1所示:

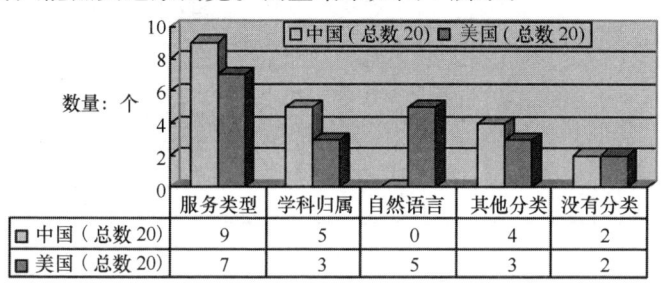

	服务类型	学科归属	自然语言	其他分类	没有分类
中国（总数20）	9	5	0	4	2
美国（总数20）	7	3	5	3	2

图1 中美咨询知识库的分类方式对比

如图1所示，我国多数咨询知识库以"服务类型"和"学科归属"为分类依据。此种分类方式属于"有监督分类"，即根据事先设定的类别，将每一个知识点归入其中。它的不足在于：①服务类型的界定模糊和学科交叉导致知识的所属类别边界不清；②类别名称的语言属于"受控语言"，受一些标准的规范，给用户使用带来不便。而美国部分图书馆的咨询知识库使用"自然语言"的主题聚类分类法，这种"无监督分类"不预先设定类目数量和名称，将各种知识点聚合成不同的类别。其优点是：①知识的界定明晰，类别之间更为独立。②以"自然语言"作为类别名称更符合用户的查询和浏览习惯。

美国纽约大学图书馆的咨询知识库的主题聚类[6]有"借阅"、"电子期刊"、"数据库"、"图书馆账户"、"版权"、"研究"、"音视频"等。每一个主题下都汇聚着相关的知识集合，而且每个类别均以"自然语言"命名。对于点击率高的类别，如"数据库"，特意用较大字号标示，方便用户快速获取。

3.2 咨询知识库检索途径调查分析

中美图书馆咨询知识库的检索途径分为以下几种：①"咨询主题"检索。指通过关键字检索到与主题相关的知识。②"咨询主题和回复内容"检索。在保证"主题检索"的基础上，提供馆员回复内容的检索，提高查全率。③"咨询主题和限定时间"检索。这种方式将知识点入库时间和主题作为被检项目。④"咨询主题和关键词推荐"检索。指在提供"主题检索"的同时，还在检索栏下面列出检索频繁、时代热点的关键词，每个关键词代表一类知识的集合。⑤高级检索。这是一种检索项（主题、内容、时间、馆员等）和逻辑词（与、或、非）关联式检索。⑥无检索。少数咨询知识库没有提供检索服务。详情见图2。

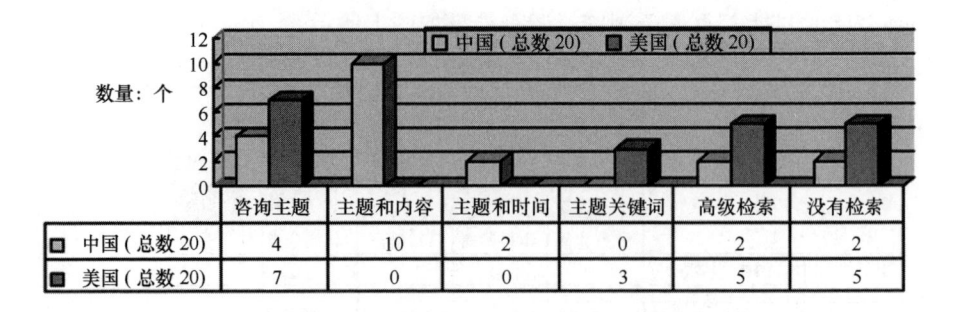

	咨询主题	主题和内容	主题和时间	主题关键词	高级检索	没有检索
中国（总数20）	4	10	2	0	2	2
美国（总数20）	7	0	0	3	5	5

图2　中美咨询知识库检索途径对比

在调研的我国20个咨询知识库中，有16个（占80%）咨询知识库以"咨询主题"、"咨询主题和回复内容"和"咨询主题和限定时间"为检索途径。我国咨询知识库检索优势在于查全率较高，知识时效性强；劣势在于提供"高级检索"的咨询知识库少，检索精确度低。在调研的20个美国咨询知识库中，有15个（占75%）咨询知识库设置了"咨询主题检索"、"咨询主题检索结合关键词推荐"和"高级检索"的形式，多维的检索途径适合用户个性化定制。

在德克萨斯州A&M大学咨询知识库的检索页面中[7]，Search（主题检索）和Advanced Search（高级检索）同时呈现。用户进行主题检索时，只需要输入主题词即可检索出包含此内容的知识点，节省了用户时间；而高级检索整合了"咨询主题"、"回复内容"、"所属类别"、"咨询馆员"等检索项，通过逻辑运算，为用户提供更为精确的检索。该知识库还提供"Jargon（术语）"的"关键词推荐"服务，汇总了如"index""ISBN""interlibrary loan"的术语解释。

3.3　咨询知识库组织维护方面调查分析

咨询知识库的组织维护主要通过知识内容更新、相关资料链接和用户参与补充来实现。"知识内容更新"是为了融入最新知识，摒弃过时记录，更好地发挥知识效能。"相关资讯链接"是把知识解答中出现的相关问题、资料或新闻进行链接，形成知识的网状交融。"用户参与补充"是指用户可以对知识点进行补充、评论等，经馆员审核后增补到原有知识中，使知识内容更为全面、准确。调查情况如表2所示：

表2 中美咨询知识库组织维护方面统计

国家名称＼服务项目	能及时更新	提供相关资料	链接用户参与补充
中国咨询知识库（总数20个）	数量13个	数量2个	数量1个
	占总数65%	占总数10%	占总数5%
美国咨询知识库（总数20个）	数量11个	数量12个	数量3个
	占总数55%	占总数60%	占总数15%

统计表明，中美两国大部分的咨询知识库都能及时更新充实，呈良性发展状态。但是，在形成孤立知识进行关联、形成知识链、完备索引的咨询知识库中，我国仅有2个，而美国有12个。在馆员和用户的互操作方面，我国咨询知识库缺乏用户的参与和互动，大部分知识点仍保持着最初入库的形态。而美国图书馆在咨询知识库的组织维护中，注重知识更新和知识网络构建，为用户提供了参与的渠道。

在咨询知识库组织维护方面最为出色的是加州大学伯克利分校图书馆[8]，咨询知识库生态化建设得到了充分体现。用户可以对库中每个知识点添加评论、阐述自己的观点，保证知识内容的及时更新调整。每个知识点都记录着首次入库时间和最后一次被编辑的时间，每项知识解答中都有相关资料和相关问题的链接，通过数据统计还可以"挖掘"出用户关注趋向和热点问题。

3.4 咨询知识库个性化功能调查分析

用户导航和个性化服务功能是高质量咨询知识库的重要标志。"精彩知识推荐"是在知识库首页突出位置显示用户咨询相对集中、涵盖知识点较全面或者是分析透彻的知识问答。"用户服务导航"是指在咨询知识库中加入如图书馆各项业务、百科网站、搜索引擎等链接，让用户更好地理解并拓展相关知识。"开设用户反馈"是指用户可以针对咨询知识库中的具体知识的实用性、利用价值做出评价、反馈意见，或者对总体利用情况做出评价，共同改进和提升咨询知识库的服务水平。统计结果如表3所示：

表3　中美咨询知识库个性化功能统计

国家名称 \ 个性化功能	提供用户服务导航	精彩知识推荐	开设用户反馈
中国咨询知识库（总数20个）	数量5个	数量4个	数量2个
	占总数25%	占总数20%	占总数10%
美国咨询知识库（总数20个）	数量6个	数量8个	数量5个
	占总数30%	占总数40%	占总数25%

从表3可以看出，我国总体个性化服务水平还有待提高。首先，在用户导航方面，数目上基本可以与美国持平，但在具体形式上我国多以文字链接，而美国多采用虚拟地图导航的形式；其次，我国提供"精彩知识推荐"服务的咨询知识库比美国要少，"精彩知识推荐"在一定程度上反映了馆员的知识服务水平；最后，我国大多数咨询知识库都没有开设"用户反馈"项目，仅有少数开设了电子邮件的反馈形式。因操作较为繁琐，使许多用户放弃了意见反馈，这不利于咨询知识库的良性发展。而在一些美国的咨询知识库中，反馈渠道简单便捷，仅需要提交表单即可完成对知识点的评价。

美国北卡罗来纳州立大学图书馆的咨询知识库中设有"Virtual Tour"的虚拟地图导航[9]，当知识内容中涉及图书馆相关服务的时候，图文并茂的导航就会引领用户在虚拟情境中体验真实的服务。另外，在咨询知识库的主页面的"Most Frequently Asked"，为方便用户的查询浏览，汇总了用户近期经常咨询的问题。用户在浏览知识内容之后，可以提交"helpful or not?"的反馈表单。

4　美国咨询知识库给予的启迪和思考

4.1　采用以"自然语言"为主题的聚类分类法，帮助用户快速定位知识

以"自然语言"为主题的聚类分类法没有固定的分类体系，也没有规定类目的数量。馆员对大量知识做出特征分析、相似性统计，聚集出若干类群，类群内的知识内容尽量相似，类群之间尽量相异[10]，然后，抽取能对各类特征进行准确描述的概念词，用自然语言对各个类群命名，实现对聚类结果的解释。但要注意新知识的归属和对聚类分类的更新维护。在实用中往往以黑体或醒目颜色标示常用或重要的类别，方便用户快捷地找到所需知识点。此种分类法以用户的需求为准则，更贴近用户浏览习惯，方便用户定位知识。

4.2 提供多维检索途径，满足用户多样化需求

4.2.1 "快速检索"和"高级检索"相结合 快速检索，即按"咨询主题"检索。用户在搜索栏里输入关键词，即可得到主题中包含有关键词的咨询问题，它可以满足多数用户快速检索的需求。高级检索，是一种结合逻辑词的复杂检索方式。如设置"咨询主题"、"回复内容"、"咨询时间"、"咨询馆员"等多个项目，并结合逻辑词"与"、"或"、"非"，虽然检索过程较为繁琐，但是能精确定位知识点。快速检索和高级检索相结合，可以满足用户潜在的多维需求，提供恰当的检索方式。

4.2.2 辅之以"关键词推荐" 这种方法源于"信息推送"的理念，是指在检索栏下面列出若干检索比较频繁、反映时代热点的关键词，并将与关键词相关联的知识点组织起来一起呈现给用户。例如，在检索栏的下方将"世博会"设为关键词，将咨询知识库中所有关于世博会的知识内容、资料链接归入其中，帮助用户快捷全面地获取最新知识。

4.3 系统清晰地表述知识内容，为用户推荐精彩知识问答

我们知道，知识表达的首要原则，就是以适当的方式将知识系统清晰的表述出来。馆员在组织知识内容时，应选择最恰当的形式来表达自己的思想，善于运用图表、文字等表达工具，知识内容要有逻辑性、便于用户理解。对于隐性知识的表达，更需要很高的表达技巧，故事、隐喻、类比等方法比简单的说教和介绍效果好得多[11]。另外，图书馆员要对知识进行整合分析，定位用户咨询的焦点，将涵盖知识点较全面、分析系统透彻的知识问答归纳总结起来，定期在咨询知识库首页以"精彩知识推荐"的形式介绍给用户。

4.4 注重对咨询知识库的知识更新和链接维护，形成知识的点线面交融

正如印度图书馆学家阮冈纳赞提出"图书馆是一个生长着的有机体"[12]，咨询知识库也是一个吐故纳新、不断生长的有机体。图书馆员要注重对咨询知识的推陈出新，使知识内容不断充实、丰富、新颖。由于知识本身的交织性和融合性，图书馆员需要对不同类型、相互关联、相互交叉的知识信息提供必要的索引链接。具体有以下两种方式：①在回复内容中设置相应的知识链接，可以是相关网络内容或电子书籍的链接，拓展知识的广度和深度；②在咨询问题之后列出本库中与此主题相关的问题，展开知识的维度，方便用户从不同视角来了解知识内容。总之，要让用户进入一个知识交织融合的"知识网"，最大限度帮助用户获取知识。

4.5 尝试开展用户知识需求分析，推送预见性的知识服务

用户主动的知识检索、不同类别的查询及用户浏览记录是服务挖掘的宝

贵资源。用户知识挖掘就是通过对用户已有需求信息和访问行为的挖掘,推断出用户没有表达出的和尚未意识到的潜在需求,进而预测用户需求的变化趋势,同时实现用户的关联分析和用户聚类[13]。藉此,咨询知识库可以向用户提供预见性知识服务。例如,通过用户的知识查询浏览记录可以分析出"查询某类知识的用户通常还会关注另外一类知识"这一规律,就可以在此类知识后补充链接另外一类知识;或者有意将两种知识的类别靠近排列,使用户获得最大的检索便利。

4.6 倡导图书馆2.0理念,鼓励用户对知识进行添加补充、评论反馈

在图书馆系统与服务供应商TALIS公司的白皮书 *Do Libraries Matter? The Rise of Library 2.0* 中提出了图书馆2.0的原则之一" The library invites participation"[14],旨在表明促进并鼓励用户共同参与的文化,借鉴并吸收用户的贡献和观点。今天,一个能够给予用户最大帮助的咨询知识库没有用户共同参与是不可想像的。当一条记录被阅读、用户发现其中有不恰当、不完善、表达不清晰的地方时,可以进行修改、补充,或附上链接材料、心得体会等,经馆员审核后发布,完成知识更新。另外,咨询知识库应建立畅通的反馈机制,反馈渠道的设置要尽量简便易用和多样化,避免由于操作繁琐导致用户放弃反馈。建议在每个知识点后添加相应的反馈标识,如"满意"、"不满意"的选择框;对于咨询知识库整体的服务建议,可以采用提交表单的形式;当用户提交反馈之后,要设置如"感谢您的参与!"的感谢语,这样便捷、具有亲和力的反馈方式会提高用户参与度,进而提升咨询知识库整体服务质量和水平。

5 结语

图书馆要利用咨询知识库实现高效实用的知识服务,就应该以自然语言为主题的聚类分类,提供多维检索方式以及知识更新、知识导航、知识组织、知识推荐和用户参与反馈等服务项目。它体现了咨询知识库服务模式的发展趋势——向以用户为中心、满足用户个性化知识需求的服务模式转变;以方便用户查询利用为出发点,为用户推荐精彩的知识集合;倾听用户的心声,充分发挥咨询知识库这一生长着的有机体为广大用户服务的作用。

参考文献:

[1] 初景利.图书馆数字参考咨询服务研究.北京:书目文献出版社,2004:145.
[2] 武书连,吕嘉,郭石林. 2009中国大学评价.科学学与科学技术管理,2009(1):185

-189.
[3] 倪鹏飞.中国城市竞争力报告.北京:社会科学文献出版社,2009:1-2.
[4] National universities rankings. [2009-11-02]. http://colleges.usnews.rankingsandreviews.com/best-colleges/national-universities-rankings.
[5] 2008 US city sustainability rankings. [2009-11-02]. http://www.sustainlane.com/us-city-rankings/overall-rankings.
[6] New York University Libraries. [2009-12-02]. http://library.nyu.edu/help/faq.html?category=PRIORITY.
[7] Texas A&M University Libraries. [2009-12-02]. http://library.tamu.edu/help/how-do-i/all-frequently-asked-questions.
[8] University of California Berkeley Library. [2009-12-02]. http://www.lib.berkeley.edu/kb.
[9] NCSU Libraries. [2009-12-02]. http://www.lib.ncsu.edu/faq.
[10] 向桂林.学科分类知识库的构建及其在网络资源分类中的作用.图书情报工作,2003(2):61-66.
[11] 孙洪波.构建知识库(五)知识的表达.软件工程师,2004(11):41.
[12] 阮冈纳赞.图书馆学五定律.夏云,等译.北京:书目文献出版社,1988:308.
[13] 王卫军.基于知识挖掘的数字图书馆增值服务研究.情报资料工作,2009(2):96-99.
[14] Card K, Miller P. Do libraries matter? The rise of library 2.0. [2009-11-06]. http://www.talis.com/applications/downloads/white_papers/DoLibrariesMatter.pdf.

作者简介

王　毅,男,1985年生,硕士研究生,发表论文3篇。

罗　军,男,1956年生,研究馆员,馆长,发表论文32篇。

中国科学院系统与高等学校机构知识库建设比较研究[*]

徐红玉　李爱国

淮海工学院

1　引言

机构知识库（IR）建设与开放获取（OA）运动正在全球范围内冲击和改变着传统的学术出版模式及传播方式，影响和变革着传统出版发行机制、知识交流利益分配方式、知识成果的价值判断标准等，形成了一股不可逆转的知识成果运动方式变革潮流。

IR 建设源于知识产品密集的公共教育和科研单位，在我国目前主要是中国科学院（以下简称"中科院"）和高校正在着力建设并推动其发展，要跟上这场世界潮流，必须认真分析这两大系统 IR 建设现状，总结经验教训，探索发展道路。

本文采取文献综述、网站跟踪观测实证和数据汇总分析方法展开研究。在文献综述方面，以 2007 年以来公开发表的被收录于 CNKI 的若干相关论文为依据，择其要诣，围绕建设动因与目标理念、建设策略与推进措施、建设进度与运行状态展开。在网站跟踪观测实证方面，从 2012 年 9 月至 2014 年 2 月，分 3 个时段，对中国科学院系统 IR 网格成员和我国高校 CALIS 网站以及全部"211"高校网站逐一检索、访问，跟踪观测各已建、在建 IR 的资源类型、资源数量、开放程度、资源利用情况等事实数据。在数据汇总分析方面，对 3 个时段观测数据进行整理汇总，选择若干有代表性指标数据，从多维度对两大系统的 IR 建设和运行情况作比较研究，以期为我国的国家层面 IR 建设研究提供参考。

---

[*] 本文系国家社会科学基金项目"大数据时代图书馆用户信息的资源化研究"（项目编号：13BTQ025）和淮海工学院校"高校机构知识库建设的资产化管理和开放获取策略研究"（项目编号：kxs2012028）课题研究成果之一。

2 建设动因与目标理念

2.1 中科院系统 IR 建设动因与目标理念的高起点

中科院系统的 IR 建设始于 2007-2008 年度，以国际化视野的高起点，在观念层面为我国的 IR 建设奠定了良好基础。主要理念和目的包括：①需求理念：是机构知识保存、知识创新、知识成果的产出与传播利用的内在需要，是机构、研究人员和学术信息交流体系的长期需要[1]。②基础设施与交流利用措施理念：是中科院新型知识基础设施，是促进学术信息交流、保障知识资产永续利用的重要措施[2]。③战略组成部分理念：纳入中科院"创新2020"战略，使之成为机构意志、机构投入和机构责任[2]。④服务建设目标理念：服务建设比技术平台搭建与数据的存储更重要[2]。

2.2 高校系统 IR 建设动因与目标理念的渐进性

我国高校系统的 IR 建设起源于对《普通高等学校图书馆规程》（修订）规定的各院校图书馆要注意收藏本校以及与本校有关的出版物和学术文献[3]的理解和践行。以厦门大学、清华大学、中国农业大学等高校先行的"大学文库"始于 2005-2006 年度，是专门收藏本校师生员工、校友的专著以及其他学术成果的特色专藏库（分纸本和电子文献两种），形成了"准机构知识库"，并向 IR 建设方向渐近。主要理念和目标包括：①特色馆藏资源理念：是高校图书馆特藏的一种[4]。②共享与保护理念：揭示和推广高校学术资源和学术成果，发布、共享和保护已形成的知识、科学和文化遗产的数字化资源[5]。③资产增值理念：通过聚集 IR 和 OA 增加附加值，促进学术交流[5]。④对商业出版垄断的遏制理念：替代垄断出版行为[6]。

比较两大系统 IR 的建设理念和目标，在保存与传播、共享与保护方面理念相近：要实现开放获取，克服传统模式的弊端；长期保存和积累学术性数字资产，促进学术发展[7]。不同的是中科院系统起点较高，从基础设施、战略组成部分角度定位，提出发展机构知识能力和知识管理能力[8]，促进机构智力产出中隐性知识的显性化，逐步建设包括知识内容分析、关系分析和能力审计在内的能力[8]，对机构内部科研人员业绩成果进行有效管理。即 IR 机构按照国际通行的"依托网络运行的一组资源管理与服务机制"[9]投入规划与建设，率先在 Open DOAR 登记，进入国际化 OA 视野。

虽然也有学者提出高校 IR 建设要逐步提升为数字化校园建设的战略重点[10]，但还没有上升到"新型知识创新"的高度。高校 IR 建设也提出了从利于遏制传统商业出版的垄断行为又能实施机构数字资源建设统筹规划[11]的观点，但因我国文化产业改革尚未全面进入数字出版领域的这些方面，实施难度较大，形成了一定的理念的落差。

3 建设策略与推进措施

3.1 中科院系统 IR 的建设、服务与推进措施

中科院系统的 IR 建设由中国科学院文献情报中心承担，从 IR 的良性生态角度定位其建设、服务和发展[2]。建设策略主要有[2]：①分散建设策略：发挥研究所高度关注研究成果保存和影响力的积极作用，充分利用其管理权威和管理细粒度，依托各研究所的重视和支持，将其作为 IR 建设、管理和服务的主体，将知识管理需求、责任和 IR 建设责任紧密结合起来。②IR 建设推广与图书馆服务内涵提升互动策略：通过学科服务协同工作机制保障 IR 推广建设，拓展学科服务的工作形式，延伸学科服务的工作内容，推动学科馆员的能力发展。③网格化揭示策略：构建 IR 网络集成服务门户（CAS IR Grid），对各研究所 IR 元数据自动采集收割，提供集中揭示与集成检索服务和浏览下载统计服务。

中科院 IR 建设的推进措施是多维度的：①文献收集措施具有一定的强制性，但注重从作者角度考虑。如力学研究所规定，所内论文统一由 IMECH – IR 系统进行提交，作为年终考核绩效和晋职的依据[12]，同时也重视方便作者，自动转入的数据，由机构授权图书馆存缴，或者要求出版社将论文自动推送到 IR，减轻作者存缴负担[2]。②注意以最小的人力物力投入建设。提出必须尽可能降低机构、作者和社会在存缴、管理和利用 IR 内容上的成本[2]。如在减轻利用 IR 内容成本方面，提供高质量检索获取服务，支持增值服务，提供开放数据接口，支持与其他科研、教育、管理和文献系统的开放关联等。③努力通过平台功能的扩展和优化，把 IR 建设成机构和作者的知识管理工具，支持机构和作者利用 IR 来形成新能力、新收益。如利用 IR 内容支持科研成果管理、产出分析和科研评价；支持作者自动制作学术履历，提供作者、课题组或机构科研成果浏览下载的统计。④通过项目牵引、分层递进、协同服务、激励推广等工作机制强化 IR 建设和推广应用。⑤宣传与推广。中国科学院文献情报中心这几年主办的大型活动有：Berlin 8 Open Access Conference (2010)[13]、2012 年中国开放获取推介周国际研讨会[14]、2013 中国开放获取周[15]、2013 中国机构知识库学术研讨会[16]。这些活动既奠定了中科院系统在我国 IR 建设和 OA 运动中的重要地位，也为 IR 建设和发展推波助澜。

3.2 高校系统 IR 建设与推进措施

国外高校 IR 建设以图书馆为重要基地[17]，我国高校的 IR 建设也是从大

学图书馆发端的。从 2005 年厦门大学规划 IR 建设开始，许多高校图书馆都陆续投入建设本校的"大学文库"和初级 IR，2010 年的一项调查[18]表明：在被调查的 349 家高校中，已建 IR 的有 54 家（大多是文库或初级 IR），具有了一定分散建设规模和经验。已建或在建 IR 的高校，经验性措施是利用社会网络工具和有关学科服务平台推进 IR 建设。如厦门大学、江苏大学以学术社会网络和专业学术网络[7]为理念，在图书馆学科服务平台中关联嵌入 IR 有关建设流程与拓展功能；运用机构成果机器人，为师生提供个人知识管理、论文收录通知等服务；为管理人员提供重要成果自动检测、论文引证报告等服务；为团队提供科研协作服务；实现实验报告等资源的内部积累；实现机构成果的完整典藏[19]，使 IR 建设逐步被作者认可。

2011 年 8 月，CALIS 三期"IR 建设及推广项目"启动，正式提出"分散部署、集中揭示"的全国高校 IR 建设目标策略。策略注重在建设规范先行和渐近形成服务机制基础上：①"CALIS IR 本地系统"的开发，配备完整规范的建设指南；②完成相关标准规范建设；③初步形成一套符合我国高校发展现状的建设及服务机制[5]。该项目针对我国高校 IR 建设水平参差不齐、动力不足的实际，在实施中采取"以点带面"逐步推广的措施，建立了"示范馆+参建馆（1+4）"机制，由 5 个在 IR 平台开发方面卓有成效的高校图书馆作为示范馆，协作开发机构知识库平台。每一个示范馆以地区或类型划分，召集 4-5 个参建馆形成一个建设小组，由示范馆帮助参建馆建设本机构 IR，力求在短时间内尽可能扩大项目的影响[5]。

在建设策略上，两大系统都是分散建设，集中揭示的。中科院的分散，是同一系统内集中指导下的分散，是分散的集体行动，以规范化、标准化统一为前提，以调动积极性的分散为手段，并以建设与服务互动为纽带，确保了"网格化"高质量的集中揭示。高校的分散是各自独立前提下的分散，是分散的个体行动，没有统一的标准和规范，很难实现集中揭示。CALIS 三期"IR 建设及推广项目"正是针对这一弊端启动的。在措施方面，中科院更全面周密、环环相扣、易于操作、效益明显。厦门大学等高校适应高校学术环境，把 IR 建设与图书馆管理平台结合起来的做法[6]，也值得推广。

4 建设进度与运行状态

4.1 中科院系统 IR 建设与运行进入相对成熟期

中科院用一年左右时间完成机构知识库试点建设，分别于 2009 年和 2011 年启动两次规模化推广，目前有 100 余家研究所的 IR 已建或在建，其中有近

80个研究所的 IR 已对外公开服务。收集范围包括期刊论文、会议论文、学位论文、专著、科研成果、研究报告、演示报告、其他。对机构知识库中知识产出进行主题标引和提供基于规范主题词的分面浏览，实现对数字资源的自动标引与自动分类。提供研究单元、学科主题、内容类型、所有条目、所有作者等多重检索入口。笔者从 2012 年开始跟踪 Open DOAR 收录中科院子库情况，记录下了其快速发展的历程。具体见表1、表2。

表1 Open DOAR 收录中国科学院机构知识库 25 个子库情况

IR 所在部门	记录量（篇）	浏览量（次）	下载量（篇）
成都生物研究所	4 214	1 154 499	274 699
大连化学物理研究所	21 017	2 337 643	521 980
广州能源研究所	3 086	805 869	242 847
沈阳自动化研究所	9 045	2 060 467	341 518
地理科学与资源研究所	17 138	2 136 665	314 949
宁波材料技术与工程所	2 500	228 736	23 466
西安光学精密机械所	5 422	621 981	8 338
新疆生态与地理研究所	3 105	414 213	111 196
烟台海岸带研究所	1 931	871 753	177 498
半导体研究所	11 685	6 955 796	1 998 090
合肥物质科学研究院	9 265	1 746 066	386 283
中国科学院文献情报中心（总馆）	5 650	3 448 502	799 703
心理研究所	4 868	623 995	16 547
近代物理研究所	5 243	48 122	23 379
南海海洋研究所	3 344	381 176	63 947
高能物理研究所	48 709	1 073 435	96 702
自然科学史研究所	5 799	81 496	16 583
过程工程研究所	6 036	59 267	3 748
西北高原生物所	2 690	669 605	148 143
计算技术研究所	1 711		
生态环境研究中心	6 024		
广州地球化学所	5 077		
天津工业生物技术所	225		
南京土壤研究所	12 474		
化学研究所	3 157		
山西煤化所	4 780		
地球环境研究所	1 611		
总计	205 806	25 719 286	5 569 616

注：统计日期为 2014 年 2 月 27 日

表2 中科院机构知识库网格整体情况跟踪记录

统计日期	来源IR数量（个）	数据总量（篇）	全文条目	英文条目	浏览总量（次）	下载总量（篇）
2012-09-25	72	335 315	263 814	130 696	13 021 989	2 700 580
2014-01-05	91	523 417	415 678	214 130	25 459 433	5 569 616
2014-02-27	92	565 552	430 385	243 150	25 719 286	5 584 397

注：中科院IR目前累积下载量：8 238 487篇/次，院外浏览量：55 582 382篇/次，院外下载量：7 892 155篇/次，国外浏览量：14 812 548篇/次，国外下载量：3 896 490；篇均下载：14.6次[20]。

IR在促进各研究所开展机构知识管理、保存、传播和共享科研成果方面，中科院取得了显著成效，已成为中科院数字科研知识环境重要的组成部分，是目前国际科研机构中最大的公共资金资助科研成果共享系统之一[2]，受到来自国内外的关注和好评。

4.2 高校系统IR处于建设初级尝试和蓄势发展期

我国高校IR建设有组织地规划建设与中科院二期推广基本同步。笔者从2012年开始跟踪我国112所211高校IR建设进展，先后于2012年9月、2013年10月和2014年2月3次进行访问，每次总有3-4所大学图书馆链接无法打开。最近成功访问的"211"高校绝大部分拥有博硕论文库，有61所高校馆还建设了不同类型的初级IR，如表3所示：

表3 我国"211"高校IR建设与运行现状

序号	高校名称	数据库名称	资源条目数	开放程度
1	清华大学	文库/学生优秀作品数据库/机构知识库/周刊	10 159/1 364/114 678/3 509	题录和馆藏信息；有全文的登录受限，授权分级登录
2	北京大学	机构知识库/名师/博文/讲座/燕大论文	20 418（全文8 567）/232/5 839/1 273/110	全文链接，少量受限登录
3	中国农业大学	知识库—教师文库	68 010论文/2 395著作/2 888	论文全文链接，著作全文无法链接
4	北京科技大学	机构知识库	11 683	书目题录信息，无全文
5	厦门大学	文库/学术典藏库	6 708/68 822	有全文的全文链接
6	中国人民大学	文库/机构知识库	120 000/2 328	硕士、博士论文，可下载前16页/全文
7	北京师范大学	京师文库全文库	5 429	全文限馆内
8	北京外国语大学	馆藏校友学术成果选	104位教授	PPT，无全文
9	中央财经大学	教师文库/博导文库	624/?	书目信息/无法链接
10	北京体育大学	教师论著/文库	?/974	授权登录/书目信息
11	河北工业大学	图书馆特色馆藏	50	捐赠及书目信息

续表

序号	高校名称	数据库名称	资源条目数	开放程度
12	大连理工大学	学术典藏库	3 421	书目题录信息，无全文
13	吉林大学	EI/SCI/ISTP 收录数据库	1 183/401/135	题录信息，无全文
14	哈尔滨工程大学	校友文库	2 035	书目信息，无全文
15	东北林业大学	专家学者数据库	334	专家学术成果简介，无全文
16	上海交通大学	优秀学生论文库/会议录	184/?	全文链接/IP 受限
17	华东理工大学	华理人文库	2 054	书目信息，无全文
18	华东师范大学	网上展厅	24	馆内各种展览资料
19	苏州大学	文库/讲坛/多媒体课件	1 268/?/?	无全文/无法链接/无法链接
20	南京理工大学	著作文库	834	书目、捐赠信息，无全文
21	江南大学	引文检索数据库/中文引文索引源收录全文库	10 552 /?	题录、摘要信息，校内全文/无法链接
22	南京农业大学	南农文库	382	书目、捐赠信息，无全文，
23	南京师范大学	南师文库/南师学人	3 443/1 043	书目信息，无全文/全文授权
24	中南大学	专家学者数据库	1 3504（全文 12 559）	全文无法链接
25	国防科技大学	人物数据库	1 153	学术论文全文无法链接
26	暨南大学	学术成果数据库	918	文摘，校园网或 VPN 登录
27	华南理工大学	华工文库	著作 942，学位论文 3 万余	书目、题录、文摘，部分有全文校内下载
28	华南师范大学	早期论文/早期出版物/专家学者数据库	1 224/26/1	全文链接
29	电子科技大学	学术典藏库/馆内刊物	19 367	校内全文/全文链接
30	**重庆大学**	文库/影像特色库	1 377/照片若干	全文无法链接
31	云南大学	机构知识库	2 331	全文授权
32	兰州大学	兰大文库	图书 958，学人 68	题录信息，无全文
33	中央民族大学	名师讲坛	?	授限访问
34	北京交通大学	金士宣研究资料全文数据库	?	
35	北京中医药大学	师生著作学术文库	?	
36	上海大学	钱伟长数据库	?	
37	武汉理工大学	出版期刊全文数据库	?	
38	武汉大学	名师库	?	建设中
39	延边大学	延大名师	?	
40	广西大学	优秀本科毕业论文数据库	?	平台维护中

注：①统计日期：2014 年 2 月 25 – 27 日。②高校名称加粗并带下划线的为 CALIS 三期项目示范馆，如：清华大学，只带下划线的为参建馆，如上海交通大学。③同一学校有几个数据库的，以"/"分隔，并在资源条目数中对应分隔，如中国人民大学：文库/机构知识库，对应条目数：120 000/2 328。"?"表示资源条目数无法链接统计。④本表中资源数后量词单位一律省略，如论文（篇）、著作（部）、数据库（个）。

具体情况如下：①在收录范围上，限于公开发表的学术论文和专著，少量涉及会议录、研究报告等，与 IR 的定义还有差距。②在收录数量上，只有清华大学、中国人民大学、中国农业大学等少数几所高校记录数达到 10 万条以上，数量少的只有几十条，远未达到"库"的规模。③在开放程度上，只有北京大学、厦门大学、中国农业大学、中国人民大学、上海交通大学、华南师范大学等提供全文链接。清华大学、江南大学、电子科技大学等高校只提供部分开放链接，即对目录、摘要访问不受限，有的则明确仅供校园内访问。还有 21 所高校（表 3 未列出）的文库在学校主页或图书馆网页上有介绍，但反复尝试无法链接或无检索入口（如：北京工业大学的"工大文库"、北京邮电大学的"北邮记忆"、北京航空航天大学的"知名学者电子文库"、南京航天航空大学的"会议论文"、西安交通大学的"钱学森特色数据库"、西北工业大学的"姜长英航空数字图书馆"）。④检索方面，除了针对文献设置分类导航外，也有对作者所在机构的导航。建有电子型文库的图书馆均在专著信息揭示的过程中保留了对 OPAC 的关联，也有利用数据库的相关功能为读者提供较深层次文献揭示服务的。但总体来说，途径比较单一，标准化程度不高。

在 3 次调查中，随着许多高校图书馆新版主页的出现，有些前几年建设的高校机构知识库已经消失无踪，有的全文库演变为书目、题录信息库，有的设置了权限，给开放获取设置了更多的障碍，有的响应速度随着数据的增加而变缓。IR 资源变化没有规律，无法统计比较，但从目前已建和在建的数据量看，已经有一定规模。在开放获取方面，由于访问量和下载量不能统计，故无法评估。从国际化运作看，目前只有厦门大学、北京大学、清华大学、北京科技大学 4 校被 Open DOAR 收录。从变化状况看，在 CALIS 三期"IR 建设及推广项目"推动下，近一年来，北京大学加快了建设步伐，在原有 IR 不断更新中，又新建了 IR，数据海量，全文开放程度高，作为重点大学和 CALIS 中心，北京大学为高校 IR 建设树立了榜样。也有高校注意到了与中科院的差距，如新建库的北京科技大学，借鉴中科院 IR 网格经验，起点高，制度和标准相对较全面，对资源利用情况也不时更新统计[21]。

4.3 中科院 IR 网格与 CALIS IR 运行比较

为进一步简明比较两大系统 IR 建设和运行情况，笔者通过中科院 IR 网格平台和 CALIS IR 平台，逐个进入各子库浏览、检索，并列出主要指标（见表 4）。从表 4 可以看出，与中科院 IR 网格相比，高校系统的数据响应方面欠缺太多，在数据的更新和利用统计上更是望尘莫及。

表 4 中科院 IR 网格与 CALIS 机构知识库运行比较

资源比对项 \ IR 类型	中科院机构知识库网格	CALIS 机构知识库
建库院所数	92 所已建，11 所在建	29 所高校登记，18 所无法链接
资源量（篇/条）	数据总量 565 552；全文条目 430 385，开放全文 214 820；英文条目 243 150；累积浏览量：57 253 761；累积下载量：8 238 487	登记元数据总量 96 325；实际链接 144 130；浏览和下载总量无法统计
资源开放程度	全文条目绝大部分开放，极少数设置权限，依权限级别开放	大部分全文，部分高校受限下载
资源类型	期刊论文、会议论文、学位论文、著作、研究报告、演示报告、成果、专利、预印本、年报、多媒体、科研项目、科技信息简报等题录、书目和全文	期刊论文、会议论文、学位论文、工作文稿、演示文稿、年报、专利、图书等题录、书目和全文
Open DOAR 收录链接数	25 个	4 个

注：①统计日期为 2014 年 2 月 27 日。② CALIS 机构知识库首页中有 "211" 高校机构库 19 个，12 个因网址有误或自身原因（见表 3）无法链接。

5 分析与建议

5.1 高校与中科院 IR 建设和运行存在差距的特殊原因分析

除了近年来学者们分析的领导重视、资金投入、政策导向、管理与运行机制、内容收集范围与策略、知识产权等因素影响[17-19]，笔者从我国两大系统 IR 建设比较中也得出一些特殊原因：①理念差距。中科院系统的 IR 建设是基础性设施的"系统工程"。动因与目标理念起点高，关联性强、闭合性好，规划周密，策略完善，实施得力，可持续发展。而一些高校 IR 建设只是"面子工程"，动因与目标理念零散，缺乏整体规划，策略和机制体系不完善，只能一暴十寒，边干边看。②机构成果内容性质的差异。内容的价值决定 IR 的存在、推广与发展价值。中科院 IR 收集的内容，主要是面向科研和生产实际的理论和实验成果，具有较强的生产力转化价值，是各研究所生存发展的源泉。而目前我国高校 IR 中的各类文献，主要是从理论到理论，为论文而论文，应用价值相对较低，且对高校生存缺乏影响力，高校领导难以从战略高度上认识 IR 建设，形成 IR 建设的主要瓶颈。③机构及社会对 IR 需求差异。

IR 的内容差异直接导致了机构和社会对不同 IR 的需求差异，IR 内容的有用性直接影响访问量、下载量，又反过来影响 IR 建设者的积极性，形成两极分化。④机构对社会依赖重点关注的差异。科研院所以科研服务于社会为己任，它们的 IR 开放性好、链接方便、访问反应快、可全文下载，是向社会展示其实力的窗口。高校以培养学生为重点，科研相对封闭，为社会服务意识相对淡薄，难免忽视了社会对 IR 访问是否方便顺畅。

5.2 高校与中科院 IR 建设发展的建议

CALIS 三期"IR 建设及推广项目"是我国高校 IR 规范化、可持续发展的重大机遇。就高校系统而言：①要针对高校 IR 建设和发展中的差距寻找原因，在理念、策略、措施方面认真学习中科院建设经验，汲取营养，少走弯路。②要强化内容价值理念，树立满足用户需求、为社会服务观念，在从机构文库到"准 IR"再到 IR 的建设过程中，以点带面，逐步铺开，IR 的数量不求多，要求精，文献形式不求全，要求专，有特色，要保证尽量提供全文，要方便检索、浏览和下载。争取在建设过程中不断取得机构和社会对 IR 的信心、信任和信服。

科学院系统 IR 建设经过两轮实践和推广，已经取得了比较丰富的经验，除了大环境的体制、产权等制约因素外，在理念、策略、措施诸方面已经跟上了国际潮流。就中科院而言：①借鉴高校利用学术网络化环境推进 IR 建设，在图书馆学科服务平台中关联嵌入 IR 有关建设流程与拓展功能，巩固建设成果，扩大影响力。②总结建设经验，在 IR 建设和发展的理论层面上不断深化研究和探索，为我国国家层面的 IR 建设有更多的责任担当。

对于两大系统而言：①应在 IR 平台、内容收集范围与策略、数据库建设的规范化、标准化方面进行交流与沟通，在知识产权保护、数字资产共享方面实行协同与合作。②两大系统共同努力，健全和完善我国的综合型 IR 联盟建设机制和运作模式，致力于我国综合型 IR 网格建设与发展，推进国家层面机构知识库系统建设。

参考文献：

[1] Walters T O. Strategies and frameworks for institutional repositories and the new support infrastructure for scho larly communications[J/OL]. D-LibMagazine,2006,12(10):[2012 - 11 - 15]. http://www.Dlib.org/dlib/ october06/walters /10walters. html.

[2] 张冬荣,祝忠明,李麟,等.中国科学院机构知识库建设推广与服务[J].图书情报工作,2013,57(1):20 - 25.

[3] 教育部普通高等学校图书馆规程(修订)[J].大学图书馆学报,2002(3):1 - 4.

[4] 何建新.大学文库的调查与分析[J].图书馆学研究,2013(4):42-48.
[5] 聂华,韦成府,崔海媛.CALIS 机构知识库:建设与推广,反思与展望[J].中国图书馆学报,2013(2):46-51.
[6] 萧德洪.厦门大学机构知识库建设与未来设想[EB/OL].[2014-03-07].http://ir.las.ac.cn/simple-search?accurate=false&order=desc&rpp=10&sort_by=2&advanced=false&fq=dc.contributor.author_filter:%E5%BC%A0%E6%99%93%E6%9E%97&&start=0.
[7] 程波.2004-2008年我国机构库研究与建设综述[J].图书馆论坛,2009(4):84-86.
[8] 张晓林.机构知识库的政策、功能和支撑机制分析[J].图书情报工作,2008,52(1):23-27.
[9] 孙振良.高校机构知识库建设现状及策略研究[J].情报科学,2010(3):353-360.
[10] 张向华.大学学术机构仓储和建立IR国家联盟[J].情报资料工作,2008(1):59-61.
[11] 宛玲,苏娜,厉志红.大学机构知识库组织管理问题研究[J].图书情报工作,2008,52(4):97-99.
[12] 力学所机构知识库(IMECH-IR)开通通知[EB/OL].[2012-01-01].http://tszc.imech.ac.cn/info/detai.lasp?infono=12533.
[13] 中国科学院成功举办"第八届开放获取柏林会议"[EB/OL].[2010-11-29].http://www.las.cas.cn/hzjl/xshy/201011/t20101129_3033899.html.
[14] 张巧玲."中国开放获取推介周"国际研讨会在京举行[EB/OL].[2012-10-23].http://news.sciencenet.cn/htmlnews/2012/10/270749.shtm.
[15] 2013(第二届)全国开放获取推介周成功举办[EB/OL].[2013-10-28].http://www.lsc.org.cn/c/cn/news/2013-10/28/news_6671.html.
[16] 国内首次机构知识库会议成功举办,推动科技信息开放获取[EB/OL].[2013-09-29].http://2013chinair.csp.escience.cn/dct/page/1.
[17] 肖可以.高校图书馆机构知识库建设存在的问题及其对策[J].情报资料工作,2010(6):90-93.
[18] Zhao Yongchao,Yao Xiaoxia,Wei Chengfu. Academic institutional repositories in China:A survey of CALIS member libraries[J]. Chinese Journal of Library and Information Science,2012,5(2):18-32.
[19] 钱建立,李鹏,李若溪.机构知识库可持续发展策略研究.[J].情报杂志,2012(11):176-180,160.
[20] 在线统计报告[EB/OL].[2014-02-27].http://www.irgrid.ac.cn/report.
[21] 北京科技大学机构知识库[EB/OL].[2014-02-27].http://ir.ustb.edu.cn/.
[22] 曾苏,马建霞,汤天波,等.国内科研机构和高校机构知识库规划建设现状与问题研究[J].现代图书情报技术,2009(1):50-56.
[23] 洪伟达,马海群.机构知识库的制度效率及其对著作权制度的促进[J].情报科学,2009(4):507-511,515.

[24] 乔欢,姜颖.国内外机构知识库内容建设研究进展[J].图书馆理论与实践,2011(8):18-21.

作者简介

徐红玉,淮海工学院图书馆副研究馆员,硕士,E-mail：469839650@qq.com;李爱国,东南大学图书馆副馆长,研究馆员,博士。

机构知识库联盟发展现状及关键问题分析

曾 苏[1,2]　马建霞[1]　祝忠明[1]

[1]中国科学院国家科学图书馆兰州分馆/中国科学院资源环境科学信息中心　兰州 730000
[2]中国科学院研究生院　北京 100190

在开放获取理念兴起的背景下，机构知识库（Institutional Repository，以下简称 IR）的建设逐步成为国内外研究机构和大学的热点。2005 年，美国网络信息联盟（CNI）对其成员（121 所大学和 81 所文科学院）的 IR 部署情况开展了调查研究，结果显示：40% 的大学、6% 的学院已经运行 IR，在没有建立 IR 的机构中 88% 的大学和 21% 的学院计划加入到 IR 联盟系统中[1]。根据现有的资料，大部分研究机构和大学的 IR 中收录的文献记录都少于 1 000 条，而一些小型机构通常没有资源、资金来建立或支持 IR 的正常运行。由于资金和内容征集等各方面因素的制约，单个机构 IR 的建设和正常运行受到一定的影响，IR 联盟是未来机构知识库发展的趋势之一。

1 机构知识库联盟概念

国内外学者对 IR 联盟还没有统一的定义，比较典型的主要包括：①美国网络信息联盟执行总裁 Clifford A. Lynch 将其定义为：机构知识库之间实现跨库检索和内容交换，实现数据备份、保存、故障恢复及其他功能，促进跨机构的学术交流和合作[2]；②CrossRef.org：一些机构构建的共享知识库或多个互操作机构知识库，为联盟机构成员提供存档和访问服务[3]；③李广建等：学术机构通过合作的方式，将各自的资源库整合起来，统一提供数字化服务，支持不同 IR 之间的数据交换和共享，支持跨库无缝检索，同时各分布式 IR 拥有数据备份、保存及故障恢复能力[4]；④邓君在其博士学位论文中将 IR 联盟定义为：两个以上机构联合构建机构知识库，通过合作的方式，实行机构间资源共享，统一提供知识传播与知识服务，机构知识库联盟模式可以分为集中式与采集式[5]；⑤王文华：机构联盟知识库，就是指几个机构以一个机构为基地联合构建知识库，通过合作的方式，将各自的资源库整合起来，统一提供数字化服务[6]。

笔者在以上定义的基础上，将机构知识库联盟界定为：两个以上大学、研究机构及相关组织通过合作的方式构建机构知识库或共享机构知识库资源，以集中存缴、元数据收割等方式统一提供知识传播和知识服务，以实现不同机构间知识产出的共享、利用。IR 联盟按地理位置划分为：校（所）际 IR 联盟、地区级 IR 联盟、国家级 IR 联盟、洲级 IR 联盟；按技术组织模式可划分为：集中式 IR 联盟、采集式 IR 联盟、混合式 IR 联盟。

2 机构知识库联盟建设意义

2.1 更大范围内的知识产出保存、共享

IR 是在开放获取的背景下逐步发展起来的，但目前并不是所有的 IR 都是完全开放获取的，每个机构和大学的 IR 都有一定的访问控制策略。IR 联盟的发展，使得联盟内机构成员的知识产出得到统一保存、利用和共享，并通过统一的界面提供服务，有利于突破机构的限制共享知识。国家级 IR 联盟、洲级 IR 联盟的成熟和发展，对实现学术信息资源的长期保存和开放获取意义深远。

2.2 节约成本，体现"规模效益"

无论采取哪种技术模式，IR 联盟的建设可以实现构建成本和运营成本的"规模效益"。集中式 IR 联盟由多个机构、大学共同构建和维护一个系统，系统建设和运营成本实行分摊，使得单个机构构建 IR 成本大大降低，小型机构加入已有的集中式 IR 联盟可实现成本节约和资源扩充的双赢效果。采集式 IR 联盟成员一般选择遵循相同标准化开放接口的软件平台，联盟成员在软件安装、运行、维护、管理及人员部署方面分享经验，并且共同解决 IR 建设过程中的技术问题，这可实现 IR 建设过程中的成本节约。

2.3 促进单个机构 IR 的建设推广

根据 ARROW、DAREnet 等国家级 IR 联盟项目的实践经验，IR 联盟的建设可在一定程度上推动单个机构 IR 构建、部署。国家级 IR 联盟的构建，国家制定相关政策、提供资金支持，可实现全国范围内 IR 数量的增长和顺利部署。由于资金、技术力量缺乏，小型机构无力独自构建 IR 服务系统，通过参与区域性联盟方式实现本机构 IR 的顺利部署，这也将促进单个机构 IR 数量的增长。

2.4 构建全国知识基础保存设施的重要步骤

目前，国内 IR 建设还处于起步时期，仅有少数研究机构和大学建设了 IR 系统。国内科研机构和研究人员每年要产生大量的科研成果，无论在机构层面还是国家层面都需要构建 IR 一类的知识产出保存系统。作为科研信息环境

基础设施的 IR,在科研产出集中管理、长期保存、共享、利用方面发挥着重要作用,因此可通过构建不同层次的 IR 联盟,继而推动全国性 IR 联盟,实现对国家科研产出的长期保存和有效管理,并且作为全国知识基础保存设施对科研成果进行集中呈现和统一服务。通过分层构建 IR 联盟的方式,逐步构建上级联盟,进而发展成为全国性知识基础保存设施。

3 机构知识库联盟发展现状

3.1 国外 IR 联盟发展现状

3.1.1 主要国家层面 IR 联盟　国家层面 IR 联盟主要包括:法国 HAL、荷兰 DAREnet、澳大利亚 ARROW、日本 JAIRO、德国 OA-Network、英国 JISC RepositoryNet、欧盟 DRIVER[7-13],如表 1 所示:

表 1　国家层面 IR 联盟项目

名称	参与机构	技术模式	收录文献类型	条目数量	服务
HAL	CNRS、INSERM、INRA、86 所大学	集中式	期刊论文、会议论文、图书、学位论文、研究报告等	122 540	集中检索、浏览;向主题仓储提交内容;生成学科门户;使用统计;出版物清单等
DAREnet	所有大学和部分研究机构	采集式	学术出版物、学位论文	224 257	集中检索、浏览;专题检索、浏览
ARROW	24 所大学	采集式	e-prints、学位论文、电子出版物	284 501	集中检索、浏览
JAIRO	98 所大学和研究机构	采集式	期刊论文、学位论文、会议论文、演示文档、图书、技术报告、研究报告等 14 种类型	637 237	集中检索、浏览
OA-Network	拥有 DINI 证书的 IR	——	——	——	未实现统一检索、浏览
JISC Repository Net	所有大学	——	——	——	未实现统一检索、浏览;Intute Repository Search
DRIVER	欧洲国家层面 IR 联盟	混合式	期刊论文、会议论文、图书、学位论文、研究报告、报纸等	1 000 000	集中检索、浏览

注:a) 该表数据统计截至 2009 年 5 月 18 日;b)"——"表示该项暂无统计

表1显示，HAL、DAREnet、ARROW、JAIRO、DRIVER项目通过集中提交或元数据收割的方式实现了本国（洲）知识产出的聚合和检索；德国OA-Network、英国JISC Repository还未实现本国知识产出的集中呈现和检索，将随着项目的深入得以实现。国家层面IR联盟发展呈现以下特点：①国家层面IR联盟出现在IR发展迅速的国家，其本国范围内已经有相当数量的IR，为IR联盟的构建提供了有利条件；②国家层面IR联盟大都由一些著名的大学、研究机构牵头，以项目的形式构建IR联盟，不断吸收其他机构加入联盟中，从而实现本国范围内知识产出的集中呈现和长期保存；③国家层面IR联盟的构建不仅仅是技术系统或平台的部署，更是推动国家层面知识产出有效管理、长期保存的战略实践。

3.1.2 主要区域性IR联盟　区域性IR联盟主要有：英国SHERPA项目资助的SHERPA—LEAP联盟、白玫瑰知识库联盟[14-15]；美国华盛顿研究图书馆联盟构建的ALADIN联盟、犹他知识库联盟、科罗拉多数字知识库联盟、德州数字知识库联盟、俄亥俄州数字知识库联盟、乔治亚知识库联盟[16-22]，如表2所示：

表2　区域性IR联盟项目

名称	参与机构	技术模式	收录文献类型	条目数量	服务
SHERPA—LEAP联盟	伦敦大学13个学院	——	——	——	未实现集中呈现
白玫瑰知识库联盟	利兹大学、设菲尔德大学、约克角大学	集中式	研究论文、会议论文、专著、图书、专利等	5 240	统一检索和浏览
ALADIN联盟	华盛顿研究图书馆联盟7个成员机构	集中式	研究论文、学位论文、多媒体资料、数据等	4 147	统一检索和浏览
犹他知识库联盟	犹他研究图书馆联盟的5所大学	集中式	研究论文、学位论文、本科生荣誉方案、工作文件、研究报告等	4 713	统一检索和浏览
科罗拉多数字知识库联盟	科罗拉多研究图书馆联盟11个成员机构	采集式	研究论文、多媒体资料等	——	统一检索和浏览
HELIN机构知识库联盟	HELIN图书馆联盟成员机构	采集式	研究论文、学位论文、会议论文等	789	统一检索和浏览
德州数字知识库联盟	德州5个研究图书馆协会成员大学	采集式	期刊论文、学位论文、会议论文、研究报告等	7 336	统一检索和浏览

续表

名称	参与机构	技术模式	收录文献类型	条目数量	服务
俄亥俄州数字知识库联盟	俄亥俄州11所大学和文科学院	采集式	学位论文、课件、多媒体资料等	168 520	统一检索和浏览
乔治亚知识库联盟	乔治亚州的大学和研究所	采集式	学位论文、研究报告、期刊论文、研究数据等	218	统一检索和浏览

注：a) 该表数据统计截止2009年5月18日；b) "——"表示该项暂无统计

区域性IR联盟发展特点主要有：①区域性IR联盟的构建，大都是在原有图书馆联盟基础上构建IR联盟。图书馆联盟合作基础好、发展时间长，为IR联盟的构建提供了较为有利的条件。②区域性IR联盟的构建，在一定程度上解决了小型机构IR建设资金和内容征集方面的制约，推动了单个机构IR的建设和推广。

3.2 国内IR联盟发展现状

国内IR建设还处于起步阶段，仅有香港大学、香港科技大学、香港城市大学、香港理工大学、清华大学、厦门大学、浙江大学、中国科学院力学研究所、中国科学院国家科学图书馆构建了IR系统[23]。国内IR研究和实践落后于欧美等国，对IR联盟的研究还处于探索试验阶段，相关研究主要有：

中国科学院国家科学图书馆的"全院联合机构仓储体系建设"项目提出了构建全院联合机构仓储体系的构想：即在以研究所为单元构建各所IR系统的基础上，通过元数据开放获取和内容聚合的方式，建立起全院联合机构仓储服务体系[24]。该项目还处于分散建设阶段，仅对中国科学院力学研究所、中国科学院国家科学院图书馆进行了IR部署，并已经在中国科学院西安光机所、中国科学院软件所、中国科学院半导体所等启动实施，但实施单位数量、尚不成规模。

中国香港地区的HKIR[25]（Hong Kong Institutional Repositories）是由香港科技大学图书馆开发的演示系统，实现对大学教育资助委员会所资助科研单位（8所大学和研究所）知识产出的聚合和联合搜索，截止到2009年5月共收割文献127 743篇。

中国台湾地区的"建置机构学术成果典藏计划"采用"分散建置、集中呈现"的原则：截止到2009年5月，共有82所大学和研究机构使用台湾大学的NTUR系统建立本机构的典藏系统，并以TAIR[26]入口网站作为台湾学术研究成果累积、展示与利用的窗口[27]。

4 机构知识库联盟发展关键问题分析

4.1 组织管理模式

IR 联盟的组织管理模式,是构建 IR 联盟的基础和先决条件。从 IR 联盟总体组织建设和推进的角度看,IR 联盟可分为"自上而下"和"自下而上"两种组织模式。自上而下的组织模式,即相关大学或研究机构通过合作的方式构建 IR 联盟,共同参与 IR 规划、政策制定、内容管理、系统管理及服务功能设计,共享技术经验、软硬件和实行成本分摊,实现本机构 IR 的部署和实施;自下而上的组织模式,即相关研究机构或大学在各自运营和维护本机构 IR 服务系统的基础上,以资源扩充、共享为目的,以集中提交或元数据收割方式实现机构知识产出的聚合和集中呈现,以联盟系统的方式提供服务。

目前,国外 IR 联盟主流构建模式为自上而下模式。这种模式被广泛采用的原因主要体现在:①国家层面 IR 联盟的构建是一项复杂、艰巨的任务,只有在国家政策和资金支持下,自上而下推动全国范围内研究机构和大学 IR 系统构建,才能实现全国范围内知识资源的集中共享和揭示;②现有的区域性 IR 联盟大都在原有图书馆联盟的基础上构建的,联盟有较好的合作基础,这有利于联盟成员分工协作进行 IR 联盟构建,从而实现联盟成员单个 IR 的部署;③由于资金和内容征集的原因,小型机构和大学无力构建自己的 IR 服务系统,通过合作构建 IR 联盟或直接加入现有 IR 联盟的方式实现本单位知识资源的保存和共享。

4.2 政策框架

IR 联盟发展政策是构建 IR 联盟不可或缺的观念、原则和行动指南,为其发展提供重要依据和宏观指导,是 IR 联盟可持续发展的关键因素和重要保证。IR 联盟构建过程中涉及的政策,如表 3 所示:

表 3 IR 联盟政策体系与内容

政策	具体内容
组织管理机制	构建目标、组织形式、职责分工、人员配置、管理机制、经费支持与分摊
资源管理政策	资源聚合政策、质量控制政策、所有权政策、揭示政策、访问政策
权利管理政策	软件平台版权、合理使用、隐私权
长期保存政策	元数据描述、文档格式、、撤销政策、数据保存和备份

4.3 知识产权策略

由于担心与出版商、资助机构的潜在冲突，研究人员不愿意提交或极少数提交科研成果到IR联盟服务系统中，因此IR联盟发展过程中应采取有效的知识产权策略。可采取的知识产权策略包括：以机构的名义，和国内外出版商进行协商和签订协议，争取作者自存储的权利并可向公众免费提供接入、检索、浏览、下载服务；协调好作者、资助机构、出版商三方的关系，区别对待研究人员知识产出的各种情况，避免出现知识产权纠纷；IR联盟应设立相关委员会或工作人员，负责解答和处理研究人员自存储过程中知识产权方面的疑惑；充分利用诸如SHERPA/RoMEO[28]之类的版权查询系统，并将其嵌入到IR提交页面中，方便研究人员提交知识产出过程中查询相关信息；IR联盟服务系统中，应包含指向出版商主页的链接，并提供正确的引用信息，体现出版商公开发表出版权利；加强对创作共用协议（Creative Commons[29]）的宣传，鼓励研究人员接受并积极利用该协议，灵活运用著作权并保留相应权利。

4.4 技术组织方式

IR联盟不仅要实现机构内部数字知识产出的长期保存和有效管理，还要实现联盟机构内资源的互操作和共享，这就需要稳定技术平台和相关技术的支撑。IR联盟服务系统应根据需要选择合适的技术组织方式和技术方案，以达成联盟构建目标。IR联盟技术组织模式主要分为：①集中式IR联盟，指多个机构建立单一、集中的IR服务系统，联盟机构成员直接将元数据和内容提交到集中服务器中，对数字资产实现统一保存、利用、传播；②采集式IR联盟，指联盟成员机构分别建立各自的IR服务系统，通过元数据收割的方式实现联盟机构资源的集中呈现和揭示，提供统一的检索入口和界面，数字资源仍分布在各机构IR中；③混合式IR联盟，是集中式IR联盟和采集式IR联盟的结合，既通过集中提交方式聚合资源，又通过采集的方式收割元数据。IR联盟服务系统涉及相关技术包括：数字对象标示符、作者标示符、复合数字对象描述、元数据收割、长期保存技术、单点登录技术等。

4.5 服务

IR联盟提供的服务，对提高IR联盟知名度、长期运营、内容部署起到十分重要的作用，是影响IR联盟发展的关键因素之一。IR联盟可提供的服务主要包括以下方面：①一般服务：统一浏览、统一检索、简单快速提交、数字化、格式转换、RSS订阅、使用统计等；②增值服务：出版物清单自动生成、数字资源导出服务、主题门户生成、研究人员及研究团体门户网站生成服务、单个机构 IR 门户生成服务、引文索引服务、支持科研评价等；③资源揭示服务：在全球性知识库门户（OAIster、OpenDOAR、ROAR）登记注册、搜索引擎索引、提供与外部信息系统的接口等。

5 结语

本文在分析 IR 联盟概念、意义的基础上，对 IR 联盟的发展现状进行阐述，并分析 IR 联盟发展中的关键问题。我国 IR 建设还处于起步阶段，大量研究机构和大学已经或将要进行 IR 系统服务建设。由于资金、技术及内容征集方面因素的制约，并非所有机构愿意建立本机构的 IR 服务系统。相关机构合作建立 IR 联盟或加入已有的 IR 联盟，将实现资本节约、成本分摊、经验共享，对我国 IR 建设和快速增长有着重要促进作用。探索适合中国实际情况 IR 联盟发展模式，是下一步研究的重要内容。

参考文献：

[1] Lynch C A, Lippincott J K. Institutional Repository Deployment in the United States as of Early 2005. [2009 - 02 - 10]. http://www.dlib.org/dlib/september05/lynch/09lynch.html.

[2] Lynch C A. Institutional Repositories：Essential Infrastructure for Scholarship in the Digital-Age. [2009 - 02 - 10]. http://www.arl.org/resources/pubs/br/br226/br226ir.shtml.

[3] CrossRef Glossary Version 1.0. [2009 - 03 - 10]. https://www.policypress.org.uk/images/upload/pages/cr_glossary_1.pdf.

[4] 李广建，黄永文，张丽. IR：现代体系结构与发展趋势. 情报学报，2006，25(2)：236 - 241.

[5] 邓君. 机构知识库建设模式与运行机制研究[学位论文]. 长春：吉林大学，2008.

[6] 王文华. 知识库发展的新模式——机构联盟知识库. 情报科学，2008，26(03)：373 - 376.

[7] HAL. [2009 - 02 - 27]. http://hal.archives-ouvertes.fr/index.php?langue=en&halsid=r9t66ql7gls22mskasmipt09m5.

[8] DAREnet. [2009 - 02 - 27]. http://www.narcis.info/index/tab/narcis.

[9] ARROW. [2009 - 02 - 27]. http://arrow.edu.au/.

[10] JAIRO. [2009 - 05 - 18]. http://jairo.nii.ac.jp/en/.

[11] OA-Network. [2009 - 02 - 27]. http://www.dini.de/fileadmin/oa-netzwerk/PM_OA-Netzwerk_Projektstart_en_080116.pdf.

[12] JISC RepositoryNet. [2009 - 02 - 27]. http://www.jisc.ac.uk/publications/publications/repositorynet.aspx.

[13] DRIVER. [2009 - 02 - 27]. http://www.driver-repository.eu/.

[14] SHERPA-LEAP. [2009－02－27]. http://www.sherpa-leap.ac.uk/about.html.
[15] WRCER. [2009－02－27]. http://eprints.whiterose.ac.uk.
[16] ALADIN. [2009－02－27]. http://dspace.wrlc.org/.
[17] Utah Academic Library Consortium. [2009－02－27]. http://harvester.lib.utah.edu/utah_ir/index.php/index.
[18] Alliance Digital Repository. [2009－02－27]. http://adr.coalliance.org/adrlib/.
[19] HELIN. [2009－02－27]. http://helindigitalcommons.org/.
[20] Texas Digital Library Repositories. [2009－02－27]. http://repositories.tdl.org/.
[21] OhioLINK Digital Resource Commons. [2009－02－27]. http://drc.ohiolink.edu/.
[22] Galileo Knowledge Repository. [2009－05－18]. http://gkr.gatech.edu/.
[23] 曾苏,马建霞,汤天波,等. 国内科研机构和高校机构知识库规划建设现状与问题研究. 现代图书情报技术,2009(1):50-57.
[24] 祝忠明,马建霞,张智雄,等. 中国科学院联合机构仓储系统的开发与建设. 图书情报工作,2008,52(9):90-93,144.
[25] Hong Kong Institutional Repositories. [2009－05－30]. http://lbapps.ust.hk/hkir/.
[26] Taiwan Academic Institutional Repository. [2009－02－10]. http://tair.lib.ntu.edu.tw/.
[27] 机构典藏计划网站. [2009－02－10]. http://ir.lib.ntu.edu.tw/Wiki.jsp?page=Main.
[28] SHERPA/RoMEO. [2009－02－10]. http://www.sherpa.ac.uk/romeo/.
[29] Creative Commons. [2009－02－27]. http://creativecommons.org/.

作者简介

曾　苏,男,1986年生,硕士研究生,发表论文6篇;马建霞,女,1972年生,研究馆员,硕士生导师,发表论文20余篇;祝忠明,男,1968年生,研究馆员,硕士生导师,发表论文30余篇。

日本机构知识库发展与现状研究*

陈枝清 徐 婷

华东师范大学图书馆 上海 200062

机构知识库（Institutional Repositories，简称 IR）是学术机构为捕获并保存机构学术成果而建立的数字资源库，是随着开放获取的发展而兴起的一种新型学术传播方式。日本 IR 起步虽晚于欧美，但发展迅速，截止到 2009 年 9 月，开放知识库名录 OpenDOAR 上收录的日本 IR 已有 77 个[1]（实际是 112 个），居世界第四位。

1 日本 IR 产生的背景

日本 IR 产生的背景可以综合为以下两点：①日本杂志危机严重阻滞了学术交流的发展[2]。从 1950 年以来，日本大学图书馆每年订购的外文杂志总数不断增加，至 1989 年共收集了 4 万余种，然而之后的十多年，学术杂志价格每年上涨 2 成；另外，日本大学图书馆预算增长缓慢甚至削减，导致了大学全体杂志订阅量大幅减少，2001 年已跌至 1.5 万种，从而给研究者学术交流活动带来了极大危害。②发表关于学术信息传播的政府报告[3]。2002 年 3 月，文部省学术审议会发表了《关于充实学术情报的流通基础》报告，提出了要强化大学图书馆传播学术信息的作用。2005 年 6 月，文部省学术审议会发表了《作为学术情报基础的大学图书馆等今后整备的方策》的中期报告，明确了大学图书馆的 IR 在传播学术信息资源中的重要性。

2 日本 IR 的发展历程

日本 IR 的发展与国立情报学研究所（National Institute of Informatics，简称 NII）的支援密不可分。1986 年 4 月，文部省成立了学术情报中心 NACSIS 作为大学的共同利用机构。2000 年 4 月，文部省以 NACSIS 为母体改组、扩

---

* 本文系 2009 年上海图书馆学会课题"日本机构知识库进展研究"（项目编号：09CSTX06）研究成果之一。

充成立了 NII，更加重视从基础到应用的综合研究，并一如既往地积极推进学术信息基础建设，开展国际交流与合作。

NII 在各大学建立 IR 前，于 2002 年 10 月就开始实施"元数据数据库共同构筑事业"，通过网罗国内大学等机构的学术资源，以元数据方式标引实现数据库化，并通过"大学 Website 资源检索系统"提供检索服务，将各大学的研究成果通过网络迅速向全世界公布。2008 年 3 月底，NII 结束该事业，此项目最终有 272 家机构参加建设并取得了一定的成果[4]。

NII 在国外 IR 开始发展时也着手进行相关研究，2003 年 3 月，NII 首先和千叶大学图书馆开始了试验性研究，千叶大学在对校内教师进行调查的基础上了解到不少教师希望自己的论文可以全文上网，希望大学建立鼓励学术发表的机制。另外，由于千叶大学开始筹建 IR 时，日本国内尚未有先例，为此千叶大学一方面开展国外学术动向调查，另一方面翻译国外 IR 相关资料，并开始制订系统标准进行实际操作。2004 年 6 月，千叶大学 IR 开始对外正式服务，用户除了可以检索千叶大学生的研究成果，还可以通过 OAI-PMH 协议检索到"元数据数据库"中其他大学的资源，实现了系统之间的无缝连接[5]。

2004 年 6 月至 2005 年 3 月，NII 和东京大学、千叶大学等 6 所国立大学图书馆合作实施"学术机构知识库构筑软件实装实验项目"，开始了 IR 软件的进一步开发研究，以解决系统的安装及 IR 软件本地化等相关问题[6]。此外，以千叶大学土屋俊为代表的研究小组通过"电子环境下研究型图书馆功能的重新调整"课题对 IR 进行了理论层面的深入研究，包括日本大学图书馆政策研究、开放存取运动的国内外动向调查等。

2005 年，作为最尖端学术情报基础（Cyber Science Infrastructure，简称 CSI）构筑委托事业的重要一环，NII 开始了"学术机构知识库构筑联合支援事业"，并选定早稻田大学、筑波大学等 19 所大学图书馆实施委托项目，主要对 IR 构筑和运用的实际成果以及有无 IR 建设规划等相关问题进行调查[7]；同时 NII 通过 OAI-PMH 协议开始对各 IR 的元数据进行收割，并构建了统一检索平台 JuNii+提供横向检索功能。截止到 2006 年 3 月，日本有 17 个 IR 正式运行并提供服务，共收集了 62 423 件资料[3]。

2006 年 4 月，NII 开始了为期两年的 CSI 委托事业，分为两个领域。领域一是以 IR 构筑和运用为目的的项目，每个项目由一所大学独立申请；领域二是以尖端的研究和开发为目的的项目，每个项目可由一所大学独立申请，也可由几所大学共同申请。2006 年，NII 公开招募了 57 所大学实施领域一的委托项目，领域二招募了 37 所大学的 22 个工程[8]。2007 年，NII 公开招募了 70

所大学实施领域一的委托项目，领域二招募了 13 所大学的 14 个工程[9]。截止到 2008 年 3 月，日本有 62 个 IR 正式运行并提供服务，共收集了 278 511 件资料[10]。

2008 年 4 月，NII 继续扩大 CSI 委托事业，分为两个领域。领域一是以进一步普及 IR 和扩充 IR 资源为目的的项目；领域二是以通过各 IR 协作构筑新的服务为目的的项目。2008 年，NII 公开招募了 68 所大学实施领域一的委托项目，领域二招募了 37 所大学的 21 个工程，具体分为 4 个方面的研究主题：①强化学术信息传播能力的技术开发；②多个 IR 之间的协作；③确保 IR 可持续发展或提高其附加价值的研究；④e-Science 与 IR 协作的可能性调查、研究[11]。2009 年，NII 除了继续委托 2008 年应募的 66 所大学，另外又追加了 8 所大学实施领域一的委托项目，领域二继续实施 2008 年的 21 个工程。

3 NII 对日本 IR 构筑的支援

3.1 CSI 事业委托项目

NII 通过 CSI 事业委托项目的实施对日本 IR 构筑提供了必要的经费支持。主要执行程序是要申请的大学根据项目招募纲要，提出提案书并申请该项目所需经费。例如，2008－2009 年度领域一项目的年度申请经费上限为 300 万日元（约合人民币 21 万元），但是，特别期待其成果项目没有金额限制。领域二项目的年度申请经费上限是 500 万日元（约合人民币 35 万元），同样，特别期待其成果项目没有金额限制[12]。

3.2 系统合作

• 公开元数据标准格式 junii2。为确保各 IR 实现开放获取与资源共享，NII 要求各机构必须按制定的元数据标准格式来制作元数据，junii2 中共包含了包括题名、作者等 56 个元数据格式[13]。

• 建立 IR 横向检索系统。NII 通过 OAI-PMH 协议对各 IR 的元数据进行收割并存储到 IRDB 中。2005 年，NII 开发了 JuNii＋平台对 IRDB 进行统一检索；2008 年 10 月推出了 JuNii＋的后续服务系统 JAIRO；2009 年 5 月，JAIRO 系统又增加了 Microsoft 的机器翻译功能，通过 JAIRO 门户网站，全球用户可以很方便地检索利用日本所有 IR 资源。

• 建立 IR 内容分析系统。2008 年 8 月，NII 公开了 IRDB 内容分析系统，通过该系统可以查询各个 IR 的详细信息，如链接地址、使用的软件、IR 资源年度递增统计等，另外还可以按年、月查询日本 IR 全体资源的总量，各类型资源中全文的比率等各种统计数据，有利于各机构和用户了解日本 IR 整体的各种信息。

3.3 扩充 IR 资源

• SPARC Japan 合作伙伴杂志。2003 年 7 月，NII 开始了 SPARC Japan（日本学术出版与学术资源联盟），在可以发行英文版杂志的日本学协会中，公开募集共同推进 SPRAC Japan 的合作伙伴杂志，并呼吁这些杂志的学术信息在 IR 系统中公开以实现开放获取。截止到 2009 年 3 月，NII 选定了 30 个机构的 45 种杂志[14]。

• CiNii 中的日本国内学协会杂志。CiNii 是 NII 与日本学协会合作开发的论文信息导航系统，在 CiNii 免费公开的学协会杂志中，NII 向各学协会确认能否在著者所属的 IR 上免费公开其全文，到 2009 年 3 月止，NII 共询问了 178 个学协会的 504 种杂志，结果有 122 个学会的 285 种杂志给予答复，其中许诺免费公开的有 206 种杂志，不允许公开的有 19 种，需其他附加条件的有 60 种[15]。

3.4 促进 IR 间交流

• 举办各类研讨会、报告交流会等。NII 通过定期举办各类有关 IR 的学术研讨会、CSI 委托事业报告交流会以及 IR 负责人研修会等对 IR 构建机构及人员进行宣传、教育和培训。另外，NII 还翻译公开 JISC 和 SPARC 的相关文章，让日本国内及时了解国际开放获取的新动向。

• 支援数字知识库联盟的活动。数字知识库联盟（Digital Repository Federation，简称 DRF）是 CSI 事业委托项目之一"IR 社区的灵活性"的研究成果，旨在通过 Wiki 网站、专题讨论会等方式促进各 IR 共享信息、交流情报。例如，2008 年 12 月，NII 支援 DRF 在大阪大学举办了"开放获取和亚太地区机构知识库"国际会议。截止到 2009 年 2 月，共有 87 个机构参加 DRF[16]。

4 日本 IR 的现状

4.1 日本大学 IR 实施现状

根据 IRDB 内容分析系统的数据显示，截止到 2009 年 9 月，日本 87 所国立大学中有 68 所设立了 IR，配备率为 78.2%，89 所公立大学中有 7 所设立了 IR，配备率为 7.9%，580 所私立大学中有 39 所设立了 IR，配备率为 6.7%[17]。由此可见，由国家设立的国立大学凭借着雄厚实力在构建 IR 方面远远领先于由日本县市设立的公立大学和由学校法人设置的私立大学。

4.2 日本 IR 采用的软件

截止到 2009 年 9 月，日本共有 109 家机构建立了 112 个 IR[18]，各机构根

据经费及人力情况采用不同的系统软件,如表1所示:

表1 日本IR采用的系统软件概览

IR软件	数量	主要大学
DSpace（MIT和惠普开发的开源软件）	71	东京大学、京都大学、九州大学等
XooNIps（日本理化学研究所开发的开源软件）	7	近畿大学、埼玉大学、奈良大学等
Eprints（英国南安普顿大学开发的开源软件）	6	岗山大学、北海道大学等
NALIS-R（日本NTT DATA开发的商业软件）	14	琉球大学、佐贺大学、熊本大学等
Erepository（日本NEC开发的商业软件）	6	大阪大学、岛根大学、广岛大学等
InfoLib-DBR（日本InfoCom开发的商业软件）	2	山口大学、神户大学
iLisSurf e-Lib（日本富士通开发的商业软件）	2	同志社大学、关东学院大学
Digital Commons（美国伯克利电子出版协会开发的商业软件）	1	岗山大学
GlobalBase（大阪市立大学地理学研究室开发的软件）	1	东洋大学
自行开发软件	2	千叶大学、东京工业大学

注:表1是通过对112个IR网站访问调查整理而成

4.3 日本IR资源类型、数量及全文提供比率

根据IRDB内容分析系统数据显示,截止到2009年9月,登载到JAIRO门户网站的数据有724 935件,其中全文有514 541件,详细内容如表2所示[10]:

表2 日本IR资源类型、数量及全文提供比率

资源类型	文件数量（比率）	全文提供件数（比率）
Departmental Bulletin Paper（纪要论文）	298 692（41.2%）	271,876（91.0%）
Journal Article（学术期刊论文）	190 030（26.2%）	71 003（37.4%）
Conference Paper（会议论文）	47 342（6.5%）	8,029（17.0%）
Thesis or Dissertation（学位论文）	39 023（5.4%）	36 987（94.8%）
Article（一般期刊论文）	28 669（4.0%）	23 079（80.5%）
Book（图书）	15 725（2.2%）	6 909（43.9%）
Research Paper（研究报告书）	12 296（1.7%）	10 402（84.6%）
Learning Material（教材）	4 017（0.6%）	1 614（40.2%）
Technical Report（技术报告）	3 361（0.5%）	3 231（96.1%）

续表

资源类型	文件数量（比率）	全文提供件数（比率）
Presentation（会议发表用资料）	1 927（0.3%）	1 923（99.8%）
Data or Dataset（数据/数据库）	600（0.1%）	464（77.3%）
Preprint（预印本）	268（0.0%）	253（94.4%）
Software（软件）	8（0.0%）	2（25.0%）
Others（其他）	82 977（11.4%）	78 769（94.9%）
总计	724 935	514 541（71.0%）

由表 2 可见，目前日本 IR 资源中以提供纪要论文、期刊论文、会议论文、学位论文为主，并且 IR 全文提供率也高达 71%。

4.4 日本 IR 获取利用情况

目前日本 IR 资源可通过 4 种方式获取：①通过各机构 IR 门户网站；②通过 Google、Scirus、OAI-ster 等搜索引擎爬行检索获取；③通过 PORTA（日本国立国会图书馆开设的能够检索 800 万件数据的移动性网站）检索获取；④通过 JAIRO 检索获取。根据 JAIRO 利用统计数据显示，JAIRO 网站自 2008 年 10 月开通以来，截止到 2009 年 10 月，共有 60 661 个访问者登录访问了 676 512 次，并进行了 371 181 次检索，共下载 IR 文件 994 126 件[19]。虽然这只是通过 JAIRO 方式获取 IR 文件的统计数据而没有包含通过其他方式获取的数据，但足以表明日本 IR 的构建在促进学术情报开放获取和资源共享方面发挥出了不可替代的作用。

5 总结与思考

日本 IR 发展之所以能取得现在的成就与国家层面（主要是 NII）的积极推动、支援以及各机构（主要是大学图书馆）的重视和协作是密不可分。我国 IR 发展目前还处于起步阶段，在 IR 实施方面面临的主要问题是缺乏有效的推动，究其原因，从个人层面看，科研人员对开放获取的政策和有关实践了解较少，缺乏科研人员参与开放获取的激励机制；从机构层面看，大学等机构对开放获取了解较少，缺乏对组织开放获取的责任感；从国家层面看，还缺乏对开放获取的了解，缺乏相关的国家政策来推动开放获取，可靠的信息基础设施还有待建设。研究日本 IR 的发展和构建模式等，可对我国 IR 的构建与可持续发展提供宝贵的经验，有助于我们为读者创造更优质的学术流通环境。

参考文献：

[1] OpenDOAR. [2009-09-22]. http://www.opendoar.org.
[2] 逸村裕. 変わりゆく大学図書館. 東京:勁草書房,2005:101-114.
[3] Murakami. Institutional repositories in Japan. [2009-09-02]. http://www.nii.ac.jp/irp/en/event/pdf/ICADL_2006.pdf.
[4] メタデータ・データベース共同構築事業に参加いただいていた機関の一覧. [2009-10-09]. http://www.nii.ac.jp/metadata/member.html.
[5] 千葉大学での取り組みを中心に-. [2009-10-12]. http://mitizane.ll.chiba-u.jp/curator/about/NII_SPARC_IR.pdf.
[6] 機関リポジトリ構築ソフトウェア実装プロジェクト報告書. [2009-10-12]. http://www.nii.ac.jp/metadata/irp/NII-IRPreport.pdf.
[7] 尾城孝一. 機関リポジトリの現状と国立情報学研究所の取り組み. [2009-10-20]. http://wwwsoc.nii.ac.jp/msj6/sugakutu/1103/ojiro.pdf.
[8] 次世代学術コンテンツ共同構築事業中間まとめ. [2009-10-25]. http://www.nii.ac.jp/irp/rfp/2006/pdf/CSIH18report.pdf.
[9] 平成19年度委託事業. [2009-10-29]. http://www.nii.ac.jp/irp/rfp/2007/partners.html#ryoiki2.
[10] IRDBコンテンツ分析. [2009-10-29]. http://irdb.nii.ac.jp/analysis/index.php.
[11] 平成20年度委託事業. [2009-11-02]. http://www.nii.ac.jp/irp/rfp/2008/.
[12] 平成20-21年度委託事業公募要項. [2009-11-08]. http://www.nii.ac.jp/irp/rfp/2008/kobo_yoko2008-2009.pdf.
[13] メタデータフォーマット各データ要素の入力内容一覧. [2009-11-09]. http://www.nii.ac.jp/irp/archive/system/pdf/junii2_elements_guide_ver2.pdf.
[14] パートナー誌一覧. [2009-11-15]. http://www.nii.ac.jp/sparc/partners/.
[15] NII-ELSコンテンツの機関リポジトリへの提供許諾条件一覧. [2009-11-16]. http://www.nii.ac.jp/nels_soc/archive/list/.
[16] 参加機関一覧. [2009-11-20]. http://drf.lib.hokudai.ac.jp/drf/index.php.
[17] IR整備率. [2009-11-20]. http://irdb.nii.ac.jp/analysis/download_tsv_file.php.
[18] 国内の機関リポジトリ一覧. [2009-11-29]. http://www.nii.ac.jp/irp/list/.
[19] JAIRO利用統計. [2009-11-30]. http://jairo.nii.ac.jp/stats/index.do.

作者简介

陈枝清,女,1977年生,馆员,发表论文近10篇。

徐 婷,女,1977年生,馆员,硕士,发表论文2篇。

日本机构知识库存缴后印本论文的著作权策略研究

朱莲花　牟建波

青岛大学图书馆　青岛 266071

1　前言

开放获取（Open Access，简称 OA）是国内外学术界和出版界旨在推动科研成果免费共享、及时传播的交流模式。目前，能够有效实现开放获取的是机构知识库（Institutional Repository）。机构知识库是指由某一个机构建立的，以收集、整理、检索并保存本机构成员的研究成果，并在网络上免费共享的知识库。机构知识库有别于基于学科或专题的知识库，它具有地域性、开放性、互操作性、动态性和综合性等特点。研究者通过把自己的学术论文、研究报告等研究成果存缴到自己所属的机构知识库，无偿公开，以此扩大其研究成果的开放获取程度，提高其学术影响力。

后印本论文（Postprint Thesis）是指经同行专家严密评审之后，已经在期刊或其他公开出版物上发表的研究成果。后印本论文若在机构知识库中能够得以公开，可以保证机构知识库的学术情报资源质量，促进学术研究与交流。但是，刊登在学术杂志上的论文的著作权大多数是从著者手中转移到出版发行机构或者学会，如果著者希望在 Web 网页或者机构知识库上存缴自己的论文，就必须向出版发行机构确认其论文的著作权，也就是确认其著作权中的复制权、公开利用等权利。著者若对每篇论文都要向出版发行机构确认其著作权，是一个很繁杂的事情，这在一定程度上阻碍学术论文在机构知识库的存缴。为了省略这种繁杂的手续，促进机构知识库的建设，出版发行机构或学会应该积极公开 OA 方针，以便作者对后印本论文的非商业性公开利用。

日本国立情报研究所针对日本的大学等研究机构，为其机构知识库建设提供了技术和资金上的支持[1]。目前，日本已建设的机构知识库已经达到 162 个（截止到 2010 年 11 月 13 日），共存缴学术情报资源 1 041 944 件（其中后印本论文占 15.4%）[2]，已经发展成为一个比较成熟的机构知识库系统。

以下从两个方面介绍日本机构知识库存缴后印本论文的著作权策略。

首先，作为机构知识库的推进者大学图书馆，建设了收集各学会开放获取方针的数据库 SCPJ（Society Copyright Policies in Japan）[3]。其次，科学技术振兴机构 JST（Japan Science and Technology Agency）为支持各个学会制定 OA 方针，在对各个学会著作权规定进行调查研究的基础上，制作著作权规定（相当于我国的版权协议）模板[4]，提供给各个学会，作为学会制定 OA 方针的参照体系。

2 SCPJ 数据库

2.1 概要和特征

为促进后印本论文能在机构知识库系统中得以公开，丰富机构知识库的学术情报资源，日本筑波大学、千叶大学、神户大学、东京工业大学等大学图书馆，参照英国诺丁汉大学建设的 SHERPA/RoMEO[5] 数据库，建设了一个能够简单地确认有关日本学会 OA 方针的数据库 SCPJ。SCPJ 数据库建设是国立情报研究所支持机构知识库建设的重点研究项目之一，该项目总称是"关于开放获取和自动保存的著作权管理研究项目"，主要是调查并收集各学会的 OA 方针，并将调查收集结果进行整理、分类后，在 SCPJ 数据库中公开。在 SCPJ 数据库中利用 5 种颜色对各个学会的 OA 方针进行分类，通过学会名称或者学术杂志名称可以检索到各学会的 OA 方针，如表 1 所示：

表 1　日本学会 OA 方针分类及现状[7]（截止到 2010 年 11 月 14 日）

分类	开放获取方针	学会数量	百分比（%）
Green	评审前、后都允许公开	85	3.8
Blue	允许公开评审以后的论文	466	20.9
Yellow	允许公开评审之前的论文	8	0.3
White	不允许公开	189	8.4
Gray	未定方针或者未回答	1 480	66.4

SCPJ 数据库建设项目的特征：①除了通过学会名录对日本国内几乎全部的 2 000 多个学会的 OA 方针进行调查外，对新增加的学会也都进行跟踪调查，具体的调查方式是通过网页访问、电子邮箱、问卷调查等；②对"没有制定 OA 方针"的学会或者"未回答"的学会归在同一类，这一类就是表 1 中 Gray 颜色所表示的部分，该部分在 SHERPA/RoMEO 数据库中是没有的。

在 OA 方针调查结果中有半数以上学会的回答是"没有制定 OA 方针"或者"研究中",对于这部分学会需要继续跟踪调查,为了使原有的这些调查数据能够为以后的跟踪调查带来帮助,于是,在 SCPJ 数据库中设置 Gray 颜色来表示这部分学会。SCPJ 数据库建设项目对这部分学会继续进行调查的同时,积极向这些学会宣传 OA 政策,使各学会明确 OA 的目的和意义,便于其尽快制定 OA 方针。

2.2 基于 SCPJ 数据库的日本学会 OA 方针的现状

SCPJ 数据库是在机构知识库中存缴后印本论文时确认著作权所不可缺少的工具,也是能够俯瞰日本学会 OA 方针趋向的唯一工具。SCPJ 数据库平均每月的访问人次可达到 28 000 以上,大多数访问者是为确认学术情报资源 OA 方针的大学图书馆机构知识库的相关负责人[6]。

从表 1 的结果来看,允许公开的学会接近 25%,其中 20.9% 的学会允许公开后印本论文。根据 SCPJ 数据库中实行 OA 的学会数的态势图[6]可以看出,允许公开后印本论文的学会呈逐渐增加的态势,2009 年一年间增加了 50 个学会,这是一个可喜的进展结果。

从科学技术振兴机构项目组调查报告书的结果来看[8],直接或者间接地影响开放获取方针的主要因素是:①学会杂志的收入是否是学会的主要财源;②学会所属的学科领域。

首先,从学会杂志的收入问题来看,不是把学会杂志的收入作为主要财源的学会,相对来说,允许公开利用的范围广,这是因为它不会担心论文通过机构知识库的免费公开利用后会影响学会杂志的收入。也有一部分学会虽然学会杂志的收入是其主要财源,但是它积极支持通过机构知识库将其论文公开,其原因可以分析为,允许著者免费公开论文能够吸引更多的学会会员,会员数量的增多能够带来一定的经济效益,这样即使是学会杂志的论文免费公开,也不会直接影响到学会收入的减少。有这种意识的学会,虽然学会杂志收入是其主要财源,但是其论文可以被允许广泛地公开利用。

其次,从学会所从事学科领域的情况来看,基础研究领域的学会相对来说比应用研究领域的学会允许免费公开的范围广。具体的说像数学、哲学等这样的接近基础研究的学会一般允许公开其论文,而应用开发领域的学会一般不允许公开其论文,这主要是因为应用研究领域的研究成果基本是用于商业性,这些学会担心研究成果的公开利用会影响它的商业利益。

3 JST 对学会制定开放获取方针的支持

实际上学会所发行的学术杂志的有关著作权规定,大多数是所谓的"A

学会杂志刊登的论文的著作权属于 A 学会"[8]，而关于著作权转让等事项基本没有明确规定，我国也同样存在类似的问题，这种做法不是很完备。表 1 中"未定方针或者未回答"的学会占 66.4%，说明很多学会在制定 OA 方针时面临着各种各样的问题。另外，作为学术杂志出版发行机构的学会，实际上也很难通过律师一一咨询或解决有关版权方面的纠纷问题，于是，很多学会希望在著作权和版权处理问题上能够得到合理有效的支持。

3.1 JST 制作的著作权规定模板概况

科学技术振兴机构（JST）是以振兴科学技术为目的而设立的日本文部省（相当于中国的教育部）所属的一个独立行政法人。JST 为了使学术情报资源能够被顺利地开放获取，对日本国内学术研究群体中发行日本语学术杂志的 50 所杂志社的著作权处理方式进行调查，根据调查结果制作了著作权规定模版，提供给各个学会。JST 制作著作权规定模版的主要目的是为了支持各学会顺利制定 OA 方针，以扩充机构知识库学术情报资源。此著作权规定模板是以学会广泛允许开放获取的宽松规定为基本原则，经过律师的确认，验证了法律上的妥当性，才得以在互联网上公开利用并推广普及。

表 2 著作权规定模板的整体结构

著作权规定条款	著作权的归属 学会	著作权的归属 著者	可选项以及简要内容
目的	第 1 条	第 1 条	
定义	第 2 条	第 2 条	著作的范围、著作有无限制（其他）
著作权的归属	第 3 条	第 3 条	著者不能转让等特殊情况
著作权的使用许可	—	第 4 条	学会利用著作时向著者通知
著者人身权的不行使	第 4 条	第 5 条	学会利用著作时向著者通知
著者利用著作	第 5 条	第 6 条	追加申请手续的详细内容 追加学会理应许可的方式 追加不需要申请手续可利用的方式
著者的保证	第 6 条	第 7 条	明确保证对象（没有侵犯第三者权利的保证等） 保证的对象（重复投稿、未发表、所有著者的同意）
禁止重复转让	第 7 条	第 8 条	不允许对第三者重复转让著作权
有关纠纷解决的协助	第 8 条	第 9 条	与第三者发生纠纷时双方相互协作的方式处理
协议	第 9 条	第 10 条	本规定以外或者对规定产生疑义时，以信义诚实的原则协议解决

著作权规定模板可分为5个部分：对著作的看法，如目的、定义等；有关著作权关联的基本事项，如著作权的归属、著者人身权的不行使等；有关由著者利用著作的部分，此部分涉及到了有关著者把后印本论文存缴到所属机构知识库的问题；对学会来说需要著者担保的问题，如著者的保证、禁止重复转让等；最后是训示规定性问题，需学会以及著者协助解决的部分。除了最后两个部分以外，其他部分的每条规定都设了可选项，学会在采用此著作权规定模板时，可根据自身的情况删除选项中的某条，也可适当的添加其所需要的条目。

3.2 对JST著作权规定模板的解析

JST制作著作权规定模板的宗旨是：目前的状况下能使更多的学会广泛地接受这个著作权规定模板，以促进学术情报资源的开放获取。JST对所有可能引起的著作权纠纷问题进行了合理安排和精心设计，向学会或出版发行机构免费提供此著作权规定模板。采用该模板时，由权利人自己对其著作的使用权做合理的决定，既可决定放弃哪些权利，也可保留哪些权利。

3.2.1 法律依据与指导思想 著作权规定模板是建立在著作权法的基础上，利用了著作权法中的人身权、财产权以及著作权法中所允许范围内的著者利用等规定。指导原则是自愿采用该著作权规定模板，没有强制性。指导思想是支持开放获取并且促进学术情报资源的广泛交流，如在著者的著作利用部分中，允许著者把自己的著作在网页或者机构知识库中公开时，可以选择"不需要申请手续可以公开利用"一项，简化了复杂的申请手续。

3.2.2 创作共用协议（CC协议）的体现 著作权规定模板中的第5条第2项[4]明确规定：在不违反学会的目的或者活动宗旨的前提下，可以允许著者申请利用著作。虽然大部分学会的学术杂志论文的著作权属于学会，但是并不等于所有的权利都由著者转让给学会，而是留给了著者一部分权利，这充分说明灵活运用著作权，可以从一定程度上为机构知识库公开后印本论文消除法律屏障。

3.2.3 可操作性和灵活性 著作权规定模板的制作主要是在对各个学会的著作权规定进行调查研究的基础上，充分考虑不同学会的不同的著作权规定策略来进行设计。在模板中设置了很多选项的目的就是为学会的实际采用留有空间。若学会不希望采用选项中某条，可以删除不同意的条目，也可根据自己学会的情况选择适合自己的著作权规定，这样即有利于著作的开放获取，又可以保护学会的某些利益。

3.3 关于日本《情报管理》杂志的著作权管理策略

首先要说明的是，日本《情报管理》杂志是 JST 发行的杂志，有关该杂志的编辑、发行、公开所需要的一切费用都是由 JST 来承担。JST 积极推进开放获取，《情报管理》杂志的学术情报资源都从发行日期（公开日期）起免费公开（http：//johokanri.jp/journal/）。JST 根据这次制作的著作权规定模板，特意变更了《情报管理》杂志的原有著作权管理规定，主要目的就是方便著者向有关机构知识库存缴论文。考虑到目前希望转载 PDF 文件的著者颇多的情况，著作权规定变更为著者在文件转载时只要能明确文件的出处，就不再需要申请允许在个人网页或者所属机构知识库中进行 PDF 文件的转载。新的著作权规定由 2010 年 4 月起已经适用[9]。

4 日本后印本论文的著作权策略对我国的启示

日本的 SCPJ 数据库收集了各学会的 OA 方针，成为在机构知识库中存缴后印本论文时了解各学会 OA 方针和确认著作权的有效工具。JST 为支持各个学会制定 OA 方针，制作了著作权规定模版，帮助学会解决著作权等问题。虽然我国在国情、体制等方面与日本不同，但是日本的这些举措可以为我国的机构知识库建设带来启发。

4.1 有助于我国机构知识库建设中著作权问题的解决

近几年，虽然我国在机构知识库建设和开放获取领域中的理论与实践研究取得了进步，但是我国的机构知识库建设依旧处于起步阶段，与许多国家存在明显的差距。目前国内仅有厦门大学、香港科技大学、浙江大学、北京航天航空大学、中国科学院资源环境科学信息中心、中国科学院国家科学图书馆等机构构建有机构知识库系统。建设机构知识库的主要目的是为了开放获取，而著作权问题是一个很大的阻碍因素，能否正确处理著作权问题是机构知识库建设的关键因素之一。日本开放获取策略数据库 SCPJ 的建设和 JST 对学会制定开放获取方针的支持等项目促进了日本的机构知识库建设。其主要是通过著作权策略和开放获取策略，使部分后印本论文能够在机构知识库系统中得以公开，依此丰富机构知识库的学术情报资源，提高学术情报资源的开放获取和利用程度。我们应借鉴日本机构知识库建设经验和教训，为机构知识库建设创造有利条件，逐步解决其建设中的著作权等问题，推进我国的机构知识库建设以及开放获取策略的制定。

4.2 灵活运用著作权规定，为后印本论文的开放获取创造条件

日本 JST 制作的著作权规定模板具有规范性和灵活性的特点。使用该模

板不但有利于后印本论文的开放获取,而且尽可能保护出版发行机构和著者双方的利益。我国也应该在著作权规定方面做到规范与灵活,在著作权法的基础上,建立一个能明确出版发行机构和著者权利的著作权规定,在保护好双方利益的同时,促进研究成果的开放获取。

4.3 后印本论文的开放获取需要国家的支持

后印本论文的开放获取可以使其得以广泛地交流和充分地利用,从一定程度上有利于国家的经济、文化和科技的发展,但是,后印本论文的开放获取避免不了会影响出版发行机构的利益,这就会使一些出版发行机构因考虑到自己的经济利益问题而不允许其出版的学术研究成果被开放获取。因此,国家应该根据出版机构的具体情况,对一些非赢利性的出版机构给以政策和财政支持,使其积极实行学术研究成果的开放获取。日本 JST 主办的《情报管理》杂志的开放获取是国家支持开放获取策略的一个很好的典范,我国应该加以借鉴。

参考文献:

[1] 日本国立情报研究所.学术机关构建机构知识库的协作支持事业.[2010-11-13]. http://www.nii.ac.jp/irp/rfp/.

[2] 日本国立情报研究所.学术机关 IR 检索入口 JAIRO.[2010-11-13]. http://jairo.nii.ac.jp/.

[3] 日本筑波大学,日本千叶大学,日本东京工业大学等.关于开放获取和自动保存的著作权管理研究项目.[2010-11-15]. http://scpj.tulips.tsukuba.ac.jp/.

[4] 日本独立行政法人科学技术振兴机构(JST).著作权规定模板.[2010-11-15]. http://www.jstage.jst.go.jp/article/johokanri/53/1/53_19/_applist/-char/ja/.

[5] 英国诺丁汉大学.SHERPA/RoMEO 数据库.[2010-11-15]. http://www.sherpa.ac.uk/romeo/.

[6] 齐藤未夏.SCPJ 研究项目的组织-以支持学会制定 OA 方针为目标.[2010-11-15]. http://www.tulips.tsukuba.ac.jp/dspace/handle/2241/104386. SPARC Japan News Letter,No.3:1-4.

[7] 日本筑波大学,日本千叶大学,日本东京工业大学等.SCPJ 统计信息.[2010-11-14]. http://scpj.tulips.tsukuba.ac.jp/info/stat.

[8] 日本独立行政法人科学技术振兴机构(JST).关于国内学会杂志著作权处理调查以及著作权规定的方向性的探讨研究.[2010-11-15]. http://scpj.tulips.tsukuba.ac.jp/info/gakkai.html#sanko.

[9] 日本独立行政法人科学技术振兴机构(JST).情报管理杂志著作权规定.[2010-11-15]. http://www.jstage.jst.go.jp/article/johokanri/53/1/53_19/_applist/-char/ja/.

作者简介

朱莲花，女，1964 年生，馆员，硕士，发表论文 5 篇

牟建波，男，1970 年生，副研究馆员，硕士，技术部主任，发表论文 10 余篇。

机构知识库建设中存缴和发布已发表作品的法理透析

——梳理中国科学院研究所机构知识库主要著作权疑虑

周玲玲

中国科学院国家科学图书馆　北京 100190

1　机构知识库

1.1　概念及现状

机构知识库（institutional repository，IR）是以数字形式收集、保存和传播一个机构、特别是一个研究机构智力成果的在线联机数据库[1]。作为科研基础设施的一部分，IR 正得到研究机构越来越多的重视。世界上很多著名的研究机构、高校纷纷建立起自己的 IR。根据 OpenDOAR 统计，截至 2010 年 12 月，全世界 IR 的数量（包括单一机构和跨机构联合建立的知识库）为 1 817[2]。目前，中国包括中国科学院、香港大学、澳门大学在内的 9 所高校及科研机构已经建成了科研 IR[2]。

中国科学院自 2007 年起启动了全院范围内的研究所 IR 建设，并提出构建中国科学院 IR 网格[3]的构想。截至 2010 年 11 月，全院已有 63 家研究所启动了 IR 建设[4]。中国科学院 IR 以发展机构知识创新能力和知识管理能力的战略目标出发，快速实现本机构知识资产的收集、长期保存、合理传播使用，积极提高本机构对知识内容进行捕获、转化、传播、利用和审计的能力，逐步建设包括知识内容分析、关系分析和管理能力培训在内的知识服务能力，开展综合知识管理。以此为基础，中国科学院通过研究所 IR 的元数据及知识内容实施开放采集和聚合，建立起全院联合的 IR 网格服务系统，形成全院知识产品和知识能力集中展示、传播利用和服务的窗口。在推广研究所 IR 的过程中，IR 涉及的相关著作权问题是各研究所遇到的疑虑较多的问题，一定程度上影响了 IR 的运行。

1.2 机构知识库主体权利人

研究所 IR 的运行与管理涉及 4 类主体权利人：

1.2.1 作者 即创作 IR 作品的主体。作者一般为内容存缴责任人，作者也可委托他人存缴和发布作品。

1.2.2 存缴责任人 IR 的内容存缴责任人可分为研究所全体员工和其他合作者。研究所全体员工包括研究所员工、学生及直接合作者。直接合作者主要指在研究所直接资助下或以研究所名义参与有关工作的人员，包括项目聘用人员、委托研究人员、参加研究所资助项目的合作研究人员等。其他合作者包括由研究所牵头的共同项目的参加者、研究所受委托组织项目的参加者、研究所主办承办会议的参加者等。其他合作者可委托授权与其合作的研究所员工代为存缴作品。

1.2.3 出版商 研究所 IR 的运行与管理是否涉及出版商，取决于存缴和发布在 IR 的作品是否已通过出版商正式发表且存在作品著作权（财产权）转让的协议与事实。

1.2.4 公众 作品存缴和发布于 IR 能为公众带来开放的知识信息。因此，IR 的运行涉及公众且服务于公众。

1.3 机构知识库存储客体（作品）

研究所 IR 存储客体即存储作品。研究所由于专业性质不同，在 IR 存储的客体种类以及存储重点也略有区别。一般而言，研究所 IR 的存储客体可分为公开发表作品和"公开"未发表作品两类。公开发表作品指已被公众所知并且通过出版商等正式发表的作品，例如期刊论文、专著、文集、专著章节、文集论文、专利、软件等。"公开"未发表作品指作品已完成但未正式通过出版商等发表的作品，例如会议论文、研究报告、学位论文、演示报告等。"公开"未发表作品或在一定程度上公开，但由于未通过正式途径发表而不能被公众广泛获取。

2 机构知识库相关著作权概念及权益分析

2.1 著作权概念

著作权，是指著作权人对文学、艺术和科学作品依法享有的专有权利。著作权包括人身权和财产权。人身权指具有作品创作者身份属性的权利，具体包括发表权、署名权、修改权和保护作品完整权。由于人身权体现作者身份，是作者人格的延伸，因此人身权的转移受到限制[5]。财产权指作品的使用权和获得报酬的权利，具体包括复制权、发行权、出租权、展览权、表演权、放映权、广播权、信息网络传播权、摄制权、改编权、翻译权、汇编权以及应当由著作权人享有的其他权利。与著作权中的人身权不同，财产权所体现的财产性决定其可被授权转让。

2.2 机构知识库主体权利人及存储客体权益关系分析

IR 的推广不但涉及作者和（或）存缴责任人的利益，而且涉及公众。此外，存缴和发布已发表作品于 IR 时，可能因为著作权的转移事实涉及出版商的利益。

作者自愿存缴和发布作品，或委托存缴责任人存缴和发布作品实属自愿行使自己的法律权利，不会侵犯作品著作权中的人身权。不论作品著作权中的财产权是否归属于作者，自愿将作品存缴和发布于 IR 的行为不会侵犯作者和存缴责任人的利益。

此外，公众可以从 IR 自由获取各类作品，这不仅优化了公众利益，而且也是研究所作为公共资金资助机构回馈社会的宗旨体现。IR 积极地服务于公众，不会对公众带来任何消极影响。

IR 存缴和发布作品为何会影响出版商的利益且在何种情况下影响出版商利益呢？

由于"公开"未发表作品并未通过出版商正式出版，作品著作权中的人身权和财产权仍归属于作者。因此，在 IR 存缴和发布"公开"未发表作品，不会因为著作权中财产权的转让事由涉及出版商的经济利益。

公开发表作品在 IR 存缴和发布并不符合《著作权法》第 22 条第 1 款和第 6 款关于（著作权）权利限制的条件，因此不能获得立法上的许可①。同时，公众通过 IR 免费获取公开发表作品可能会影响出版商的潜在消费群。此外，在 IR 存缴和发布公开发表作品是否影响出版商的经济利益将涉及三个实质问题。首先，作者在公开发表作品时，是否将作品著作权中的财产权通过协议转让于出版商？其次，出版商与作者签订的作品著作权之财产权转让合约是否在一定程度上损害了公共利益？再次，中国科学院的科研成果和作品是否在公共利益保护的范围内？上述三个问题将在第三部分中展开详细分析。

---

① 依据《著作权法》第 22 条第 1 款和第 6 款，"为个人学习、研究或者欣赏使用他人已经发表的作品"和"为学校课堂教学或者科学研究，翻译或者少量复制已经发表的作品，供教学或者科研人员使用"可以不经著作权人许可，不向其支付报酬，但应当指明作者姓名、作品名称，并且不得侵犯著作权人依照本法享有的其他权利。

综上，IR 的推广不会侵犯作者、存缴责任人及公众的利益。然而，IR 的推广可能涉及出版商的利益。"公开"未发表作品由于尚未通过出版商发表不会影响出版商的经济利益和潜在消费群。因此，在 IR 存缴和发布"公开"未发表作品不会引起任何著作权纠纷的可能。然而，将公开发表作品存缴和发布于 IR 会因为涉及上述三个实质性问题而在不同程度上影响出版商的经济利益。

3 公开发表作品存缴和发布于机构知识库的法理透析

作品的著作权（包括人身权和财产权）归属于作者享有。如果作品的著作权完整地归属于作者，作者有权行使著作权中的任何人身权和财产权。作者将作品存缴或委托他人存缴和发布于 IR 时，不会触犯任何第三方利益例如出版商的利益。

然而，在实践操作中，作者在发表作品时常常与出版商签订作品著作权之财产权转让协议（版权转让协议），将作品著作权中财产权的部分或者全部转让于出版商。出版商由此获得作品著作权的财产权，例如复制权、信息网络传播权、发行权、改编权、翻译权等。由此，作者对其作品著作权中的财产权已无行使权，即作者对其作品丧失了复制权、信息网络传播权、发行权、改编权、翻译权等财产权。如作者或者存缴责任人将公开发表作品存缴和发布到完全公开的 IR 时，会因为行使已转让给出版商的作品著作权中的财产权而涉及著作权纠纷。具体而言，将公开发表作品存缴于 IR 会侵犯出版商对该作品享有的复制权，将公开发表作品发布于 IR 会侵犯出版商对该作品享有的信息网络传播权和发行权。

出版商通过发表作品要求作者签订转让作品著作权中财产权的协议存在着诸多不合理性。但由于作者需通过出版商正式发表作品，且实践中已默认该惯例，作者时常被迫转让本应属于其自身的权利。

出版商这一强迫性惯例是否合理？为保障社会公共利益，国家是否应该通过立法或者司法限制出版商这一强迫性惯例使公共资金资助的作品能够服务于社会公众？

《美国联邦研究成果公共获取法案》（Federal Research Public Access Act，简称为 FRPAA）为上述疑虑提供了一个先验性的立法提案典范。FRPAA 于 2009 年被提交至国会参议院，且于 2010 年被提交至国会众议院，正式纳为国会立法考虑内容之一。依据 FRPAA 第 2 条款，"联邦政府资助基础研究，旨在将研究获得的新想法和新发现有效地获得传播和分享，从而促进科学发展和提高民众生活的财富"。条款同时指出，"互联网能够使上述信息（即新想法

71

和新发现）快捷地传达到每位科学家、物理学家、教育家和社会、学校或图书馆的各位民众"[6]。联邦政府资助基础研究实属公共资金资助研究，其目的在于通过研究向民众传达最新科研成果，并有效运用到社会的可持续性发展中。政府资助研究最终希望研究成果回馈社会，从而保障社会公共利益。

FRPAA 要求所有由政府资助、每年为非本机构科研投资 1 亿美元以上的机构制定与提案宗旨一致的联邦研究公共获取政策。FRPAA 适用于全部或部分由政府资助的研究。只要研究项目的资金有一部分来源于政府或作品的其中一个作者受到政府资助，该研究成果就可依据 FRPAA 被公众获取。同时，FRPAA 要求适用机构确保尽快将这些作品实施开放获取，最晚不能超过作品在同行评议期刊上发表后的 6 个月[6]。

FRPAA 是目前为止美国提出的最强有力的开放获取提案，尽管该提案适用机构并未包括所有由政府资助的机构，但提案的实施从本质上为美国各种规模政府资助机构研究成果的开放获取提供了坚实的法律基础[7]。FRPAA 对于我国通过立法和政策进一步支持科研发展起到了积极的借鉴作用。目前，我国并未对公共资金资助的研究成果的开放获取权提出任何立法上的保护措施。作为发展中国家，将公共资金资助的各项研究成果广泛运用于社会发展，是加速国家进步的重要战略之一。国民综合素质的提高也离不开各项研究成果的积极宣传和应用。立法的延缓不能阻止法理的运用，法理的借鉴没有国界的限制。每个国家设立公共资金资助科研发展的目标都是一致的，即通过有效的传播途径将科研成果服务于公众，提高民众的综合生活水平，保障社会的可持续性发展。由此，切实追踪 FRPAA 提案在美国国会立法的进展议程，对于我国引进和推动科研成果开放获取权的相关立法和政策至关重要。

我国著作权相关法律法规的宗旨一再强调保障公共利益的重要性①。科研成果的传播是科学研究和政府代表公众投资科研发展的重要组成部分。公众只有在使用科研成果时才能实现科研投资的价值[8]。出版商要求公共资金资助作品的作者签订版权转让协议，实质上损害了公共利益，因为出版商限制了大众对公共资金资助的研究成果的获取权，研究成果不能回馈于社会。出版商实现个体私人利益的行为侵犯了社会公共利益。社会要求企业在追求个体利益最大化的同时，不断提升企业社会责任。出版商限制公众获取公共资金资助的研究成果，也不利于企业社会责任的健康发展，与整个社会的可持续发展背道而驰。

---

① 《著作权法》第 1 条、第 4 条，《信息网络传播权保护条例》第 1 条、第 3 条都强调了著作权相关法律法规保护公共利益的宗旨。

在私人利益与公共利益发生冲突时,公共利益必须优先确保。确保著作权人私人利益是有效鼓励大众创作、最终实现公共利益最大化的必要战略。出版商可以通过签订版权转让协议维护其私人利益,且应在维护自身利益的同时积极促进社会公共利益的发展,而不能通过此类协议剥夺公众对公共资金资助研究成果的获取权。存缴和发布到中国科学院各所级和院级 IR 的作品均为公共资金资助的科研成果和作品,公众对于这些作品本应拥有公开获取权。出版商不应强制性地通过签订版权转让协议,剥夺公众获取中国科学院各类公共资金资助的科研成果和作品的权利。因此,为保障中国科学院公共资金资助的科研成果和作品的公众获取权,在 IR 存缴和发布这些公开发表作品,并不违反著作权现行法律法规的宗旨。

4　结语

中国科学院的各类科研成果和作品均属公共资金资助作品。为保障社会公共利益,促进发展机构知识创新能力和知识管理能力,将中国科学院各类科研成果和作品通过 IR 存缴和发布是合理且合法的,是确保公共利益的必要措施,是著作权相关法律法规宗旨的体现。出版商为保护自身利益可要求作者就发表作品签订版权转让协议,但是这一操作实践不能危及公众对公共资金资助项目的科研成果和作品的获取权。因此,即便出版商要求中国科学院各研究所将公共资金资助的科研成果和作品在发表时签订版权转让协议,出版商也无权剥夺这些作品的公众获取权。中国科学院研究所 IR 的推广不应由此受到阻力。

参考文献:

[1] Institutional repository—Wikipedia. The free encyclopedia. [2010 – 11 – 08]. http://en.wikipedia.org/wiki/Institutional_repository.
[2] Directory of open access repositories. [2010 – 12 – 30]. http://www.opendoar.org/.
[3] 祝忠明,马建霞,卢利农,等. 机构知识库开源软件 DSpace 的扩展开发与应用. 现代图书情报技术,2009(7/8):11 – 17.
[4] 王丽,孙坦,张冬荣,等. 中国科学院联合机构知识库的建设与推广. 图书馆建设,2010(4):10 – 13.
[5] Copyright for librarians course. [2010 – 09 – 30]. http://cyber.law.harvard.edu/copyrightforlibrarians/Module_4:_Rights,_Exceptions,_and_Limitations.
[6] 联邦研究公共获取法案 2009,第 2 条,第 4(b)(4)条. [2010 – 11 – 05]. http://frwebgate.access.gpo.gov/cgi-bin/getdoc.cgi?dbname = 111_cong_bills&docid = f:s1373is.txt.pdf.

[7] Suber P. SPARC open access newsletter, 5/2/2006. [2010 - 09 - 30]. http://www.earlham.edu/~peters/fos/newsletter/05 - 02 - 06. htm#frpaa.

[8] Joseph H. Open Access: Overview of current U.S. policy activities. [2010 - 11 - 05]. http://ir.las.ac.cn/handle/12502/3126.

作者简介

周玲玲，女，1980年生，馆员，博士，发表论文10余篇。

从心理学角度谈如何促进机构知识库资源建设

蔡 屏

华东政法大学图书馆 上海 200042

机构知识库作为一种有效的知识组织与管理的手段，是对基于传统出版的学术交流的补充，已成为开放获取的重要组成部分。Clifford A·Lynch 从大学的角度为机构知识库做如下定义：大学中的机构知识库是大学为其员工提供的一套服务，用于管理和传播大学的各个部门及其成员创作的数字化产品[1]。在美国，人们研究机构知识库时，非常注重对内容提交者的行为研究，认为他们的特性和行为一方面决定了机构系统平台的多个功能；另一方面决定了机构知识库资源获取量。在所设立具体指标中，自我存储的意识、习惯以及需求决定了他们是否会考虑使用机构知识库，而对机构知识库的认识和对系统的满意度则决定了他们是否选择机构知识库[2]。由此可见，国外早已认识到内容提交者的心理和行为特征对机构知识库资源获取的重要影响。

在国内，机构知识库也越来越受到学术界的关注，笔者近日以检索式"机构库+机构知识库+机构仓储+机构典藏" * "2005-2010年"进行题名或关键词检索，分别在维普中文科技期刊数据库中检索到192篇，在中国学术期刊网上检索到279篇，其中2009年以来发表的文章占总数的50%左右，由此可见，机构知识库正成为我国专家学者们研究热点，研究内容主要涉及研究综述、质量控制、技术、安全等，鲜有以内容提交者作为研究对象，研究他们作为内容提交者主体对机构知识库自存储的影响，即使在为数不多的相关研究成果中，也几乎都是从政策角度分析如何引导教科研人员进行机构知识库自存储。笔者认为，仅以政策引导还不够，还需正视普遍存在于他们当中对自存储产生的本能的抗拒心理。如果不在一定程度上缓解甚至消除这种抗拒心理，而只是一味地追求政策的约束、激励与保障，可能会适得其反，不仅不能引导他们自存储，反而会加剧他们的抗拒心理。因此，笔者建议可以借助互动的形式，运用心理学方法，及时地对他们的自存储抵触心理进行必要的干预，尽可能予以缓解，使他们慢慢地由消极对待转向积极配合，从而促进机构知识库资源建设迅速、健康地发展。

1 抗拒心理

所谓抗拒心理，即是指客观存在不能满足人的需要时产生的一种具有强烈抵触情绪的社会态度，是认识、情绪和行为倾向三者的有机统一。这三种元素是相互影响的，抗拒心理的产生往往是由于某种担心或矛盾的情绪引起了认知上的问题，如误解、困惑等[3]。因不利认知导致其在情感上产生抗拒心理后，最终会影响到其行为表现上，较明显的表现形式是："不作为"、"逆其道行事"、"惰性"等；较隐蔽性的表现形式为：对新生事物，如新业务流程、新技术等产生质疑、漠不关心等。

根据美国普里契特管理顾问公司的统计显示，通常只有20%的员工一开始就会全力支持改变，50%的员工持中立态度，另外30%的人对于改变非常抗拒。事实上，抗拒改变是自然反应，也是必然的过程。不是每一个人都能立即全心全意地接受改变，他们需要时间进行调整，更需要外界的沟通与协助[4]。所以，高校图书馆在面对教科研人员对机构知识库的抗拒心理时，不应只是诉诸于政策和正面宣传，一味地强调机构知识库的优势所在，而是要正视他们的反应，去了解产生抗拒心理的真正原因，从而有的放矢地采取相应的措施加以缓解或消除。

教科研人员对自存储产生抗拒心理主要来自4个方面的影响因素：

1.1 对机构知识库的认识不足

韩珂和祝忠明对中国科学院部分科研院所的科研人员进行了机构知识库认知程度方面的调查，调查结果显示被调查对象中有53.3%的用户选择了"从未听说"；33.3%的用户选择了"不常使用"；10.6%的用户选择了"从未使用"；而选择"经常使用"的用户仅占2.6%。由此可以看出，机构知识库对于国内大多数的专家学者们来说还是很陌生的并且也不是他们经常选用的信息存储、检索和查询的途径[5]。即使在占2.6%的"经常使用"的用户中，他们也会出现两个方面的认知问题：①很难理解机构知识库不是孤立的，是可以通过很多大型搜索引擎可以搜索得到的，如Google；②对机构知识库的相关存储技术不够了解等[6]。

1.2 工作繁忙、时间宝贵

在我国，高校教师不仅要承担教学工作任务，而且学校对他们的科研也有一定的要求，特别是当以科研的多少直接决定职称评定时，科研更是占据了他们许多工作时间，因此对那些他们认为不重要的工作，往往就会采取消极应对的态度。即使他们中的一部分人愿意自存储,但由于技术方面的原因,向机构知识库成功提交研究成果需消耗他们大量的宝贵时间,这也是他们放弃自存储的原因之一。

1.3 版权问题

对版权的担心有些其实是教科研人员在情感方面对机构知识库的一种抵触,认为在开放存取的环境下,版权易受到侵犯,其成果易被剽窃,从而导致89.8%教科研人员一般都选择将自己的科研成果存储在个人电脑或移动硬盘里[7],即使愿意自存储,他们也只是自存储一些已经正式发表过的文章和著作而不愿自存储未公开发表过的研究成果。从 Gadd 等人对出版商和作者的调查可以看出,有1/3的作者并不清楚论文的版权应归谁所有。调查还显示,有41%的人把版权免费转让给出版商,但其中有将近一半(49%)是很不情愿地转移版权。Bide 指出,发表论文,尤其是在有较高学术声誉的期刊上发表论文的压力使得学者即使不愿意也不得不和出版商签署版权转让协议[8]。出版商出于经济利益的考虑,一般也规定作者不得对未发表的文献进行自存储。

另外,学术环境的腐败,抄袭现象屡禁不止,以及较"狭隘的学术思想"即谁拥有独占性的资源越多,谁就越有可能获得成功等也是作者为保护版权而不愿自存储的重要原因。

1.4 科研评价体系不够完善

我国现行的科研绩效评价体系带有鲜明的行政色彩,在评价指标中论文发表情况占相当大的分量。主要以论文被摘引情况及论文在何种期刊上发表等作为评价标准。导致教科研人员发表论文不得不遵循这些标准,否则,他们的科研成果就无法得到有关评审部门的认可,其后果是无法评定职称或者申请学位[9]。正是因为未将提交到机构知识库的论文纳入评价体系,也就是说权威机构还没有正式承认其应有的学术价值,导致了教科研人员不愿自存储。

上述4种因素是造成教科研人员产生心理抗拒的主要原因。笔者认为,馆员应针对这些影响因素,有的放矢地采取相应的政策与心理干预相结合的措施,尽可能地缓解甚至消除他们的抗拒心理,使他们成为积极主动的内容提交者和使用者。

2 缓解抗拒心理的途径

当外部因素对人产生不利时,人往往会本能地产生抗拒心理,在抗拒心理产生的初期，人的外在行为主要表现为冷漠、不关心或惰性。一个机构知识库能得以持续发展并能充分发挥其存储与交流作用所赖以存在的基础是文献资源的丰富性。因此，如何确保机构知识库获取文献资源的持续性才是现今最为关键、最急需解决的问题。本文建议高校图书馆可以运用一些心理学的方法来缓解这种抗拒心理。

2.1 采用心理学方法的原因

自存储得不到教科研人员的积极配合的主要原因是他们对机构知识库某些方面的顾虑与担心，正是这些顾虑与担心的存在导致了他们抗拒心理的产生。人的顾虑与担心属于心理活动，因此，笔者认为，要改善不良的心理活动最好的方式是借助心理学方法，通过彼此的不断沟通，使对方在认识事物本质的同时，在一定程度上消除其顾虑与担心。从他们的认知和情感角度出发，在与他们建立相互信任的基础上，运用多种缓解抗拒心理的心理干预方法，有目的性地引导他们，从而使他们在心理层面上，真正的认可和配合机构知识库的资源建设。

2.2 采用心理学方法的内容

2.2.1 "开诚布公"式 心理学家认为将已存在的问题或即将发生的问题开诚布公地告诉对方，往往会缓解对方的抗拒心理。在实际工作中，馆员在向教科研人员宣传机构知识库相关知识与功能时，较易倾向于着重强调机构知识库的优点，有意或无意地规避它在现有的条件下所面临的、他们较为关注的一些不利因素，如：安全问题、版权问题等。而某些教科研人员拒绝自存储正是出于上述不利因素的考虑，即：一方面，是为了保护自身的知识产权，害怕自己的成果被同行抄袭；另一方面，由于现在学术腐败横行、文章抄袭泛滥，滥竽充数的文章过多等导致他们的学术成果不敢公开等[10]。笔者认为，高校图书馆应针对他们因自存储而产生的对一系列不利因素的担心，采取"开诚布公"的心理策略，主动提出并解答教科研人员所担忧的问题，并和他们一起共同探讨对策。馆员在认真听取他们对待自存储想法的同时，应及时地予以回应，例如：当他们提出因提交未发表文章导致他人抄袭的顾虑时，可以效仿中国科学技术大学图书馆的做法，告诉他们，文献的开放获取不会带来更严重的学术剽窃问题，相反的，由于文献信息能被更多人免费的无障碍的获取，学术剽窃的发现将变得更加容易[11]。若遇到无法当场回答的问题时，需诚恳地向对方说明情况，并做好相关的笔录，待后续获得解答后，及时通过多种途径反馈给对方。

事实证明，馆员尽可能早地、主动地向对方提出自存储的不足或缺陷在某种程度上会弱化对方对这些不利的重视程度，从而削弱抗拒心理。因为向对方揭示机构知识库负面信息的同时，会让他们感受到馆员的诚实与信赖，从而可以迅速拉近彼此的距离[12]。这是一种能够有效地与教科研人员建立良好关系的方式。

2.2.2 "自我肯定"式 心理学家认为，抗拒心理有时缘于一个人的"自我概念"即，尽可能地避免自己不想涉及到的变化。相反，一个"自我肯定"意识较强的人与一个"自我概念"意识较强的人相比较，前者对一切具有挑战性的信息或建议具有更大的开放度。因此，馆员在与教科研人员就自存储问题进行互动之前，首先要认识到"自我概念"的存在。馆员只有充分理解与认识"自我概念"，才会积极采取行动，尽可能地促使他们产生"自我肯定"的意识。这些心理促进方法包括：首先，积极肯定他们在专业领域里的"专家"地位。每个人都有着渴望获得社会、特别是同行们认可的心理需求，馆员可以利用这种心理需求，真诚地对本校的教科研人员给予学术上的肯定，这很容易引得他们的好感，更愿意与馆员交流一切对学术研究具有影响作用的因素；其次，当谈论到机构知识库对他们学术研究的有利作用时，也应将他们视为这方面的"专家"，使他们对本校的机构知识库有种主人翁责任感，并让他们以"专家"的身份来评价它。馆员采取的上述行为，其目的就是尽量使教科研人员产生"自我肯定"，从而弱化在心理层面上对机构知识库的抵触情绪。

2.2.3 "不利后果假想"式 假想"不作为"引起的遗憾是保险推销员尽力消除顾客抗拒心理常运用的一种手段，他们努力为顾客营造一个可以充分发挥其遐想的空间。在推销某种保险前，首先会找出顾客在现有的状态下，极有可能发生的多种不利情况，并告诉他们，如果不采取措施，一旦发生不利情况，将会给他们带来某些惨痛损失，并且到那时也会因自己先前的不作为而追悔莫及。保险员向顾客勾画因不购买某保险而有可能引发不利假想情况时，很容易引起顾客的紧张与担忧，在这种情绪的刺激下，保险员顺势向其推荐某项可以减少这种损失的保险，这时，顾客是较易接受保险品种推荐的。馆员也可以利用该方式，向教科研人员勾画出如果对科研成果不采取自存储的方式，就有可能：失去了同行的广泛认可；被引用的几率很小；丧失了结识对其课题感兴趣的同行，甚至失去与他们合作的机会等不良后果，从而促使他们在心理上重新定位机构知识库。

2.2.4 "兴趣相投启发"式 在心理学上，人具有无意识的思维模式，心理学家将其称为"兴趣相投启发式"，即当两人兴趣爱好相似时，最易相互欣赏，融洽相处，一方提出的建议，对方较易接受并乐于付诸行动；反之，就很容易产生逆反心理，即使对方的建议很好，也不愿接受更不用说付诸行动了。馆员可以依据人的这一心理特征，积极邀请各科系人缘好，专业技术过硬的教科研人员亲身体验机构知识库在学术交流上的积极作用，在获得了他们的认可后，由他们言传身教，鼓励其他教科研人员积极参与，由点及面，不断扩大机构知识库的影响。这种形式对那些具有较强抗拒心理的教科研人员来说，是最易接受并能缓解抗拒心理的方式。

2.2.5 "典范树立"式　心理学家通过大量的案例总结发现，在社会领域，人类具有模仿他人行为的倾向，特别是当遇到类似情况时，往往会借鉴以往先行者采取的行为，并且先行者影响力越大，就越容易受到他人的模仿[13]。因此，在同行业中树立典范比仅靠口头说服要令人信服得多。因为身处于某一行业的个体，都有一种行业归属感的需求，都希望能融入本专业的学术圈子。馆员可以利用这种情感需求，通过树立典范，潜移默化地促进他人的效仿，以此改变他们对自存储的偏见。对于教科研人员来说，学术上的激烈竞争早已是普遍存在的现象，他们也希望借助一切有利的条件，提高自己的学术能力，增强自己的专业竞争力。因此，在得知其他同行业者因利用机构知识库而使其论文被引率提高、传播范围扩大、合作机会变多等有利情况时，这会无形中给未利用机构知识库的教科研人员一种推动力，促使他们模仿那些学术典范，利用自存储增强自己的竞争力。树立典范的做法能够促使具有抗拒心理的教科研人员从认知和情感两方面朝着馆员所期望的方向转变。

3 注意事项

笔者所提到的上述5种缓解或消除教科研人员抗拒心理的方法，是建立在相互信任的基础之上的，只有取得了他们对馆员的信任，他们才有可能听取你的建议，同时，馆员在与他们互动时，也需注意说话技巧的使用。

3.1 建立相互信任

图书馆只有取得了教科研人员的信任，才能更好的开展机构知识库的工作，因此，图书馆应该忧他们之忧，从他们的角度出发，竭力地保障他们的学术权益。例如，允许机构知识库的所有自存储文献随作者的意愿，自由撤回等，如：香港科技大学就有这方面的相关规定。该校图书馆设立的学术成果存储库对其版权政策作了如下表述：作者必须在资料被香港科技大学学术成果存储库接受保存之时起赋予本机构库非专有发布权。该权利并不妨碍作者在研究期刊上发表或者以其他任何方式发布其作品，作者保留作品的全部版权。作为出版的一项先决条件，某些出版社会禁止作者在网上张贴或者以其他任何方式发布论文，本机构将根据作者要求移除这类论文…[14]，并且在图书馆机构知识库首页显示其资源存取的统计数字，如2010年7月3日该统计数据显示：上个月该机构知识库共开放存取19 418篇文献资源，自2004年10月以来共有文献465 229篇[15]。这些方式不仅让内容提交者消除了版权方面的某些顾虑，而且也使他们充分了解到在学术交流中，机构知识库在文献信息交流方面的重大作用。香港科技大学图书馆正是因为站在内容提交者的立场上，从他们的利益出发，在各细节上努力做到尽善尽美，在赢取了他们信任的同时，该机构知识库也逐成规模。

3.2 讲究说话技巧

心理学家曾做过一个实验，发现将要求定得越低，获得的合作可能性就越大。例如，心理学家们曾为某慈善机构筹款，挨家挨户地敲门请求捐款，有29%户人家做出了善举。但当他们在提出这个请求之后，紧接着提出了一个更低的请求："哪怕您捐1毛钱去帮助那些贫困儿童"时，竟得到了50%户家庭的参与，所得的款项比前者要多很多。这正是利用了人们天生所具有的责任感，即使在不太愿意的情况下，当两种选择时，他们往往会选择对他们来说较易接受的要求。由此可见，说话技巧的掌握，往往会起到事半功倍的效果。因此，馆员也可以利用这样的谈话技巧，在向内容提交者提出自存储要求时，先提出一个大要求，如："我们想请您把过去10年已发表的所有文章都保存在机构知识库里。"紧接着提出一个比较温和的要求，"如果您觉得这样做比较困难的话，您能否将去年一年已发表的文章保存在机构知识库里？这样我们将感激不尽。"当内容提交者同时面对这两个请求时，往往会把前面的要求作为一个参考点，与后者相比较，选择最易接受的请求。由此可见，说话技巧在互动过程中的重要性了。

4 结语

机构知识库建设的成败关键是看其所收藏的资源丰富程度，只有拥有了丰富的文献资源，才有为大家广泛使用的可能。然而，现今人们对机构知识库的关注点主要集中在技术、安全、版权等问题上，却对怎样进行机构知识库资源建设，特别是如何促进教科研人员积极进行自存储方面关注较少。本文通过分析阻碍教科研人员自存储的抗拒心理，提出借助心理学方法切实降低甚至消除他们的抗拒心理。虽然在保障机构知识库具有充足文献资源方面有多种外在的激励措施，如强制自存储政策、管理政策、技术政策等，但笔者认为，只有努力提高机构知识库资源建设的主体——内容提交者（教科研人员）的积极性，才能切实保障它的持续发展。因此，图书馆首先要正视他们抗拒心理的现实存在性；其次，要积极采取有效的措施去缓解或消除抗拒心理。只有这样，他们才会积极主动地将自己的学术研究以数字的形式存储在机构知识库中，供他人通过网络的形式免费获取；也只有这样，机构知识库才能真正实现它存在的价值。

参考文献：

[1] 何林.美国机构知识库发展现状对我国发展机构知识库的启示.图书馆论坛,2008(6):101-103.

[2] 刘玉红,史艳芬.机构知识库成功创建和可持续发展的要素研究.图书馆杂志,2010(2):27-30.

[3] Jacks J Z, o'Brien M E. Decreasing Resistance by Affirming the Self. N. J. :Lawrence Erlbaum,2004:235-257.

[4] 如何化解员工的抗拒心理？[2010-06-09]. http://www.18seafish.com/news/content-83145.aspx.

[5] 韩珂,祝忠明.科研机构对机构知识仓储认识和服务需求调查分析.现代图书情报技术,2008(3):12-17.

[6] Davis P M,Connolly M J L. Institutional repositories:Evaluating the reasons for non-use of Cornell university's installation of Dspace. [2010-05-08]. http://www.dlib.org/dlib/march07/davis/03davis.html.

[7] 曾苏,马建霞.科研机构和高校科研人员对IR认知及态度对比分析.情报杂志,2009(5):23-28.

[8] 柯平,王颖洁.机构知识库的发展研究.图书馆论坛,2006(6):24-32.

[9] 郝勇.影响我国实行"开放存取"模式的因素分析.现代情报,2006(12):2-4.

[10] 王瑞文,刘东鹏.构建高校学术信息机构库的知识交流环境分析.情报理论与实践,2008(4):554-556.

[11] 中国科学技术大学图书馆——OA资源. [2010-06-05]. http://lib.ustc.edu.cn/2009/html/OA/.

[12] Arthur A. The experimental generation of interpersonal closeness:A procedure and some preliminary findings. Personality & Social Psychology Bulletin,1997(4):363-377.

[13] Schunk D H. Social-self Interaction and achievement behavior. Educational Psychologist,1999:219-227.

[14] HKUST Institutional Repository. [2010-06-20]. http://library.ust.hk/info/db/repository.html intellectual_property.

[15] HKUST Institutional Repository. [2010-07-03]. http://repository.ust.hk/dspace/.

作者简介

蔡　屏，女，1976年生，硕士，馆员，发表论文13篇。

以人为本　科学构建学者知识库

何继红

苏州大学图书馆　苏州 215006

知识是在人类的生产与生活实践中产生的，产生的主体是人类。人类的知识分为显性知识和隐性知识。显性知识大部分以文字记载于各种印刷品或电子媒介上，如论文、著作、学术讲座等，这些都是机构库所要收藏的主要内容；而隐性知识没有以具体的文字表现出来，需通过知识发现的方法去研究显性知识之间的关系与规律，将隐性知识挖掘出来，或通过人们的交流，在交谈或辩论中将隐性知识揭示出来[1]。每一个显性知识都是由人来发现的，并由某个学者来记录并表示成文字型的资源。显性知识与隐性知识共同构成了人类的知识，学者是产生这些知识的主要体现者或承载者，如果我们将每位学者的知识收集起来，那么人类的知识就能够汇集起来，基于这一观点，提出构建学者知识库的思想。

学者知识库在显性知识的保存方面首先为每一位学者建设其学术成果库，收集其论文、著作、科研报告等显性知识的学术成果。在隐性知识的挖掘上，采用符合各种标准的资源组织技术来揭示文献资源中的隐性知识，特别是通过建立人性化的学术交流平台，在共同交流中挖掘出学者未用文字表达出来的隐性知识，从而将学者知识库建设成集人类显性知识与隐性知识于一体的最全的人类知识库，让后学站在前人已有知识的基础上进行更高层次的发现与创造，不断创造人类更新、更高的文明。

1　学者知识库的建设应以人为本

学者知识库因学者而建，以方便学者研究、读者学习为归宿，因此学者知识库的建设应以人为本，要以有利于为学者存储资源、开展学术交流来建设，以有利于读者查阅资源、向学者请教来建设，这样才能得到学者的响应与支持，才能吸引更多的读者使用学者知识库。下面将分别从学者及读者的角度来分析。

1.1 从学者的角度

1.1.1 为学者全面、长久保存学术成果与学术活动 按照数字资源建设的规律，为学者全面、长久保存其学术成果与学术活动，便于学术成果的发现与利用，扩大学术影响力，提升学者知名度。让学术成果流传后世，为后人所继承并发扬光大。

1.1.2 建立学者自由学术空间，激发、保存创造力 学术空间主要用于学者对自己的学术资源进行提交、授权、交流的管理，每个功能均是为了满足学者的个性化需求。如：学者空间要能提交学者的成果；随时记录学者的所思所想，以保存稍纵即逝的思想火花，便于日后梳理平时的学术积累，以形成完整的理论；具备良好的学术交流平台，能及时获取、回复读者对本人学术成果的信息反馈，在交流探讨中不断发现、完善学术研究中存在的问题并获得创新的灵感，让图书馆的学者服务渗入到学者的学术活动过程中，实现服务到人[2]的目标。

1.1.3 保护学者的知识产权 科学研究存在一个从酝酿、初步成形、反复修正、成熟、公开发布的一个过程，虽然任何研究成果都是人类的共同财富，但科研成果还存在一个首创性与有偿使用的问题，在获得学者的许可之前，对一些暂不能公开的科研成果，系统应能从技术上不予公开与泄漏，让学者的成果处于自己的掌控状态。只有充分保证并满足学者的知识产权方面的需求，学者才能放心使用并主动参与到学者知识库的建设中来。

1.2 从读者的角度

1.2.1 提供灵活高效的资源发现功能 如：通过检索、导航、RSS 等技术能迅速找到或发现所需要的学者、学术团体以及学术成果。

1.2.2 提供学术交流功能 对感兴趣的资源能随时发表评论，营造学者与读者的互动，在探讨中释疑解惑，在争论中发现真理。

1.2.3 设立读者个人空间 在该空间内，读者能保存感兴趣的学者、团体及找到的资源，能保留检索历史，便于下次查找同样的内容等。

2 学者知识库模型

根据以人为本科学构建学者知识库的思想，学者知识库的模型应满足学者与读者对学者知识库的需求，综合第一部分的分析，学者知识库模型应具备资源存储、学术交流、学者空间、读者空间、综合应用平台 5 个功能模块。学者知识库模型见图 1。

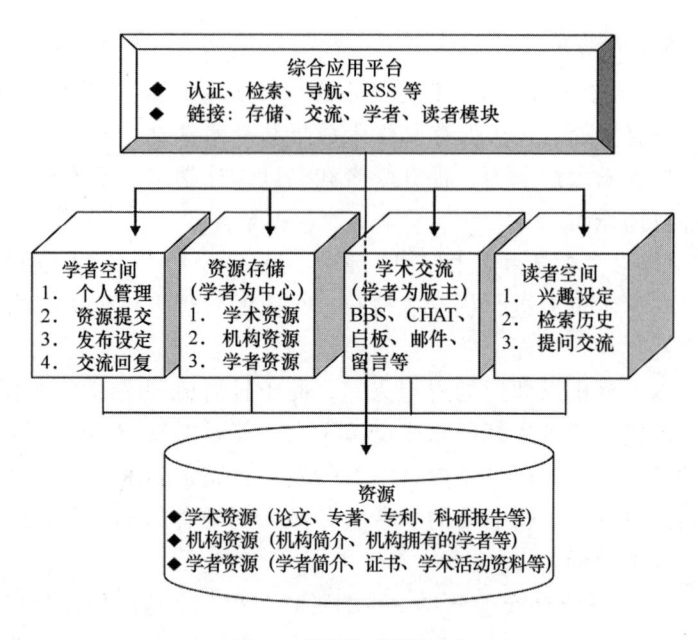

图 1　学者知识库模型

2.1　资源存储模块

资源存储是学者知识库最基本的功能，学者知识库的资源不仅包含学者的学术成果，还包括学者本人及其所在学术团体（也称机构）的有关信息。因此学者知识库主要涉及三个方面的实体，分别是学者、机构、成果。学者是学者知识库的源头，是学术成果的生产者、服务对象、使用者。机构是学者所在的学术团体，反映了学者所在学术团体的整体研究实力与背景。成果是指学者的学术资源，主要包括：①公开的学术成果：指学者已发表的各种学术成果，包括期刊论文、著作、专利等；②未公开的学术资源：指学者未正式发表的学术资源，如会议论文、科研报告、课件、学术报告、博客文章以及学术交流的内容；③学术背景资源：指学者、机构的学术背景方面的资源，包括学者或机构的介绍、学术资格证书、获奖证书、学术活动的图片与音影资料等。学者知识库资源的存储要能理清三个实体间的关系，科学合理地存储资源，建立以学者为中心的资源存储与应用结构体系。

此外，学者的成果、研究领域、所在机构，都是不断变化着的。如学者的研究成果会不断增加，研究的领域会不断扩大，学者所在的机构也会因工作调动而变化。因此，学者知识库要能够对这些不同类型、不断变化、存在相互关系的实体进行有序管理，宜采用统一资源标识符（URI）与数据关联相结合的方法来解决。学者知识库中的每个资源（学者、机构、学术成果均可看成资源）均是独立唯一的，各个独立的资源可通过统一资源标识符（URI）来唯一标识，而资源之间的关联可在有关资源的表中增加关联字段来记录它们的关联情况。这样，在学者知识库中就能既唯一标识各个资源，又能准确地将各个资源的相互关系表示出来，实现关联调用。如根据学者，就能将学者的所有资源全部直接调用出来，体现学者这一核心的地位；根据机构就能调出该机构的所有学者，并根据关联可调用该机构所有学者的全部学术成果，也即间接调出了机构的学术成果，从而实现了机构库的功能，所以说学者知识库可以实现机构库的功能；但机构库却不能实现学者知识库的有关功能，因为机构库不收藏学者在别的机构产生的学术成果，而学者知识库要求收藏学者的全部学术成果。

2.2 学术交流模块

对学者而言，学术交流类似于某种程度的试金石，有助于对学术成果的检验，如得到同行的肯定，将有助于建立学者的信心；如得到质疑，也有助于学者发现问题、纠正问题、不断超越、接近真理；还能通过交流，觅到学术知音，有利于开展科研合作[3]。

学者知识库应充分利用学者与学术成果这两大开展学术交流的先天优势条件（学者是交流的主体、学术成果是交流的内容），开展与学者的学术交流。可在每一个资源上设立 BBS 讨论功能，并充分利用 CHAT 聊天、白板、留言簿、邮件等多种学术交流方式，以满足不同情况下的学术交流。在设计各种交流技术时应注意不同交流方式的使用场合：CHAT 聊天、白板，是最直接最好的交流方式，但需要学者与读者同时在线并且学者愿意在线回答；BBS 评论适用于直接对学者的某一个资源发表意见；留言簿、邮件适用于离线对学者发表一些想法与意见；还可以选择 PDA、手机等即时通信技术，迅速、实时地获取、传达交流信息，让学术交流随时随地均可进行。

2.3 学者空间模块

学者空间是学者的个人天地，学者可对自己的个人信息进行管理。如对自己的学术成果进行提交、修改、删除、发布；设定资源的开放范围与级别；记录自己的随思所想，留下灵感，便于思想的积累；管理 BBS 言论、回复读者意见或与某位读者进行交流。

2.4 读者空间模块

读者空间是读者的个人天地，读者可设定并调用自己个人信息，如：保存感兴趣的资源、学者、机构等信息；对某个资源、某位学者等发表评论，或与学者开展进一步的交流；设定自己感兴趣的学科、常用检索词、保留个人检索历史等，便于日后的直接调用。

2.5 综合应用平台模块

综合应用平台应具备基本的检索、RSS、导航功能。检索有普通检索与学者检索，普通检索就是通常对资源元数据的检索，学者检索主要是专指对学者库中学者的检索，对通过学者检索而检索到的学者，要能显示学者的独立页面，在该页面上的资源将全部是该学者的资源，不能出现同名同姓者的资源；学者导航功能，要方便找到感兴趣的学者；RSS 功能要能实现同类资源（包括学者或资源）的聚类；对学者下面的学术成果（包括学者及所在学术团体的机构），读者要能随时随地发表评论，并同时提供 CHAT 聊天、白板、留言簿、邮件、资源推荐等多种学术交流的渠道。综合平台还要具备用户身份认证功能，根据用户的身份及其权限在上述其他功能之间自由切换。

3 利用机构库的研究成果，推进学者知识库的建设

3.1 将学者作为元机构，在机构库的基础上跳跃式发展

当今的科学研究，学科互相交叉，科研合作日益密切，科学家不是一个人在战斗，而往往是一个团队在集体拚博，学者的研究离不开所在学术团队（也即机构）的整体研究。学者是学术成果的直接产生者，机构是学术成果的间接产生者，我们可以将学者看成是一个特殊的机构，与通常所说的机构一样，同样有名称及学术成果，但他没有下级机构，是最末一级的机构。因此学者其实是一个元机构，是最小的不能再分的元机构，并且只有元机构才能直接产生学术成果。既然学者也是机构，因此学者知识库的建设也可以看成是机构库的建设，只要在现有机构库理论的基础上，将学者与机构的关系理清，那么目前已趋成熟的机构库的研究成果就可以直接为学者知识库所借用，机构库所具备的功能在学者知识库中均能得到实现，学者知识库就能在机构库研究的基础之上得到跳跃式发展。

如：笔者所在的苏州大学（以下简称"我校"）在以 Dspace 建设学者知识库时，就将学者看作学院下最小的机构（communities），即上述讲的元机构，在学者之下，再根据学者的成果类型，分别建立相应的专题（collections），如论文、著作、专利等，即形成了"学院（机构）→学者→专题→资源"的学者知识库的结构。由于将学者也作为机构，就使学者知识库建设方法完全符合 Dspace 的设计思路，在不更改 Dspace 机构库平台结构的情况下，就能够直接进行学者知识库的建设。

3.2 在机构库平台上增加学术交流功能

目前国内外机构库的研究日趋成熟,出现了大量优秀的机构库建设软件平台,这些平台在对机构资源的存储与管理方面具有灵活而卓越的功能,但在学术交流方面好多平台没有提供这样的功能,因此我们在利用这些机构库平台来建设学者知识库时,宜在此基础上作一些学术交流方面的二次开发,以实现学者知识库的功能需求。

如:Dspace 是较为成熟的机构库建设平台,国内外大量高校与科研院所使用它来构建本单位的机构库,但不足的是 Dspace 没有学术交流功能,无法在读者及学者间开展学术交流。为此我校在 Dspace 的基础上进行了 BBS 的二次开发。

我校根据 Dspace 的每一条条目均有一个唯一的 ID 号,单独开发了一个 BBS 模块,它与 Dspace 系统是两个并行的模块系统,中间只通过一个 ID 号联系,通过 ID 号来调用、存储、显示 BBS 模块中的数据。BBS 模块主要嵌入在资源显示页面的下部,读者在看完学者的资源后,可随时在下面的 BBS 区发表评论。学者在登录后可对评论进行回复,也可对不当言论进行屏蔽不让其显示,以保护学者。

BBS 的开发框架与 Dspace 一样,通过 servlet 与 jsp 页面来实现,当用户访问某个资源的网页时,系统根据网址,通过 web.xml 找到响应请求的 servlet,待 servlet 完成请求,再将请求转到 jsp 响应页面的用户界面。其中 servlet 通过数据库访问程序完成逻辑层的操作,而 jsp 完成表现层的作用。

用户在提交自己的留言时,将所针对的条目所属专题的提交群组 id 记录到数据库中,同时记录用户的信息与条目的其他有关信息。管理者同时可以管理多个专题中条目的留言,只要满足数据库记录的提交群组存在于以上的映射群组,即登录的管理者所属的群组。

由于二次开发的 BBS 系统是独立的功能模块,其与 Dspace 只通过 ID 号实现数据的调用,因此以后不管 Dspace 如何升级,只要将 BBS 模块再次嵌入升级后的资源显示页面中即可,而 BBS 模块本身的结构与程序不用重新修改,这样就保证了在 Dspace 升级后,BBS 功能可继续使用。

4 以人为本,建立学者知识库的科学管理机制

学者知识库的建设不但要遵循学者知识库本身的规律,更要坚持以人为本,建立一套人性化的科学管理机制才能让学者支持、读者满意,学者知识库才能顺利建设,并不断发展。

4.1 资源建设标准化

标准化才能国际化，学者知识库涉及到几乎所有类型的文献。如何科学有序地存储资源，实现不同类型资源的整合、统一检索、知识聚类、知识发现，实现与其他数据库的资源交换，这些都必须考虑数据标准化的问题。特别是学者知识库中存在学者、机构这两个新型资源，宜制订与之相应的元数据标准，以规范对学者、机构的描述与必要信息的采集。通过这些标准的制订，将有助于必要信息的收集与资源的科学存储，有助于对学者与机构的学术成就与研究能力准确定位。

4.2 保护学者知识产权

学者都希望自己的学术思想能得到广泛传播，但又担心不能获得首创性的地位。公开出版物如期刊、图书、专利等，解决了首创性的问题，使某种学术思想是哪位学者率先提出有据可依，但这些公开出版物只能传播学者的单篇著作，不能完整、系统地介绍学者及其本人的其他论著，不利于学术思想的完整传播。学者知识库的建设彻底解决了这一问题，但同时还存在学者不愿意公开共享的一些非公开发表的资源，如科研报告、会议论文等。因此学者的资源存在能共享与不能共享的两种情况，应让学者本人有权自己决定是否共享。这样将有利于解决学者在传播自己学术思想时的顾虑，让学者想传播的学术思想能够借助学者知识库得到广泛传播，而暂时不想公开的学术思想也能得到安全收藏。

4.3 严格审核，确保质量

学者知识库中的资源分两种：一种是已固化的资源，主要指已公开出版发行的学术成果，这部分资源是学者的正式学术成果而被永久收藏，是学者知识库的核心资源与价值基础。对读者来说，因这部分资源已公开发行，具有真实可信度，是读者重点学习的内容。因此对这部分资源，学者知识库建设责任部门，如图书馆必须确保这些资源的真实性，应承担真实性审核的责任。另一种是非固化的资源，主要指未公开发表的资源，如课件、报告、学术交流的内容，学者的博客等。这些内容不同于公开发表的论著，特别是学术交流大都是随思所想，未经过反复斟酌，没有经过严格的第三方审核，因此对这部分内容的真实性、正确性，应由当事人如学者或读者负责，建设责任部门图书馆无需负责，但图书馆应对暴力语言（如：反动、恐怖、黄色语言）进行审核与禁止。为此，学者知识库在建设时，应建立相应的审核流程，以确保学者知识库建设的质量与有序进行。

4.4　树立榜样，循序渐进

学者知识库建设初期，许多学者还不大理解公开获取的理念，对学者知识库还在观望，因此有必要将本机构有影响的学术带头人先收录进学者知识库，这样别的教授在看到他们最信服的学科带头人加入后，就会放心加入学者知识库。

4.5　以学者知识库作为学术成就考核依据

由于学者知识库存储了学者的学术成果，并且这些成果的真实性得到了机构（图书馆）的审核，既规范又具有权威性与合法性，可作为考核、职称评审时的依据，通过查询学者知识库就能官方了解学者发表了多少篇论著，同时也可作为评定学者学术成就的工具。并且，通过这种办法也能促使学者将自己的学术成果尽快主动提交到学者知识库中，这将十分有利于学者知识库的建设。

学者知识库的理念符合学术资源产生的自然规律，即：学术资源是由学者直接产生的，机构只是学术资源的间接产生者，它巧妙地破解了目前机构库建设中的两个难点问题：学者支持度和知识产权的问题，为机构库的建设提供了一种最佳的可行方案，通过学者知识库的建设，将会引导机构库建设走出低谷，走上正轨。

以人为本，科学构建学者知识库，将会更好地满足学者科学研究的需要，让读者迅速找到感兴趣的学者与资源，特别是通过学术交流，学术日臻完善，还能学到书本上没有的隐性知识，实现学者与读者的双赢，最终实现人类知识的永续流传，新的知识不断涌现，迎来人类文化的空前繁荣。

参考文献：

[1]　闻曙明.隐性知识显性化研究.长春:吉林人民出版社,2006:206-274.
[2]　张晓林.科研环境对信息服务的挑战.中国信息导报,2003(9):18-22.
[3]　何继红.关于机构库发展为机构学者库的探讨.情报资料工作,2008(1):55-58.

作者简介

何继红，男，1965生，副研究馆员，部主任，发表论文20余篇。

期刊出版商版权协议对我国机构知识库发展的影响[*]

于佳亮[1]　马建霞[2]　吴新年[2]

[1]重庆邮电大学图书馆 400065　[2]中国科学院国家科学图书馆兰州分馆　兰州 730000

1　引言

2003 年以来，作为开放获取运动的一种主要实现形式，机构知识库在国内外高校和科研机构的支持下快速发展起来。根据开放获取知识库目录网站 OpenDOAR（The Directory of Open Access Repositories）[1]的统计，截至 2009 年 1 月 6 日，各国大学或科研机构已建立并登记的开放获取知识库达 1 300 个。在存储的内容方面，有关统计显示，各占总数 60%、50%、43% 和 35% 的机构知识库分别将期刊论文、学位论文、未发表的报告和图书等几种资源作为其主要保存对象。这一数据与 2005 年所做的一项调查结果大体一致[2]。

从权利所有人的角度分析以上几种资源的产权状态，我们可以将其分为三类：本机构拥有著作权的资源（如工作报告、文件等）、提交者拥有著作权的资源（如预印本、未发表论文著作等）和出版商等其他权利人拥有著作权的资源（如期刊论文、图书等）。前两类资源的产权归属于机构本身和提交者本人，其产权问题相对较容易处理，对于机构知识库来说，保存和使用第三类资源最容易产生知识产权方面的法律问题，这也是机构知识库发展的主要障碍之一。同时，由于第三类资源通常质量较高，具有较高的使用价值，因此，对于机构知识库来说，无论从满足自身发展的角度还是从满足用户使用需求的角度考虑，都应该尽力将这部分资源收录进来。机构知识库使用此类资源的前提是必须获得出版商等权利主体的授权，因此出版商的态度对于机构知识库的发展具有重要的影响。

---

[*] 本文系国家社会科学基金项目"机构仓储的研究与建设"（项目编号：07BTQ019）研究成果之一。

2 国外的相关研究

2002 年，英国联合信息系统委员会 JISC 资助的 RoMEO 项目[3]曾经对出版商的版权和自存档态度进行过相关研究，方法是搜集 SCI、STM、全球期刊出版目录资料库、美国出版商协会等排名靠前的部分出版商的期刊版权协议，通过分析协议中有关表述著作权转让、有限使用、自存档等问题的条款，了解了出版商对此类问题的法律态度。

该项目最终搜集到 80 份期刊版权协议，这些协议代表了 7 302 种期刊。按照 the Ulrich 的国际期刊目录数据，此次分析协议所涵盖的期刊占所有期刊总数的 18.5%。分析的结果显示，在 80 份协议里，有 72 份（90%）要求作者转让著作权，有 69% 的协议在评议前就要求转让著作权，28.5% 的协议使作者对自己的论文没有使用权。对于有关出版商对自存档的态度问题，协议分析显示，在其搜集到的 80 份协议中，只有 42.5% 的出版商允许自存档，但是对在何种条件下可以自存档并没有统一的意见。作为本次分析的一项成果，在 SHERP/RoMEO 的项目网站[4]上可以检索到有关各期刊出版商对于自存档态度的统计分类。

3 我国期刊出版商版权协议分析

在我国，目前还没有针对出版商态度进行的专门研究。2005 年 3 月，学者李麟对我国科研人员开放获取态度的调查显示，接受调查的科研人员在决定是否自存档时，有 38.1% 的人主要考虑以下两个因素：文章是否还能在传统期刊上发表；是否会破坏与出版者之间的版权转让协议[5]。这一调查充分说明，在我国，出版商对自存档的态度对作者的行为具有非常大的影响力。因此，调查我国出版商对自存档的态度，对我国机构知识库收集资源和指导用户具有非常重要的意义。

版权协议书是作者在期刊上发表文章时与出版商签订的具有法律效力的合同文本，它决定了这一过程中的重要权利的归属。版权协议通常都规定了出版商要求作者转让或授予的权利种类、转让的条件、作者对其作品的使用条件等。因此，我们也可以将出版商制订的版权协议视做出版商对其出版的作品的版权政策表现，本文即通过调查我国期刊出版商的版权协议，分析我国出版商对其出版的作品的版权态度和对自存档的态度。

3.1 样本选取与调查内容统计

我国期刊数量众多，由于时间和精力所限，只抽样选取北京大学 2004 版核心期刊目录中的部分核心期刊进行分析。通过网络调查法和电子邮件索取等方式，一共获得 82 份核心期刊的版权协议。在简略分析部分期刊的协议后，根据其主要内容，本文设计了一份内容分析表，分析的主要内容包括：①协议是否要求著作权（版权，注：同义，可互换使用）转让？②如果是，转让的权利包括哪些（如复制权、发行权等）？③如果不是，协议要求独占许可还是非独占许可，要求授予的权利有哪些？④转让或授权的时间期限？⑤作者是否可以对其已发表论文进行自存档或教学科研等其他非商业目的的使用？⑥如果允许，作者进行其他目的使用的条件是什么？⑦允许自存档的条件是什么？

通过对版权协议中这些内容的详细分析，我们可以初步掌握目前我国期刊出版商对其出版作品的著作权的基本态度和他们对自存档的态度。

3.2 调查结果分析

3.2.1 版权协议样本的学科分布 图 1 为搜集到的版权协议所属学科分布图。因为某些版权协议可以代表多个期刊，如中国科学杂志社的版权转让协议由其所属的《科学通报》、《中国科学 A 辑：数学》、《中国科学 B 辑：化学》等 8 种期刊共同使用，《化学物理学报》同属于化学与物理学核心期刊，因此图 1 中各学科的期刊版权转让协议总数共 88 份，此次调查涵盖了大部分学科门类。

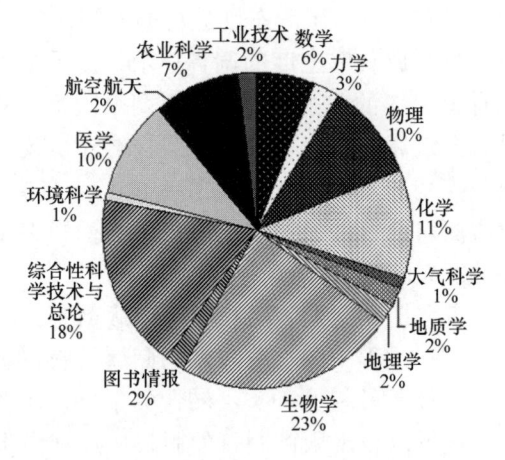

图 1 版权协议样本的学科分布

3.2.2 著作权的许可或转让 在总共 82 份协议中，有 74 份协议明确要求作者全部或部分地转让其著作权（版权），占总数的 90%，这一比例与 Ro-

MEO 项目所做的调查结果一致；在其余 8 份协议中，有 7 份协议要求作者授予专有的使用权或出版权（独占许可），占 9%；1 份协议没有明确说明其要求的权利，占 1%；此次调查的 82 份协议中，没有协议要求作者授予非独占性的许可（如图 2 所示）。以上数据显示，目前我国期刊出版商的著作权政策是以完全转让或取得独占许可为主，没有出版商寻求获得非独占性许可，以让作者拥有更多的使用权。

图 2 著作权的转让与许可分类

3.2.3 转让或许可权利的种类 在要求作者转让著作权的 74 份协议中，有 27 份协议要求作者转让版权，4 份协议要求作者转让全部财产权。我国著作权法第 56 条规定著作权即版权，第 10 条规定著作权包括人身权和财产权，而权利人只能转让其财产权，因此，这 31 份协议（占总数的 38%）都可以视为要求作者转让其除人身权以外的所有权利，剩余 51 份协议（占总数 62%）只要求作者转让其著作权的部分权利。

图 3 数据显示，在只要求转让部分权利的 51 份期刊版权协议中，出现频率最高的权利有：复制权、发行权、信息网络传播权、翻译权和汇编权 5 种。另外有 8 份协议（占总数 10%）要求作者转让其作品电子版的版权。作品电子版版权都包括哪些权利，协议并没有明确说明，我国著作权法中也没有明确写明这一权利。另外还有一份协议要求作者转让其发表权，我国著作权法规定发表权属于作者人身权的一种，而人身权不可以转让，这表明有些期刊的著作权协议并不规范。

在要求授予独占许可的 7 份（占 9%）版权协议中，所列权利包括专有使用权、专有出版权、发行权和使用许可的独家代理权四种（见图 4）。其中，授予期刊出版商独家代理权将使作者无法再授权给他人使用其作品，因此这也是一种限制严格的版权授权模式。

另外，在所有 82 份协议中，有 2 份协议声明其要求转让权利的有效时间为"自本合同生效之日起到乙方首次正式出版该论文后第 5 年的 12 月 31

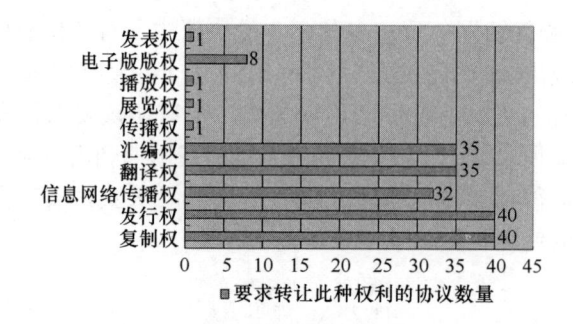

图3 版权协议要求转让的权利类型统计

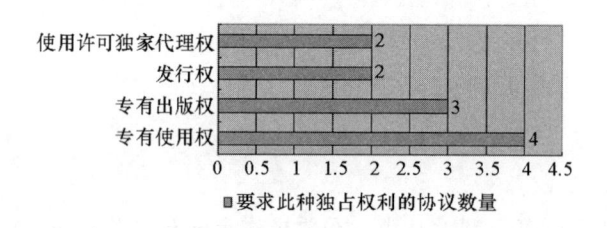

图4 独占许可协议所要求的独占权利类型统计

日",有3份协议声明时间为第10年的12月31日,还有3份协议要求的时间为第50年的12月31日。其他大多数协议都未标明转让的期限,只有少数协议声明转让期限为"在著作权有效期内"。

3.2.4 自存档或其他目的的使用 对于作者作品发表后,是否还具有自存档或其他目的的使用权问题,有31份(占总数38%)协议没有相关说明,另有51份(占62%)协议给出了相关的例外使用条件,其主要例外使用条件如表1所示：

表1 出版商允许例外使用条件统计

序号	例外使用条件	允许的协议份数	所占比重%
1	本单位或本人著作集中汇编出版以及用于宣讲和交流,但应注明发表年月和卷期。	35	43%
2	如有国内外其他单位和个人汇编、转载、复制、翻译出版等商业活动,须经编辑部书面同意,编辑部支持这种汇编活动。	13	16%

续表

序号	例外使用条件	允许的协议份数	所占比重%
3	属于职务作品范围，法人或其他组织有权在其业务范围内复制该论文用于其内部使用。	9	11%
4	作者本人在学习、研究、讲演或教学中有权全部或部分地复制该文。	8	10%
5	作者有权在汇编个人文集或以其他方式（含作者个人网页中）出版个人作品时，不经修订地全部或部分使用该文上述版式。	7	9%
6	作者享有在电子打印（出版）服务器上张贴或更新该文的权利，但为此目的不得使用本刊或其经销商制作的数字化并（或）版式化的文档。一旦该文被接受发表后，进行或更新此类张贴时均应附有与上述刊物的在线文摘或该刊物的进入主页的链接。	6	7%
7	作者可以准许第三方在不使用期刊版式并且不是用于在其他刊物上发表的前提下，重新出版该文或其译文或摘录，而无须获得编辑部的许可，如使用上述刊物版式（含各种介质、媒体版式），则必须获得编辑部的书面许可。	5	6%
8	稿件发表后，作者有权将文章PDF格式的全文链接到个人或本单位网页上，或发送给相关人员。	2	2%
9	该文章发表后，作者有权使用该文章进行展览汇编或展示在自己的网站上，仍可享有非专有使用权。	2	2%
10	论文作者可以在其后继作品中引用该论文中部分内容或图表。	2	2%
11	在标明来源的情况下可以将论文的电子版存放在作者个人或作者单位的网页上。	1	1%

根据表1的统计，在总共82份版权协议中，有43%的协议给予作者以汇编出版以及用于宣讲和交流目的的使用权；有16%的协议支持国外单位或个人的汇编等商业活动；11%允许职务作品在业务范围内的使用；10%的协议规定作者有权在其学习、研究、演讲或教学中全部或部分复制该文。需要特别提到的是，根据条件第6、7、11条内容所述，我们可以理解为这些期刊协议允许作者的自存档行为。

在为作者提供例外使用条款的协议中，图5数据显示，物理学、地质学、大气科学、航空航天和环境科学等5个学科受调查的版权协议全部为作者提供了例外使用权，其中，物理学科由于其样本量较大而更具代表意义，这说明此类学科期刊较重视作者的合理权益问题。

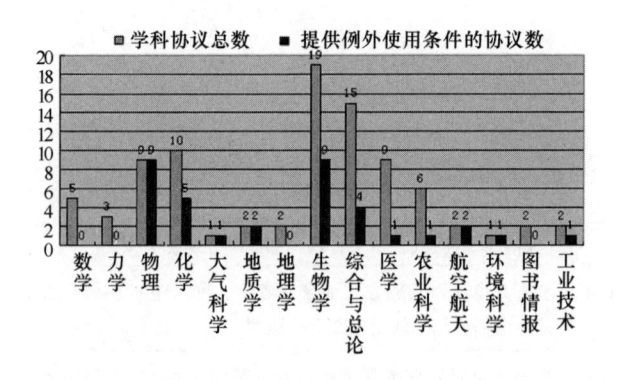

图5 提供例外使用条款协议的学科分布

4 结论及建议

通过对本文搜集数据所做的分析，我们可以了解到，我国期刊出版商的版权政策普遍较为严格，许多作者在其作品发表后完全失去了对作品的控制权，其对作品的任何使用都必须获得出版商的授权或遵守著作权协议中例外条款的规定，而协议中所列例外条款普遍比较严格，作者缺乏在适当范围内对自己已发表作品合理使用的权利。在自存档方面，我国允许自存档的期刊占14%，而国外这一比例为42.5%，表明国外期刊在授予作者合理使用权利方面态度更为灵活。

机构知识库作为收集、保存和传播知识的一种平台，它需要提交者拥有适当的权利以便能够授权给机构知识库及其用户使用知识库中提交的作品。因此，机构知识库在我国若想获得进一步的发展，就必须改变目前期刊出版商版权限制过于严格的现状，这将是一个长期的过程，需要学术机构、作者和出版商共同的努力。为了更好地解决这一问题，本文提出以下几点建议：

4.1 推进合理使用等法律制度的完善，合理平衡权利人与公共利益的矛盾

制订知识产权相关法律的初衷是为了保护智力产品创作人的合法权益，繁荣科技和文化，推进社会的进步。但是目前的法律更多地注重对权利人权利的保护，而对社会公众的信息获取权关注不够，这在很大程度上妨碍了智力成果的广泛传播和使用，这是与知识产权立法的初衷相违背的。若想改变这种状况，就必须建立权利人与公众之间新的利益平衡点，促进合理使用等相关法律内容的完善。

2007年美国《联邦研究公共获取提案》(FRPAA)的问世已经表明，在一些国家，相关法律的完善工作已经开始进行。在我国，图书馆法立法工作已被列入全国人民代表大会"十一五"重点立法项目，文化部也于2009年初启动了《公共图书馆法》立法相关工作。在这种背景下，机构知识库作为以促进信息交流共享、实现社会利益最大化为理念的新型学术交流模式和平台，应充分宣传其在知识交流共享中所起到的积极作用，争取社会各个利益方对自己合理使用权利的认同，从而以立法的形式保障自己的合理权利。

4.2 培育和强化作者及学术机构的产权主体意识

机构知识库应培育和强化作者及学术机构的产权主体意识，充分发挥他们在机构知识库建设中的积极作用。目前的学术评价机制过于依赖出版物的同行评议功能，从客观上造成了目前的学术传播体系中出版商的强势地位和主导作用。因此，机构知识库要逐渐改变学术作者与学术机构过去那种淡漠的产权处理态度，避免其轻易地将作品版权转让给出版商，同时，鼓励他们尽可能地利用第三方为其提供的版权协议范本，如版权工具箱（Copyright Toolbox）[6]、作者著作权附录工具（scholar's copyright addendum engine SCAE）[7]等，以争取其对自己学术成果的合理使用权利。这些措施的实施，将会对机构知识库的发展产生积极的影响。

4.3 出版商应在保障其合法利益的前提下，适当放松其版权限制

出版商是学术信息传播途径中非常重要的一环，但在互联网飞速发展的今天，人们的信息交流方式已发生深刻的变化，技术的进步使新的学术传播模式呼之欲出，开放获取运动的发展及其在世界各国得到的支持，充分表明了人们对变革的期待。出版商应该顺应这一历史潮流，适当放松对版权的严格限制。应该说，在目前的学术评价体制下，公开出版物由于其内容的高质量，其发挥的作用在未来相当长的一段时间内都是不可替代的。因此，出版商对于学术作者的自存档等行为，完全可以采取一种更为灵活和开放的态度，在保障自己合法利益的前提下，给予作者合理使用其作品的权利。

4.4 机构知识库建设单位应主动与相关期刊出版商谈判，获得在IR中保存其内容的权利

机构知识库不应被动地等待自身环境的改变和出版商主动给予授权，而是应该积极地凭借机构自身的影响力或者以结成联盟的形式，主动与出版商谈判寻求获得在机构知识库中保存相关内容的权利。在谈判中，机构知识库可以充分利用我国《著作权法》和《信息网络传播权保护条例》中对于"合理使用"条款的规定，强调自身为科学研究和教学服务的目的，以争取各方

认同，获得合法权益。

4.5 各种公共基金项目应规定其成果产出必须在 IR 或者相关仓储中存档

机构知识库可以利用目前科学研究活动多数由各种基金、机构或国家支持这一特点，从政策角度保障自己的内容需求。目前，已经有许多国家或机构、基金陆续制定了强制性开放获取政策，如瑞士苏黎世大学、印度 Rourkela 国家科技研究所、美国卫生研究院（NIH）、欧洲委员会的第七框架计划（FP7）资助协议草案等[8]，这些政策的实施，为机构知识库的发展提供了有力的政策保障。

参考文献：

[1] The Directory of Open Access Repositories-OpenDOAR. ［2009 – 01 – 06］. http://www.opendoar.org/.

[2] van westrienen G, Clifford A. lynch. Academic institutional repositories deployment status in 13 Nations as of Mid 2005. ［2006 – 11 – 24］. http://www.dlib.org/.

[3] Gadd E, Oppenheim C, Probets S. RoMEO studies 4：An analysis of journal Publishers' copyright agreements. Learned Publishing, 2003, 16(4):10.

[4] ROMEO. ［2008 – 11 – 08］. http://www.sherpa.ac.uk/romeo/.

[5] 李麟. 我国科研人员对科技信息开放获取的态度——以中国科学院科研人员为例. 图书情报工作 2006, 50(7)：34 – 38.

[6] Copyright toolbox. ［2007 – 09 – 04］. http://copyrighttoolbox.surf.nl/copyrighttoolbox/.

[7] Science commons. ［2007 – 10 – 12］. http://sciencecommons.org/.

[8] Swan A. 开放获取发展史大事记. 图书情报工作动态, 2007(10)：1 – 5.

作者简介

于佳亮，男，1979 年生，助理馆员，硕士，发表论文 2 篇。

马建霞，女，1972 年生，研究馆员，硕士，硕士生导师，发表论文 20 余篇。

吴新年，男，1968 年生，研究馆员，硕士生导师，发表论文 50 余篇，合作出版专著 3 部。

国内机构知识库研究文献的可视化分析[*]

奉国和　吴敬学

华南师范大学经济与管理学院　广州 510006

1　引言

机构知识库（institutional repositories，简称 IR），又称机构库、机构仓储、机构典藏库，是收集、存放由某个或多个学术机构（例如大学、研究所、图书馆、博物馆等）专家、教授、学生创造的、可供机构内外用户共享的学术文献的数据库[1]，最早于 2004 年出现在国内研究文献中[2]。随着机构知识库的发展与文献数量的不断增加，有必要对研究现状进行归纳总结。目前已有一些相关综述出现[3]，但这些研究大都基于传统的文献计量方法，没有结合一些实用的分析呈现工具，其结果在可理解性与通俗性方面存在不足。利用信息可视化方法则能弥补这一缺陷。信息可视化是指将大量的数据、信息和知识转化为人们可以直观、形象理解的图形或图像，从而可以直观、形象地表现、解释、分析、模拟、发现或揭示隐藏在数据和信息内部的特征与规律，提高人类对事物的观察、记忆和理解能力及整体概念的形成[4]。本文利用 CiteSpace 可视化分析软件，结合当前比较热门的科学计量学方法对已有研究进行梳理，绘制该领域知识图谱，力求揭示国内机构知识库研究的知识网络与研究热点演进，以供参考。

2　数据来源与研究方法

以中国社会科学引文数据库（CSSCI）作为来源数据库，分别以"机构知识库"、"机构库"、"机构仓储"、"机构典藏"为题名，以 2004 – 2010 年为检索时间段（检索时间为 2011 年 2 月 16 日，国内首篇机构知识库研究文献发表于 2004 年），经过查重及不相关处理后，得到文献 130 篇。

---

[*] 本文系华南师范大学 2009 年大学生创新性实验计划项目"华南师范大学优秀硕、博士论文电子数据库建设"（项目编号：091057416）研究成果之一。

分析工具采用陈超美博士开发的 CiteSpace[5] 软件,并利用刘胜波博士开发的转换工具[6]将 CSSCI 数据转化为 WOS 格式。将转换后的数据导入 CiteSpace,设置主题词来源为文献标题、摘要、关键词和标识符,"time scaling"为1,即将 2004 – 2010 年分为 7 个时段进行处理。分段处理有利于辨识学科研究的突出拐点和学科前沿的动态模式,同时提高软件运行速度和准确度。

3 可视化分析

3.1 时间分布

国内机构知识库研究文献的时间分布曲线见图1,根据图中数据,可将国内机构知识库研究分为三个阶段:2004 – 2005 年的引入阶段、2006 – 2007 年的探索阶段以及 2008 年之后的快速发展阶段。作为相对较新的一个研究研域,机构知识库在国内的发展势头良好,其研究文献的数量将继续增加。

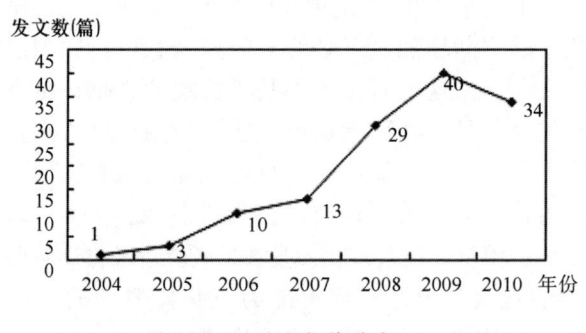

图1 论文年代分布

3.2 被引期刊分析

对一个学术领域做期刊分析能够确定该学科的核心期刊分布,而对核心期刊的文献共引频次的分析则能反映出该期刊所刊登文献的利用率及其含金量[7]。选择网络节点类型为"被引期刊(cited journal)",设定阈值(1,1,20)、(2,2,20)、(1,1,20),采用最短路径算法(pathfinder)进行剪裁,生成的被引期刊图谱如图2,关键节点信息如表1所示:

情报资料工作
图书馆杂志
图书情报工作
大学图书馆学报
数字图书馆论坛
中国图书馆学报

图 2 被引期刊图谱

表 1 各期刊被引信息

频次	突增性	中心度	刊　　名
72	10.48	0.97	N（学位论文）
32	0	0.4	图书情报工作
33	3.56	0.34	中国图书馆学报
9	2.39	0.17	数字图书馆论坛
23	0	0.17	图书馆杂志
19	3	0.11	情报资料工作
18	0	0.07	大学图书馆学报

图中标签显示为"N"的最大节点代表学位论文，带有深色边缘的节点中心度均大于 0.1，是整个网络中的关键节点。通过图 2 和表 1 数据可以看出，学位论文在被引频次和中心度上都居于首位，最具学术价值。其他期刊按中心度由高到低依次为《图书情报工作》、《中国图书馆学报》、《数字图书馆论坛》、《图书馆杂志》和《情报资料工作》；另外《大学图书馆学报》在被引频次和中心度上也相对较高，这些期刊作为机构知识库领域的核心期刊，刊载文献具有较高参考性。

3.3 主要研究力量分析

利用 CiteSpace 的作者与机构统计功能，可以绘制作者、机构共现图谱，进而识别该领域的主要研究力量。节点类型选择作者（author）与机构（institution），数据抽取对象为前 30，得到机构知识库领域主要研究力量的图谱，如图 3 所示：

图 3 中包含 10 个经过聚类的簇，每个簇代表一个研究团队，由合著作者

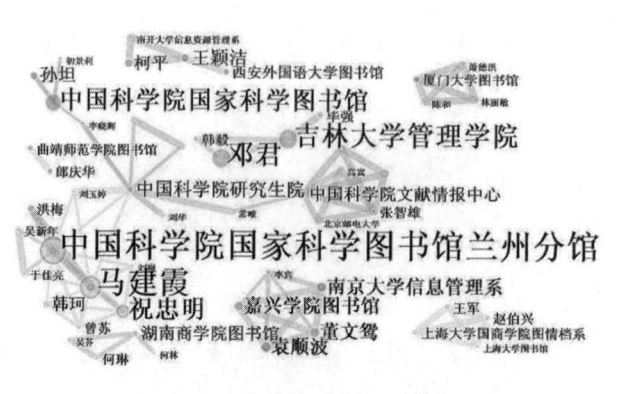

图3 机构知识库主要研究力量分布

（不区分第一、二作者）及其所在机构节点构成，节点标签大小由频次高低决定。可以看出，目前国内机构知识库研究已经形成比较核心的研究团队，中国科学院国家科学图书馆、兰州分馆、中国科学院研究生院等机构形成以中国科学院为主体的该领域核心研究力量；另外，吉林大学管理学院、南京大学信息管理系和嘉兴学院图书馆、厦门大学图书馆等机构也是推动该领域发展的重要力量。通过对每个团队发表的文献进行分析，可以进一步揭示各团队研究重点及国内机构知识库研究力量的整体分布情况（见表2）。

表2 各团队研究重点

序号	机构名称	代表人物	频次	研究重点
1	中国科学院国家科学图书馆兰州分馆	马建霞 祝忠明	23	构建模式与技术、版权问题、实证调查、机构知识库联盟
2	中国科学院国家科学图书馆	孙坦 初景利 高嵩 张智雄	16	建设模式、发展策略
3	吉林大学管理学院	邓君	19	开放获取、亚洲机构知识库服务模式、系统
4	南京大学信息管理系 嘉兴学院图书馆	袁顺波 董文鸳	8	起源、影响、图书馆对策
5	中国科学院研究生院	常唯	7	实证分析
6	湖南商学院图书馆	何琳	6	国内外发展状况及对策
7	西安外国语大学图书馆 南开大学信息资源管理系	王颖洁 柯平	5	国内外构建模式与发展状况
8	曲靖师范学院图书馆	郎庆华	4	自存储、长期保存
9	厦门大学图书馆	陈和	4	DSpace开发、汉化

3.4 知识网络分析

通过 CiteSpace 可探测和分析学科研究前沿的变化趋势以及研究前沿与其知识基础之间、不同研究前沿之间的相互关系，能够较为直观地识别学科前沿的演进路径及学科领域的经典基础文献[8]。选择网络节点类型为"引文（cited reference）"，使用 Jaccard 系数进行度量，数据抽取对象为前 15，得到文献共被引网络，经 Pathfinder 算法修剪后如图 4 所示：

图 4 关键文献图谱

图 4 显示了机构知识库研究知识网络中的关键节点，通过对关键节点文献进行分析，可以对该领域的发展与演变有所了解。各关键点信息如表 3 所示：

表 3 文献共被引关键点信息

频次	中心度	年份	作者	题 名
17	0.23	2004	吴建中	图书馆 VS 机构库——图书馆战略发展的再思考
12	0.21	2005	姜瑞其	国外机构库发展概况
10	0.12	2005	董文鸳 袁顺波	聚集学术机构知识的中心：机构库（Institutional Repository）探析
7	0.12	2006	郭少友	机构库建设的若干问题研究
5	0.04	2006	郭淑艳	基于开放获取的机构知识库的研究
5	0.04	2006	李广建等	IR：现状、体系机构与发展趋势
10	0.02	2005	常唯	机构知识库：数字科研时代一种新的学术交流与知识共享方式

105

从图4及表3中可以看出：

- 吴建中的《图书馆 VS 机构库——图书馆战略发展的再思考》一文中心度与被引频次都居于首位，是国内机构知识库领域最重要的一篇文献。文中介绍了国外机构知识库的起源、发展、定义及影响[2]，提出图书馆应与时俱进，重新确立在知识交流中的核心作用。该文为网络环境下图书馆的发展指明方向，同时揭开了国内机构知识库研究的序幕。

- 姜瑞其的《国外机构库发展概况》分析了机构知识库的资源内容、技术系统和管理方式，并阐明管理系统和资源内容的提交过程[9]。通过对具体案例及软件平台的介绍与分析，使读者对机构知识库的理解更加直观。

- 董文鸳的《聚集学术机构知识的中心：机构库（Institutional Repository）探析》分析了机构知识库的起源与特点，根据国外案例分析机构知识库经费预算与管理，为国内机构知识库发展提供参考[10]。

- 郭少友的《机构库建设的若干问题研究》针对模式选择问题、法律问题及内容建设问题，借鉴国外已有成功经验，从实际情况出发提出一些建设性意见，对于国内机构知识库的实际建设具有很强的针对性与指导性[11]。

- 郭淑艳的《基于开放获取的机构知识库的研究》详细介绍了开放获取和机构知识库理念，并调查了科研人员提供开放获取的现状[12]。该文是国内首篇研究机构知识库的硕士学位论文，通过对相关理论进行系统梳理，丰富了国内机构知识库研究内容。

- 李广建的《IR：现状、体系结构与发展趋势》则从技术角度探讨了机构知识库系统的结构、功能等内容[13]。文中综合考虑各专用系统、开源软件及商业系统，抽象出机构知识库系统模型，具有普适性。另外，其对于机构知识库发展趋势的探讨也可供借鉴。

- 其他。还有一些重要文献，如：常唯的《机构知识库：数字科研时代一种新的学术交流与知识共享方式》分析了机构知识库在数字科研环境中对知识创造、转化与共享的积极作用[14]；袁顺波的《机构库的起源、影响及图书馆的应对策略》探讨了机构知识库对学术机构、传统出版模式和学术交流体系以及图书馆的影响，提出图书馆应对策略[15]。这些文献与关键点文献共同为国内机构知识库研究奠定了理论基础，通过这些文献即可对机构知识库研究进行整体了解。同时，文献共被引分析结果也显示，被引文献中超过一半来自国外，这一方面说明我国机构知识库研究人员比较关注国外最新成果，能够紧随国际趋势，但另一方面也反映我国机构知识库研究尚未形成自身特点与优势，有待加强。

3.5 研究热点分析

关键词在一篇文章中所占的篇幅虽然不大，但却是文章的核心与精髓，是文章主题的高度概括和凝练，因此对文章的关键词进行分析，频次高的关键词常被用来确定一个研究领域的热点问题[16]。选择网络节点类型为关键词（keyword），数据抽取对象设置为前30，将结果以时区视图（timezone）显示，得到图5。

图5 研究热点演进图谱

3.5.1 研究热点演进分析　由图5可知：

• 2004年除"机构库"外尚未出现其他关键词，因为这一年仅有一篇文章《图书馆 VS 机构库——图书馆战略发展的再思考》，但从图中可以看出，该节点中心度与频次都较高，且之后各年研究热点均与之有连接，是国内机构知识库研究的起源。

• 2005－2006年机构知识库研究文献数量有所上升，此时期对机构知识库的研究主要集中在开放获取运动[17]以及机构知识库在促进学术交流和知识共享方面的重要意义[18]等方面。而最受人关注的则是机构知识库对图书馆尤其是高校图书馆和数字图书馆的影响以及应对策略[19]。

• 2007－2008年是国内机构知识库发展的重要时期，这一阶段的研究在数量以及深度与广度上都有所突破，机构知识库建设与应用过程中面临的知识产权[20]、内容收集[21]、质量控制[22]以及长期保存[23]等问题成为研究热点并持续至今，其研究成果不仅为解决实际问题提供了参考，更推动了这一领域的研究不断深入。同时，随着机构知识库的实际建设工作的逐渐开展，对于各种系统软件的比较分析[24]以及评估方法[25]也开始受到重视。在构建机构知识库的各种商业软件及开源软件中,由美国麻省理工学院图书馆和惠普公司开发的 DSpace 系统最受国内学者青睐,对该系统功能结构及安装汉化方法的介绍[26]掀起了另一波研究热潮,是机构知识库实际建设中的另一重点。

• 2009-2010 年国内对于机构知识库的研究不断深入,前一阶段的研究热点依然受到人们关注,同时对台湾地区机构知识库建设[27]以及机构知识库联盟[28]的探讨也成为这一时期的研究热点。台湾地区机构知识库建设始于 2005 年,由台湾"教育部"委托台湾大学图书馆进行规划,2006 年又由台湾大学图书馆牵头进行了为期 3 年的"建置机构学术成果典藏计划"[29],经过种子学校复制和 TAIR 联盟的建立,台湾地区不仅极大地提高了机构知识库数量,同时增强了学术研究成果影响力,其机构知识库建设水平目前处于国际先进水平,其成功经验可以为内地提供参考。中国科学院则在机构知识库联盟方面进行了丰富的理论研究与实践[30]。

3.5.2 研究重点分析 通过对国内机构知识库研究热点演进情况的呈现与分析,可以看出版权问题、内容收集和质量控制问题最受关注,同时也是机构知识库研究的难点,下面重点针对这两个问题进行分析。

• 版权问题。机构知识库建设中面临的版权问题主要包括两个方面:建库软件的版权问题以及收录资源的版权问题。前者由于开源软件的广泛使用一般不会引起知识产权纠纷[20];后者则涉及出版商、作者、机构知识库等多方主体,并根据收录资源属后印本还是预印本而有所不同。

对于后印本,由于作品版权已全部或大部分转属出版商,版权问题的处理需从"作者—出版商"和"机构知识库—出版商"两方面进行。对于前一方面,国外有些组织为作者提供允许其进行自存储的出版商名录供其投稿时参考,使文献发表后仍可以被收入机构知识库。例如英国诺丁汉大学的 RoMEO 项目[31]。另外也有学者介绍了能够在现行出版模式中为作者争取权利的"作者补遗模式"[32]。对于后一方面,张晓林提出应积极争取以机构名义与本领域主要出版商签订保留本机构作者存缴与开放传播权利的集体协议,并作为范本供机构成员在通过其他出版商发表论文时使用[33]。中国科学院于 2010 年 10 月 27 日与施普林格科技与商业媒体集团签署开放存取合作协议,允许施普林格所出版期刊的中国科学院作者将所发表论文的最终审定稿存储在研究所知识库中。中国科学院是亚太地区首家达成这类协议的机构[34]。

对于预印本,通常从规范机构知识库与提交者之间的许可协议入手。加利福尼亚州立大学图书馆制定的机构库 eScholarship Repository 协议被公认为目前最全面的协议,该协议规定了提交人赋予机构库的权利以及机构库和提交人需要承担的义务[35]。有文献从提交者申明、提交者权利、机构知识库的权利和责任以及提交作品的删除4个方面介绍了机构知识库许可协议应具备的内容[36]。创作共用协议[37]等开放性协议的推广也为解决版权问题提供了新的途径。

● 资源建设。机构知识库资源建设由资源收集和质量控制两部分组成。

——资源收集。资源收集方式包括分布式、半分布式和集中式三种[11]，从灵活性来看，分布式最优，集中式最差；从资源收集数量来看，则集中式最优，分布式最差。三种方式可以单独使用，也可以相互结合。从机构知识库长远发展来看，分布式自存储是最为重要的资源收集方式。影响机构知识库分布式自存储的因素主要包括[38]：认知度、科研评价、版权、技术、政策等因素，解决的策略则可以总结为[39]：加强宣传、方便提交、及时沟通、建立科学评价与激励机制、解决版权问题、进行质量控制以及多方交流合作等。也有学者通过问卷等形式对资源提交者的提交意愿及行为方式进行实证调查[40]，并提出一些有指导性的意见。文献［41］运用心理学方法对资源提交者心理进行研究，从新视角探讨了机构知识库资源建设。

——质量控制。收录资源的质量控制同样因收集方式而异，半分布式与集中式的质量控制相对容易实现，而分布式收集资源的质量控制则相对较难，也是质量控制的主要研究内容。文献［11］提出从元数据级和内容级进行控制，文献［22］在此基础上又加入数据访问质量控制，并详细论述了三个级别的实施策略。文献［42］则根据进行质量控制的时机，从预先控制、过程控制、事后控制三个层次介绍了质量控制策略。总体看来，国内对于机构知识库质量控制的研究已取得一定成果，但还有待加强。

4 结论

利用信息可视化工具CiteSpace对CSSCI数据库收录的2004-2010年国内机构知识库研究文献进行分析得到如下结论：①《图书情报工作》、《中国图书馆学报》、《数字图书馆论坛》、《图书馆杂志》、《情报资料工作》以及《大学图书馆学报》6种期刊具有较高中心度及被引频次，是国内机构知识库领域核心研究期刊，刊载文献具有较高参考价值。同时，相关的学位论文对于我国机构知识库研究的发展也起到巨大作用。②中国科学院国家科学图书馆兰州分馆、吉林大学管理学院、中国科学院国家科学图书馆等机构的研究团队构成了目前国内机构知识库的核心研究力量，且各团队研究重点有所不同。③《图书馆VS机构库——图书馆战略发展的再思考》、《国外机构库发展概况》等关键点文献为机构知识库在国内的研究与发展奠定了基础，对知识网络演进具有重要意义。④机构知识库研究热点在各个时期有所不同且逐年增多，各热点的研究成果不断丰富，推动我国机构知识库研究不断发展。但我国机构知识库研究尚未形成自身特点与优势，还有待进一步深入。

参考文献：

[1] 黄凯文,刘芳.网络科学信息资源"公开获取运动"的模式与方法.大学图书馆学报,2005(2):38-41.

[2] 吴建中.图书馆 VS 机构库——图书馆战略发展的再思考.中国图书馆学报,2004,30(153):5-8.

[3] 臧琳,韩明杰,杨国栋,等.我国机构知识库研究现状分析.图书馆工作与研究,2010(170):16-20.

[4] 张聪,张慧.信息可视化研究.武汉工业学院学报,2006,25(3):45-48.

[5] Chen C. CiteSpace II：Detecting and visualizing emerging trends and transient patterns in scientific literature. Journal of the American Society for Information Science and Technology, 2006, 57(3): 359-377.

[6] 陈超美.关于 CSSCI 的数据转换问题.[2011-04-18]. http://bbs.sciencenet.cn/home.php?mod=space&uid=496649&do=blog&id=427780

[7] 赵蓉英,王菊.国际信息检索模型研究的可视化分析.图书情报工作,2010,54(18):61-66.

[8] Chen C. Searching for intellectual turning points：Progressive knowledge domain visualization. Proceedings of the National Academy of Sciences, 2004,101(1): 5303-5310.

[9] 姜瑞其.国外机构库发展概况.图书情报工作,2005,49(11):142-145,149.

[10] 董文鸳,袁顺波.聚集学术机构知识库的中心:机构库(Institutional Repository)探析.图书馆杂志,2005,24(8):51-55,59.

[11] 郭少友.机构库建设的若干问题研究.中国图书馆学报,2006,32(161):77-80.

[12] 郭淑艳.基于开放获取的机构知识库的研究[学位论文].长春:东北师范大学,2006.

[13] 李广建,黄永文,张丽.IR:现状、体系结构与发展趋势.情报学报,2006,25(2):236-241.

[14] 常唯.机构知识库:数字科研时代一种新的学术交流与知识共享方式.图书馆杂志,2005,24(3):16-19.

[15] 袁顺波,董文鸳.机构库的起源、影响及图书馆的应对策略.情报资料工作,2006(2):44-46,61.

[16] Belvaux G, Wolsey L A. Bc-prod：A Specialized branch-and-cut system for Lot-sizing problems. Management Science, 2000,46(5):724-738.

[17] 柯平,王颖洁.机构知识库的发展研究.图书馆论坛,2006,26(6):243-248.

[18] 陈钦琳.学术交流与知识共享的新平台——机构知识库.现代情报,2006(9):150-151,156.

[19] 高嵩,张智雄.机构仓储及其在数字图书馆服务中的应用模式研究.图书情报工作,2006,50(8):59-62.

[20] 胡芳,钟永恒.机构库建设的版权问题研究.图书情报工作,2007,51(7):50-53.

[21] 都平平. 机构仓储的自存储和强制存储策略研究. 图书馆杂志,2008,27(9):15-18.
[22] 蔡迎春. 分布式机构库的质量控制. 图书情报工作,2008,52(7):44-47.
[23] 刘华. 国外机构知识库的长期保存研究及其启示. 情报资料工作,2007(3):49-52.
[24] 邓君,毕强,韩毅. 机构知识库(IR)系统 Archimède 与 eDoc 比较研究. 图书情报知识,2008(1):28-34.
[25] 洪梅,马建霞. 开源机构库软件可用性评估方法的探讨. 现代图书情报技术,2007(12):6-10.
[26] 陈和,萧德洪,林丽敏. 基于 DSpace 构建机构仓储的本地化实践. 现代图书情报技术,2007(3):13-17.
[27] 黄和通. 台湾地区机构典藏的发展和启示. 大学图书馆学报,2010(6):53-61.
[28] 张琴,付开远. 基于开放获取的 IR 联盟研究. 图书情报工作,2010,54(2):131-135.
[29] 黄和通. 台湾地区机构典藏的发展和启示. 大学图书馆学报,2010(6):53-61.
[30] 马建霞. 机构知识库联盟的认证和授权的技术机制分析. 图书情报知识,2010(4):90-95.
[31] University of Nottingham. SHERPA/RoMEO. [2011-02-16]. http://www.sherpa.ac.uk/romeo/.
[32] 肖可以,龙朝阳. 机构知识库建设及其法律问题研究. 图书馆学研究,2008(11):39-41,84.
[33] 张晓林. 机构知识库的政策、功能和支撑机制分析. 图书情报工作,2008,52(1):23-27,19.
[34] 中国科学院国家科学图书馆. 中科院与施普林格出版集团签署开放存储协议. [2011-02-16]. http://www.cas.cn/xw/yxdt/201011/t20101102_3001705.shtml.
[35] 迟海璆,庞海燕. 从"谷歌版权事件"看机构知识库的版权问题. 图书馆工作与研究,2011(180):14-16,35.
[36] 于佳亮,吴新年,贾彦龙. 机构知识库资源建设中的产权策略研究. 情报理论与实践,2008,31(3):353-355.
[37] 刘玉婷,马建霞. 创作共用协议在机构知识库建设中的应用与意义. 图书情报工作,2009,53(15):42-45.
[38] 郎庆华. 机构知识库自存储资源的获取策略研究. 情报杂志,2009,28(7):166-169,184.
[39] 赖辉荣. 破解机构知识库建设中资源收集难题之策略. 国家图书馆学刊,2009(3):59-61.
[40] 李武. 科研人员接受 OA 知识库的影响因素实证研究. 中国图书馆学报,2010,36(187):57-65.
[41] 蔡屏. 从心理学角度谈如何促进机构知识库资源建设. 图书情报工作,2010,54(23):84-88.
[42] 张啸坤. 机构库内容建设初探. 图书馆学研究,2006(9):13-15,20.

作者简介

奉国和，男，1971年生，副教授，硕士生导师，发表论文30余篇。
吴敬学，男，1986年生，硕士研究生，发表论文2篇。

建 设 篇

机构知识库建设模式研究

邓 君

吉林大学管理学院 长春 130022

在学术研究与实践推动下,机构知识库犹如雨后春笋般发展起来。据不完全统计,截至 2010 年 1 月 19 日,OpenDOAR 中注册的机构知识库已达 1 261 个[1]。虽然机构知识库应用范围不断扩大,但实践中,机构知识库建设却面临着诸多问题,而建设模式是其需要认真考虑的基本问题之一。正确选择机构知识库建设模式对机构来说可以起到节约成本、有效制定政策、提高管理效率的重要作用。根据机构知识库建设的多样性,笔者认为目前机构知识库建设模式主要表现为自主模式与联盟模式。

1 自主模式

自主模式是指个体独立机构以本机构为核心建立发展机构知识库的模式。在这种模式下,每个独立机构以其下属院系部门为基础,构建属于本机构的知识库。目前许多机构都是以本机构为主体建立标志本机构品牌的机构知识库。例如英国南安普顿大学机构知识库[2]、美国麻省理工学院(MIT)机构知识库[3]、加利福尼亚大学机构知识库[4]等。本文以 MIT 建立的为其机构教师与研究者提供教学科研成果保管以及开放利用的知识传播与知识服务系统 DSpace@ MIT 为例进行阐释。

1.1 DSpace@ MIT 技术选择

DSpace@ MIT 采用 MIT 图书馆与 HP 实验室共同开发的以内容管理为目标的 DSpace 为技术支撑。DSpace 遵循 BSD 协议,可以收集、存储、索引、保存以及重新发布任何数字格式、层次结构的研究数据,并赋有唯一标识符,以确保存储内容链接的有效性。

1.2 DSpace@ MIT 管理

DSpace@ MIT 由 MIT 社区、MIT 图书馆以及 MIT 行政管理部门共同合作管理。三者在了解并支持建立知识库相关政策、规划指南以及程序的基础上,各负其责,相互协调管理。

1.2.1 MIT 社区 MIT 社区负责对社区与集合做出界定,安排内容提交与描述,了解并研究与 DSpace 相关的学院政策,当版权所有者不是作者或 MIT 时,社区负责澄清提交条目的版权,并为每个集合制定提交流程;MIT 社区可以在 DSpace 指南下,决定与提交内容相关的政策,设定提交者的权限,限制机构知识库中条目层次的内容获取权限,并根据知识库内容撤回政策,移除已存在的条目与集合,可以个性化社区内容的界面,并负责所属分社区的增加与消除,如图 1 所示[5]:

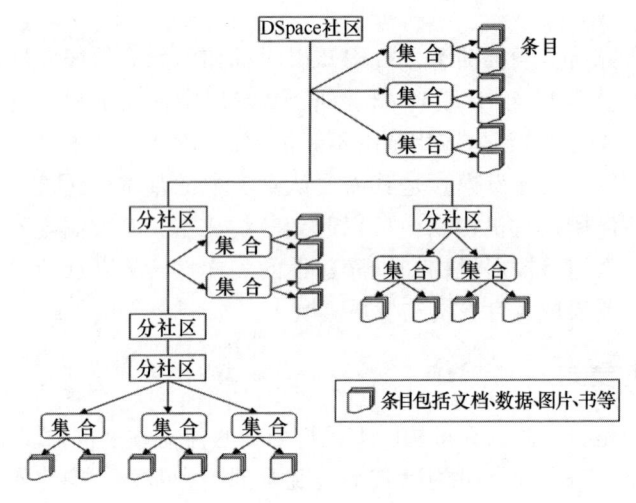

图 1 DSpace 社区基本组织结构

1.2.2 MIT 图书馆 MIT 图书馆是系统主要管理者,负责保管并维护提交到系统中的内容,根据社区规定设置存储内容的访问权限,负责监控技术过时与格式迁移,决定每个社区存储容量配额,确定免费与增值性收费服务内容,并负责管理主社区建立的所有过程,包括:①规划与调度新社区与集合的建立;②为内容提交过程实施个性化流程;③在一定条件下,拒绝或交换条目或集合;④重新发布或修改系统中条目的元数据;⑤负责将非继续存在于社区中的集合移交到 MIT 档案馆进行存档;⑥培训社区用户与协调者。此外,图书馆还负责对知识库提供广泛的技术支持。

1.2.3 MIT 行政管理部门 行政管理部门是 DSpace@ MIT 主要政策制定方。通常情况下,行政管理部门在学院层面制定影响 DSpace@ MIT 发展的相关政策,例如版权与提交内容相关政策等。

2 联盟模式

联盟模式是指两个以上机构联合构建机构知识库，通过合作方式，实行机构间资源共享，统一提供知识传播与知识服务。由于机构知识库在建设中受到主体与资金成本等影响，许多机构都感觉到自主模式发展使其无法承受运行成本与内容收集等方面之重，因此联盟合作成为一些机构建立知识库的主要模式，同时联盟模式也更好地体现了"图书馆界所提倡的共建共享的合作精神"[6]。根据已有联盟模式中数据存储管理方式，笔者认为机构知识库联盟模式可以分为集中存储式与分布采集式。

2.1 集中存储式联盟机构知识库

集中存储式联盟机构知识库是指多个机构只建立一个服务器，各个联盟机构内部成员直接将元数据与内容提交到集中的服务器上，然后通过统一服务界面提供服务或作为数据提供方，允许其他服务提供方采集其元数据提供服务，如图 2 所示：

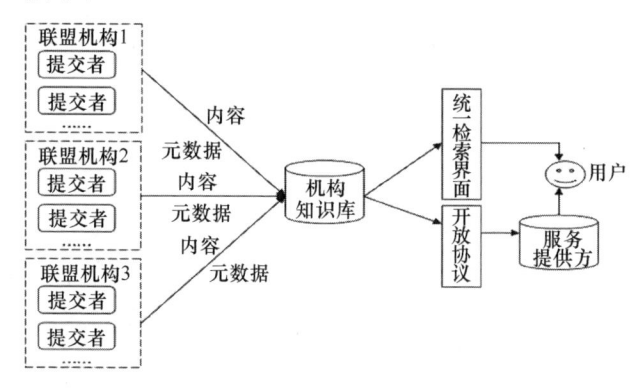

图 2 集中存储式联盟机构知识库

从内容提交到开放利用，所有管理与维护功能都实行集中化管理，每个联盟成员都有固定的联络员负责协调机构知识库的统一管理与运行。

集中存储式联盟机构知识库主要代表为白玫瑰知识库联盟（The White Rose Consortium ePrints Repository）[7]。它是由英国利兹大学、设菲尔德大学与约克角大学作为 SHERPA 项目一部分而共同合作建立的，负责保存该联盟团体已经发表的研究成果，知识库开放性较强，利用率也比较高。

2.1.1 合作背景　利兹大学、设菲尔德大学与约克角大学一直拥有良好的合作历史，三所高校在科学技术领域合作展开的研究已经形成了较好的默契,并且在文献资源管理与传递方面也一直具有合作历史。因此,三个机构将其广泛的战略合作基础作为共同建立白玫瑰机构知识库的基本框架,构建白玫瑰机构成员科学研究联盟共享网络。

2.1.2 技术选择 由于白玫瑰机构知识库是英国 SHERPA 项目的重要组成部分,所以白玫瑰机构知识库选择了英国南安普顿大学电子与计算机科学学院开发的 EPrints 作为构建平台。

2.1.3 管理 EPrints 软件安装在利兹大学服务器上,由利兹大学图书馆系统工作小组成员负责技术支持。该联盟机构知识库建立之初是以利兹大学 URL 为链接,后来为体现联盟合作特点,已转换为比较中性的白玫瑰 URL,用户可以通过指定学校进行限制性搜索或者通过指定学术单位树状结构图进行浏览,如图 3 所示[8]:

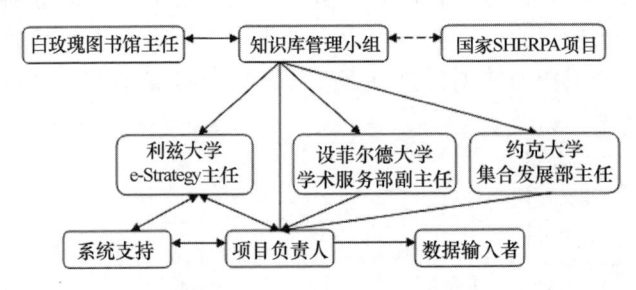

图 3 白玫瑰集中存储式联盟知识库组织结构

白玫瑰机构知识库主要由三所大学负责人统一进行管理,指派专门项目负责人宏观掌握知识库运行与发展。该知识库管理小组是由每个参与机构图书馆高级工作人员共同构成,管理小组成员定期会面,监督知识库发展,制定知识库发展的重要决策,同时这一联盟知识库也要受到白玫瑰联盟成员图书馆主任的监督,他们每个月定期浏览知识库进展报告,在机构层面保持对知识库的密切关注与支持。此外,知识库发展的月度报告也要向 SHERPA 项目的牵头机构—诺丁汉大学汇报。

2.2 分布采集式联盟机构知识库

分布采集式联盟机构知识库是指机构知识库联盟成员分别建立属于自己的知识库,在实现独立搜索的基础上,在联盟项目指导下,构建统一检索平台,元数据被采集并存储到一个集中的搜索数据库中,原始数据仍然保留在本地知识库之中,数据与资源本身都是分布式的,如图 4 所示:

在这种模式下,每个联盟成员都具有独立性,负责对本地机构知识库管

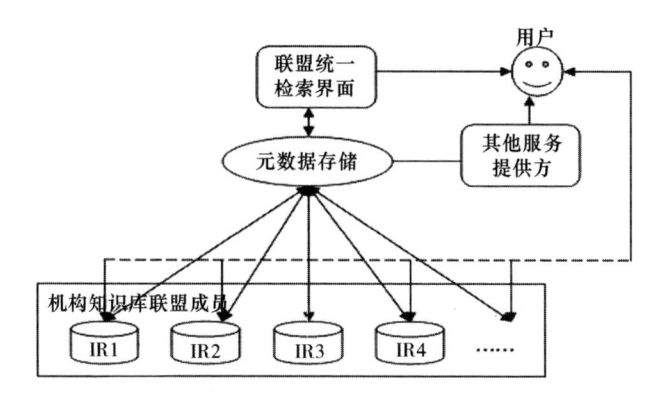

图4 分布采集式联盟机构知识库

理,但必须保证知识库遵循相关开放协议,实现分布采集式联盟机构知识库项目提供的统一元数据搜索。

根据对国外一些重要机构知识库联盟项目的调研与深入分析,笔者认为分布采集式联盟机构知识库可以澳大利亚 ARROW（Australian Research Repositories Online to the World）项目为典型代表。ARROW 联盟机构知识库项目由澳大利亚联邦教育、科学与培训部资助,是在澳大利亚高等教育研究信息框架下的一个项目,联盟成员包括莫纳什大学、澳大利亚国家图书馆、新南威尔士大学等,成员数量在不断增加中。

2.2.1 技术选择 ARROW 联盟小组选择 Fedora 软件作为知识库技术基础,选择 TeraText 软件作为资源发现技术支撑;为了更好管理资源,ARROW 应用 VTLS 公司以 Fedora 作为存储层的管理图片集合软件 VITAL 作为内容工作流程管理层,同时将英国哥伦比亚大学公共知识项目研发的开放期刊系统（OJS）集成到联盟机构知识库系统之中,与 VTLS 共同纳入到内容工作流程管理层。在此基础上,ARROW 开发设计了符合自身发展需求的管理软件系统,如图5所示[9]:

目前,ARROW 联盟中有8个机构安装了这一系统,还有两个机构正在协商之中。联盟其他成员根据机构特点选择其他的应用软件。

2.2.2 管理 基于分布采集这一模式特点,宏观调控职责分配是 ARROW 联盟的核心。ARROW 联盟机构知识库中设有知识库管理小组、ARROW 发展小组以及澳大利亚知识库元数据咨询委员会[10]。在 ARROW 联盟机构知识库管理小组中,莫纳什大学是领导机构,国家图书馆提供专家支持以及资源发现服务。南昆士兰大学已经同意作为电子研究资源项目标识符管理框架

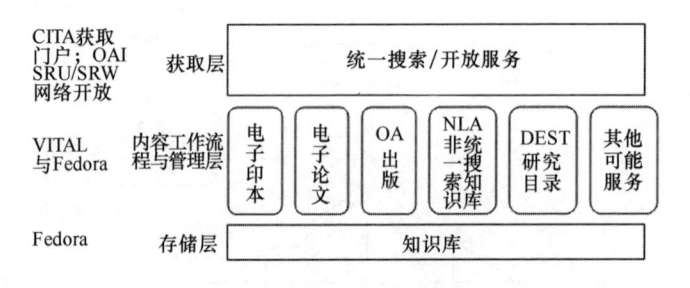

图 5　ARROW 架构与软件系统

的伙伴。澳大利亚知识库元数据咨询委员会主要负责元数据标准的选择应用。ARROW 发展小组根据项目发展情况确定项目后续研究与应用。ARROW 联盟机构知识库虽然由澳大利亚图书馆统一提供搜索服务，但各个联盟成员仍然都保持着独立性，用户可以分别进入到各个联盟成员的本地机构知识库进行定题、定范围搜索。每个联盟机构负责制定本地机构知识库提交政策与管理。

3　机构知识库建设模式比较

由上述分析看到，目前机构知识库建设模式以独立的自主模式和合作共享的联盟模式为主，而联盟模式根据管理方式又可以分为集中存储式与分布采集式。从机构知识库运行实践看，自主模式与联盟模式都有自己的发展空间，具有一定优势，但也存在着弊端。基于此，笔者对其优缺点进行详细的分析，如表 1 所示：

表 1　机构知识库建设模式优缺点比较

机构知识库建设模式	优　点	缺　点
自主模式	·集中管理 ·政策统一 ·体现个性化	·成本高 ·内容少
集中存储式联盟模式	·集中管理 ·技术标准统一 ·成本低 ·共享技术、专家与经验 ·效益规模化	·行政管理效率低 ·成员归属感低 ·不能体现机构特色
分布采集式联盟模式	·共享技术、专家与经验 ·高度自治性 ·体现个性化 ·扩大资助源	·不一致性

3.1 自主模式机构知识库利弊

3.1.1 优势 从自主模式实践看，这是目前许多机构都应用的基本模式，也是机构知识库建设初期的一种选择。在这种模式下，机构主体在建设知识库前的项目评估、管理以及成本投入都可以集于一体，在政策实施中可以完全由知识库管理者根据本机构发展现状来制定，对知识库软件系统进行选择，并对应用的协议与元数据实行标准化，完全独立规划本地知识库发展，体现机构特色，这对机构知识库快速高效运行无疑带来推动力。

3.1.2 弊端 从客观方面看，这种自主模式也具有弊端：首先，机构知识库所有投入，尤其是资金投入与维护都集于机构本体，成本比较昂贵；其次，就内容收集而言，除了一些具有较高开放获取意识的大型机构之外，绝大多数机构知识库存储内容的数量都特别少，这一方面是由于机构成员意识低；另一方面也是机构规模比较小引致的，因此对于中小型机构，特别是小型机构来说，自主模式构建并不是最佳的选择。

3.2 集中存储式联盟机构知识库利弊

集中存储式联盟机构知识库与自主模式机构知识库虽然从形式上看都是集中的，但是仍然具有一定的区别，主要在于内容与管理来源不同，集中存储式联盟机构知识库来源于多个联盟机构；自主模式机构知识库来源于一个机构，这决定了两者在建设模式上的差异。

3.2.1 优势 从实践看，这一模式有效解决了自主模式建设中存在的弊端：多个机构共同建立一个机构知识库使每个机构参与建设的成本大大降低，收到"规模性"的经济效益，机构知识库运行成本与利用规模效益也可以实现，"又可以避免技术体系的重复建设"[11]；同时，内容数量也具有发展丰富的潜力；此外，由于实行集中管理，可以在技术标准应用方面具有统一性，便于内容元数据管理与开放。因此对于一些小型机构来说，加入已有的集中存储式联盟机构知识库不失为一个节约成本的最佳选择。

3.2.2 弊端 从不利因素看：首先，该模式虽然实行集中管理，但是在政策制定上并不能像自主模式那样具有高效性，因为在制定政策时必须考虑到联盟机构各自的发展历史与现状，也必须考虑到联盟机构不同文化学术传统与管理传统的差异性，机构知识库管理发展政策制定过程需要联盟机构成员负责人相互协调，统筹规划；其次，本地机构成员归属感低，集中存储式联盟知识库由于只建立一个服务器，或者以某一机构品牌为标志，或者以联盟品牌为标志，不能体现每个独立机构的品牌，所以使其成员无法感受到归属感，甚至可能成为制约机构成员提交内容的一个因素；再次，该模式还存在着其他可能引发联盟管理矛盾的因素，例如当联盟机构成员对机构知识库贡献率或利用率不均衡时，是否会引起行政管理层面的问题；如果某个联盟机构成员被其他机构合并而合并者并不属于该联盟成员或想建立标有自己品牌的知识库时，是否允许这一原始联盟机构成员将属于自己机构的那部分数据提取并输出，或提交到合并机构知识库或存储到独立知识库之中，这些都需要在以后发展中逐步摸索解决；最后，对于建立全国范围或全球范围内多个机构的集中存储式联盟机构知识库，从文化以及管理角度来说，是不切实际的。从某种程度上说，集中存储式联盟机构知识库在具有良好合作历史或者具有共同隶属关系的机构中具有较好的应用前景。

3.3 分布采集式联盟机构知识库利弊

3.3.1 优势 分布采集式联盟机构知识库虽然并未占有主导地位，但仍然有其不可替代的优点：首先，联盟机构成员在采用同一软件基础之上可以共享技术与管理经验，如果建设过程中遇到技术问题，可以向其他联盟成员寻求合适的解决方案；其次，联盟成员在政策制定与管理方面具有高度自治性，这是与集中存储式联盟机构知识库相比最大的优点，分布采集式联盟机构知识库虽然提供统一检索界面，但各个联盟成员拥有各自独立的知识库，每个联盟成员都可以在宏观政策指导下具有"更多的政策自主空间"[12]，根据本机构发展特点与学术管理传统，制定符合本地机构知识库发展的政策与管理规划；再次，联盟机构成员可以个性化本地机构知识库，"每个成员机构都负责对自己的文档进行配置，以实现本机构特殊要求的功能"[12]，体现本地机构知识库特色，保留本地机构品牌标志；最后，联盟机构成员成本资助来源扩大，中小型机构财政收入有限，又很难得到私人或国家资助委员会资助，如果加入到统一的联盟，就会通过联盟团体获得更多的资助与支持，既使不同机构建立有效的长期"共享利用机制，实现资源共享"[13]，又减缓了机构有限经费投入的压力。

3.3.2 弊端 联盟机构成员具有高度自治性，致使联盟机构成员在本地机构知识库建设中存在着不一致性：首先是应用软件系统选择的不一致性，该模式强调联盟成员高度自治性，并不强制其成员采用同一软件，只是推荐推广应用；其次是元数据标准应用的不一致性，该模式是建立在对各个联盟成员本地机构知识库元数据采集基础之上的，软件选择不一致性导致了各个联盟成员机构知识库应用的元数据标准存在着不一致性，这就需要统一跨库检索时进行元数据转换；再次，政策制定与管理方面的不一致性，联盟领导机构并不能统一制定联盟成员政策与管理模式，每个联盟机构都对本地知识库实行自治管理，例如内容提交政策方面，有的机构可能将行政管理文件、档案纳入到内容提交范围，而有的机构则可能将这些内容拒之库外，这就导致联盟机构知识库内容性质存在差异，同时，每个机构制定的质量审核标准不同，也会使联盟机构知识库内容质量受到影响。

4 结语

综上，不同建设模式机构知识库都具有自身的优势与劣势。每个机构都有自己的特色，我们不能强求每个机构都采用同一个模式。每个机构可以根据机构传统以及与其他机构合作历史、地域特点或学科特色，选择适合自己的建设模式。对于那些机构规模较大、资金充足且机构品牌效应尤显重要的机构来说，建立属于本机构品牌的自主模式机构知识库不失为一个较好的选择，例如我国的清华大学、北京大学，但要保持元数据的开放性，纳入到全球信息共享网络之中；对于那些中小型机构来说，如果具有良好的合作历史，或具有共同的隶属关系，例如一个地域、一个学会或图书馆联盟，可以通过建立集中存储式联盟机构知识库实现资源共享，并可以不断吸收新成员参加，既节约成本，又共享技术与资源，避免不必要的技术系统重复与资源浪费；而对于国家层面的科学资源共建共享规划来说，建立集中存储式联盟机构知识库不具有可操作性，可以像 ARROW 联盟机构知识库那样建立分布采集式联盟机构知识库，既将管理压力分散到各个本地机构知识库，同时又可以实现联盟机构成员内部技术、资源、人力、资金的共享，例如我国的中国科学院，构建以国家科学图书馆为核心，基于各大分支机构的分布采集式联盟机构知识库应是一种优化选择，这既能体现出中国科学院各分支机构的共同隶属关系，又能保证在统一管理集中检索的基础上保持各个不同分支机构的特色。然而，机构知识库作为一种新生事物，每种模式建设都要面临着不同的挑战与困境，未来需要在实践中不断探索与解决。

参考文献：

[1]　[2010 – 01 – 19]. http://www.opendoar.org/index.html.

[2]　E-Prints Soton, University of Southampton. [2009 – 10 – 31]. http://eprints.soton.ac.uk/.

[3]　MIT Dspace. [2009 – 10 – 31]. http://dspace.mit.edu/.

[4]　California Digital Library, eSholarship Repository. [2009 – 10 – 31]. http://repositories.cdlib.org/escholarship/.

[5]　[2009 – 10 – 31]. http://libraries.mit.edu/dspace – mit/build/communities –

[6] 孟祥保.韩国机构库建设模式研究——以 dCollection 为例.图书馆杂志,2009(12):59-62.
[7] [2009-10-31].http://eprints.whiterose.ac.uk/.
[8] [2009-10-31].http://www.leeds.ac.uk/library/sherpa/cernposter.pdf.
[9] Payne G. Australian research repositories online to the world ARROW. [2009-11-01]. http://www.caudit.edu.au/educauseaustralasia/2005/PDF/C8.pdf.
[10] Groenewegen D. The ARROW Project. [2009-11-01]. http://ir.library.osaka-u.ac.jp/metadb/up/DRFIC2008/DavidGroenewegen.pdf.
[11] 王颖洁.国外机构知识库运行模式分析.当代图书馆,2008(4):58-61.
[12] 王文华.知识库发展的新模式——机构联盟知识库.情报科学,2008(3):373-376.
[13] 马漫江.机构知识库:学术交流与资源共享新模式.高校图书馆工作,2007(1):10-13.

作者简介

邓 君,女,1977年生,副教授,博士,发表论文20余篇。

机构库共享机制研究

谢 琴[1] 王 军[1] 赵伯兴[2]

[1] 上海大学国商学院图情档系 上海 200444 [2] 上海大学图书馆 上海 200444

开放存取（Open Access，简称 OA）是国际科技界、学术界、出版界、信息传播界为推动科研成果利用网络自由传播而发起的运动。随着经济和技术的发展，传统学术出版模式严重阻滞了学术交流的发展，期刊价格的升幅远远超出了机构图书馆经费预算所能承受的范围，图书馆只能在有限的经费中削减订购，而出版商为了保障自己固有的商业利润不断提高期刊价格，这样图书馆期刊购买经费与出版商利润之间就一直存在着矛盾，形成了一种恶性循环。国际上实现开放获取主要有两种途径：一种是通过开放获取期刊（OA Journals），被称为"金色道路"（Gold Road）；另一种是通过作者自存储（Author self-archiving）将个人研究成果存储到开放获取知识库中，被称为"绿色道路"（Green Road）[1]。

开放存取的发展，加之 web 技术的进步，机构库得以迅速发展。机构库基于开放存取理念而建立，作为开放获取运动最重要的模式之一，机构库在保存机构的学术成果、求得成果内容永久的揭示与获取，增加学者个人、单位和院系研究的可见性，替代商业出版社的垄断出版行为等方面发挥重要作用，对作者、用户、大学和课题资助者及图书馆等各方都有好处，成为网络学术交流体系中的主要组成部分。国外许多机构都在进行知识库的建设，许多国家和研究机构也制定各种政策扶持机构库的研究与运作，包括强制性开放获取政策。全球的机构库处于高速增长时期，如今机构库已经成为图书馆研究的热点，并成为开放存取运动的主角[2]。

1 机构库简介

1.1 机构库概念

目前，国内外关于机构库的研究和应用很多。但是对机构库的概念上仍存在分歧。但是笔者认为他们只是研究的视角不同而已，对机构库本质内容的定义大体是一致的：机构库是对特定范围内的知识资源进行搜集、组织、数字存储、管理，并最终将其中绝大部分资源对任何网络用户免费共享的知识库。

1.1.1 机构库发展现状 2000 年惠普公司斥资 1 800 万美元，与麻省理工学院（Massachusetts institution of technology，MIT）合作开发 DSpace；2001 年，俄亥俄州立大学的行政官员和该馆馆长布兰宁（Joseph J. Branin）在探头开发远程教育体系时，提出建立俄亥俄州立大学知识库，以保存该校师生员工的数字资源，这成为机构库最初的雏形[3]。2002 年 11 月 DSpace 正式面世，机构库以不可思议的速度在全球范围内迅速扩展，并朝着全球知识共享的目标迈进。

目前全球机构库建设正处于高速增长期，根据著名机构库登记机构 Registry of Open Access Repositories（ROAR）[4]的统计结果显示：截止到 2009 年 2 月，全球机构库已经增加至 1 256 个，记录数据达上千万条（12 616 668），如图 1 所示：

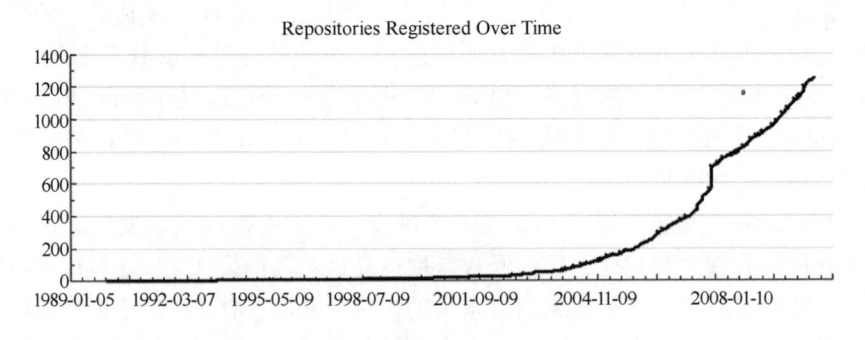

图 1 机构库的注册量统计

机构库发展迅速但是发展却不平衡，根据著名机构库登记机构 Registry of Open Access Repositories（ROAR）[3]的统计结果显示，排名前五名的是：美国（266），英国（131），德国（99），日本（64），巴西（63）和西班牙，加拿大（48）。中国等发展中国家则发展相对落后，如图 2 所示：

2 机构库共享机制研究的必要性

2.1 机构库构建中存在着隐患

全球机构库的数量迅速猛增，许多机构都在积极筹建机构库。但是在建库的过程中，各机构正处于独自竞争发展阶段，旨在建立适合本机构的知识

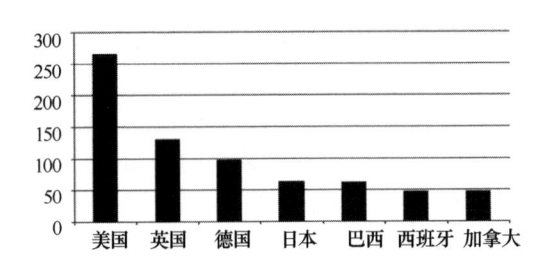

图2 各国机构库数量统计

库。短期来看，这对于机构库的发展，机构库的质量提高都大有益处。但从长远角度考虑，机构库现在的构建存在着隐患：各机构建库标准不统一，相互协调不足，加之技术等因素，很难实现各机构库的联合共享，这样必然造成资源的重复建设，不益于机构库的长期发展。在机构库的构建中，必须始终强调其共享性。

2.2 开放存取的必然要求

机构库源于开放存取的发展，机构库是基于开放存取理念建立的。所以机构库必须始终坚持开放存取的目标——共享。这样才能和一般的学科库相区别，发挥自身的优势。机构库在发展过程中要充分考虑本机构的特点和需求，真正实现为机构服务。但长远来看更要注重共享，尤其是跨机构共享，这样才能利用整合最新的资源，进一步推进创新。

2.3 机构库发展趋势

现在的研究热点多聚焦于特定机构库的构建之中。如机构库质量控制，长期保存问题等。但机构库发展的趋势无疑是更好的共享、更广范围内的共享，终极目标是实现全球范围内资源联合共享。

3 机构库共享原则

作为信息资源管理的一种方式，信息资源共享的一般原则，在机构库共享中同样适用。

3.1 信息资源共享的一般原则

信息资源共享的最终目的是最大限度满足用户的信息资源需求。可以将其概括为"5A 理论"，即任何用户（Any user）在任何时（Anytime）、任何地点（Anywhere），均可以获得任何图书馆（Any library）拥有的任何信息资源（Any information resource）[5]。

信息资源共享理论的基本原则主要体现在以下几点：

● 自愿原则：自愿原则是信息资源共享的前提原则。所谓自愿原则是指信息资源共享的参与者主观意志和主观行为的自觉、自主、自为和自律。

● 平等原则：平等原则是信息资源共享的基础原则。只要是信息资源共享的参与者，在信息资源共享的体系中就都具有平等的责任、权利和义务。

● 互惠原则：互惠原则是信息资源共享的根本原则。它是指所有参与者在信息资源共享中彼此之间都能够获得平等的利益，并由此最大限度满足用户的信息资源需求。

3.2 机构库共享原则

3.2.1 标准化原则　标准化是机构库共享中的首要原则，根据中国标准化协会的定义[6]，所谓标准是指在一定范围内获得最佳秩序，对活动或其结果规定共同的和重复使用的规则、导则或特性的文件。它包括制定、发布及实施标准的过程。标准化的重要意义是改进产品、过程和服务的适用性，防止贸易壁垒，促进技术合作。标准化的实质和目的是通过制定、发布和实施标准，达到统一，获得最佳秩序和社会效益。对于机构库而已，必须遵循标准化原则，这样才能避免数字资源早期建设的"以己为政"的错误，防止重复建设浪费。在机构库中，在信息资源数字格式，质量标准和使用的获取技术上等，都必须遵从通用的标准，这样才能在不同机构库之间，甚至在其他的资源存储系统中实现一个互联的共享网络体系。

3.2.2 可持续性原则　机构库发展中必须坚持可持续原则，这是机构库共享的前提。可持续性原则源于第 38 届联合国大会提出的"持续发展"。第 38 届联合国大会提出"持续发展"是 21 世纪不论发达国家还是发展中国家正确处理与协调人口、资源、环境、经济相互关系的共同发展战略，是人类求得生存和发展的唯一选择[7]。机构库共享的可持续性原则，是指共享不应只是一个即时理念，而是一个长期的可持续共享。必须保证资源的长期保持，实现机构库的持续性共享。

3.2.3 系统性原则　机构库的共享是一个系统性的问题。共享牵涉到共享的多方参与，要用系统的观点，协调各方利益。系统性原则是一个总的指导原则，只有在系统原则的指导下，才有可能真正实现共享。

4 机构库共享阶段研究

机构库共享的终极目标是在全球范围内实现不同机构库之间及与其他数字资源库的共享联盟。从机构库共享程度出发，笔者将机构库的共享发展大致划分为 4 个阶段：竞争性独立发展阶段，机构库间相互共享阶段，与其他数字资源库的共享阶段，遵循 OAI 协议的全球共享联盟阶段，如图 3 所示：

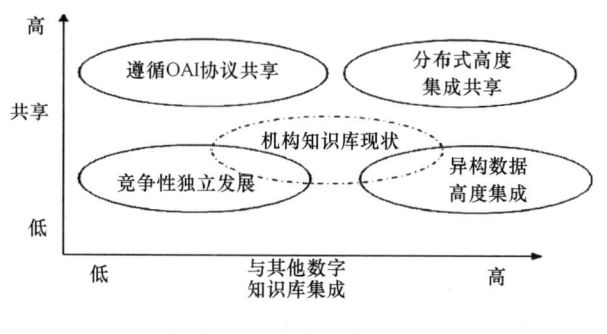

图 3 机构库共享阶段

4.1 竞争性独立发展阶段

在机构库发展初期，各机构的主要任务是构建适合本单位的机构库，主要关注本机构的资源数量及质量问题。共享目光基本还没有涉及到机构间共享层面，仍停留在本机构资源的共享整合。

我国的机构库发展大多停滞在这个阶段，如香港科技大学图书馆机构库（HKUST）、图书馆情报学开放文库、中国预印本服务系统、奇迹文库等。机构库的数量和质量都没有达到共享的基本要求。

4.2 机构库间相互共享阶段（遵循 OAI 协议共享）

机构库发展到较为成熟的阶段，步入正轨。为了最大限度发挥机构库的作用，各机构库都有寻求相互共享的需求。这种共享，可以是库内容的共享，也可能是库构建及管理经验的共享。由于都为机构库，在遵循 OAI 协议的基础上，能较快达到这个共享阶段。

现在国外的机构库发展比较迅速，在美国，印度等国家，有许多遵循 OAI 协议共享的成功实例。如印度 Kharagpur 的理工中心学院，就利用 OAI 互操作协议，实现了中心学院和 7 个学院分校的共享。

4.3 与其他数字资源库的共享阶段（异构数据高度集成）

机构库间实现了共享，资源虽比较丰富，但仍有很多宝贵的资源在各机构库间是无法获取的，需要从其他数字资源库共享（如学科知识库，高校数字档案馆）。机构库要寻求新的发展空间，必须尝试实现与与其他数字资源库的共享。由于机构库和其他数字资源库在构建标准上有很多不同，共享的实现有一定难度，在技术上与标准上都会有很多难题需要解决，但在遵循 OAI

协议的基础上，这个共享阶段是可能达到的。

由于资源格式标准不统一，实现联合的共享有很多技术难关需要攻破。根据现今的资料，笔者未能找到成功的实例。仅有的也只是把其他资源库的资源转载到新建的机构库中。如美国马萨诸塞州的州立医学院，就尝试过将已有的图像资源数据库转载到机构库中，但对于技术实现细节，没有详细的说明。

4.4 全球共享联盟阶段（分布式高度集成共享）

随着web技术的发展，机构库的共享还必须整合因特网的宝贵资源，这样才能最终实现开放存取，实现最大意义上的共享，形成全球共享联盟。

作为机构库发展的终极目标，国外许多机构库大学团体，在孜孜不倦的探索着。如加拿大拉瓦尔大学在一个名为Archime`de的项目中，就提供了分布式高度集成共享的技术实现框架。里面使用了新的OAI-PMH2互操作协议，并提供了索引和搜索的框架（LIUS）及GPL许可协议，用于实现不同标准资源格式的互联网分布共享。其中涉及较多技术细节，有待进一步考证，但可以预计在不远的将来，全球共享联盟阶段的前景是光明的。

5 机构库共享模型构建

机构库的共享是一个系统的工程，机构库内容的搜集、录入、管理、共享利用必须坚持系统的观点，相互协调。同时机构库共享必须在可持续原则指导下，实现长期的可存取性。因此，笔者基于OAIS参考模型与OAI-PMH共享协议，搭建了机构库共享模型。

5.1 OAIS参考模型

1995年，在国际标准化组织（ISO）的请求下，美国国家航空和航天局的空间数据系统咨询委员会（Consultative Committee for Space Data Systems，CCSDS）开始开发一个旨在对数字资源的存取标准和长期保存规定概念和参考框架[8]。CCSDS的这一工作导致1999年5月开放档案信息系统（Open Archival Information system，OAIS）参考模型的雏形公布，这一参考模型针对数字信息的长期保存和维护的档案系统提供一个概念性的框架。OAIS参考模型提供了一个完整的档案信息保存功能，它包括摄入、档案存储、数据管理、存取和分发。

5.1.1 OAIS的环境　OAIS观点认为，一个OAIS是一个置身于生产者、用户和管理者之间的一个存档体系，如图4所示：

• 信息生产者：是指提供用于保存信息的人员或客户端系统。

生产者 —— OAIS(存储) —— 用户
　　　　　　　｜
　　　　　　管理者

图 4　OAIS 环境模型

- 管理者：是指那些制定数字档案馆系统全部政策的角色，它的唯一职责是通过制定政策控制档案的有效管理。管理者不参与日常档案业务操作，日常档案管理职责由数字档案馆系统中的管理功能实体完成。
- 用户：是指通过与数字档案馆服务交互，发现与获取对数字信息感兴趣的人员或客户端系统。

5.1.2　机构库功能模型　在 OAIS 的基础上，笔者提出了机构库功能模型，其中包括 6 个功能实体和 3 种信息包[10]（见图 5）。

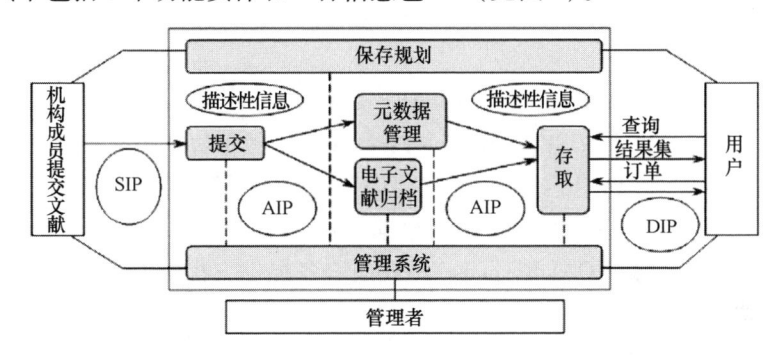

图 5　机构库功能图

提交功能：提交功能模块负责接收机构成员提交文献的信息包（SIP）。

元数据管理：元数据管理模块负责管理日常的数据长期存储的操作过程。

电子文献归档：电子文献归档模块负责将各种数据化信息存储在保存系统中。

系统管理：系统管理模块负责监控各个模块的运行。

保存规划：保存规划模块负责制定机构库功能模型的保存策略。

存取功能：存取模块具有负责允许用户检索所需信息的功能，同时附有权限认证与管理功能。

5.2　OAI-PMH 互操作框架

OAI-PMH 元数据收割协议（Open Archives Initiative Protocol for Metadata

Harvesting），是一种独立于应用的、能够提高资源共享范围和能力的互操作协议标准[11]。它具有操作容易、开放性、采用 XML 与 HTTP 等开放标准，相容性高等优点。

OAI-PMH 提供了一个基于元数据收获的与应用无关的互操作框架[12]，如图 6 所示：

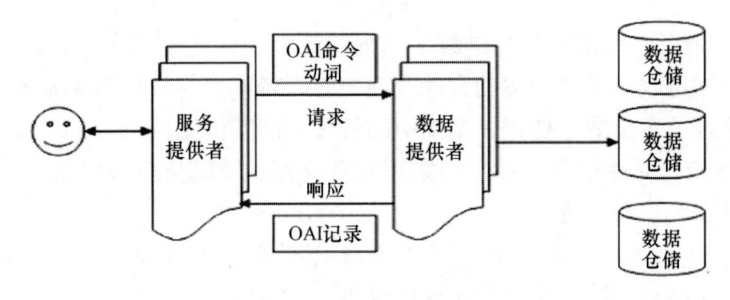

图 6　OAI-PMH 互操作框架

在 OAI 互操作框架中，OAI-PMH 定义了两个角色：数据提供方 DP（Data Provider）和服务提供方 SP（Service Provider）。数据提供方和服务提供方通过 OAI Request 和 OAI Response 来实现信息的传递。服务提供方通过 OAI Request 从数据提供方中获取元数据，数据提供方对来自服务提供方的 OAIRequest 做出响应，并以 OAI Response 格式向服务提供方提供元数据。一个服务提供方可从多个数据提供方处获取元数据，而一个数据提供方可向多个服务提供方提供元数据，数据提供方与服务提供方之间是多对多的关系。

在实际中，SP 与 DP 可以是不同机构，也可以属于同一机构，因为大多数机构既是服务提供者也是数据提供者。

5.3　基于 OAIS 与 OAI-PMH 的机构库共享模型

机构库的长期可存取是实现共享的基础，在充分了解机构库资源长期存取框架 OAIS 的基础上，结合 OAI-PMH 标准协议就可以实现机构库资源共享机制模型，如图 7 所示：

在机构库共享机制模型中，机构库之间构成了一个共享联盟，在遵循 OAIS 参考框架与 OAI-PMH 协议的前提下，实现了机构库之间资源的共享。当提交者将文件提交到机构库存储系统中时，系统以 SIP 形式提交内容信息，包括元数据信息与内容信息实体，在所提交的 SIP 得到确认后，管理者根据保存规划（存储内容开放期限、提交内容标准与政策等）对所确认的 SIP 进行存储，并赋予其相应的管理与描述性元数据进行存储与管理维护，然后通

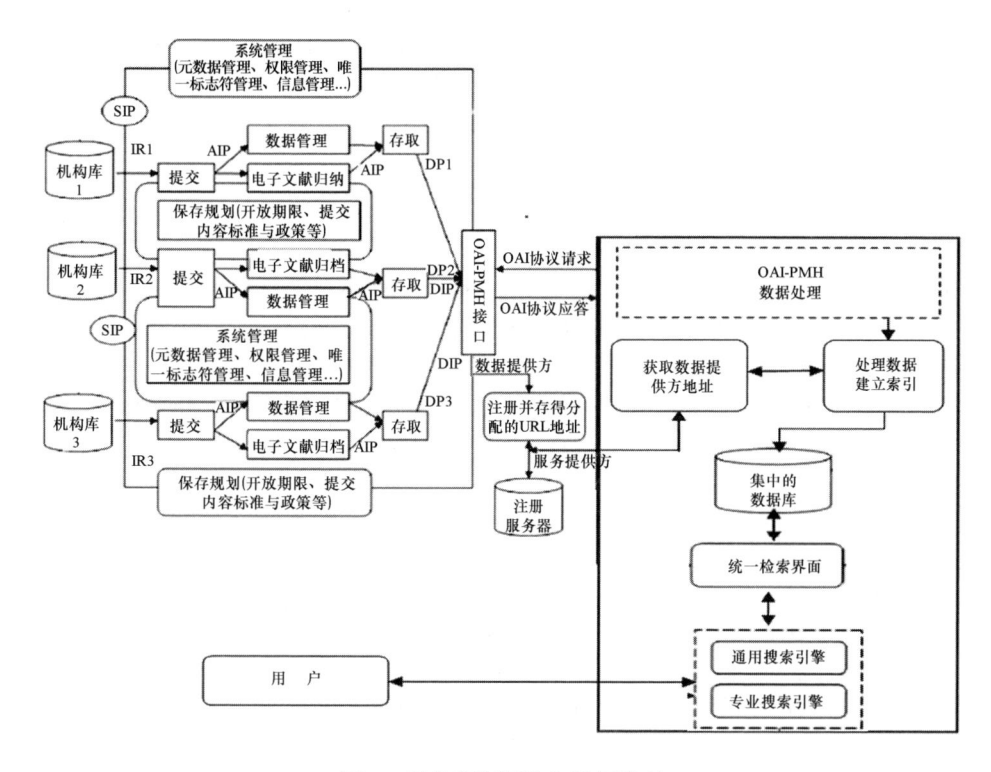

图7 机构库资源共享机制模型

过 DIP 根据用户查询指令响应结果集。每个机构库作为全球数字资源管理系统的重要组成部分，同时也是机构库共享技术标准接口 OAI-PMH 协议中的一个数据提供方（DP），当用户通过服务提供方（SP），例如 OAIster 等提供的统一检索界面发出搜索请求时，服务提供方的采集器将采集到的数据进行处理、重组，建立索引，将采集的已经处理好的数据存储到数据库，通过统一检索界面返馈给用户。

在基于 OAI-PMH 协议的机构库共享机制模型中，无论是作为数据提供方的机构库，还是作为服务提供方的搜索引擎，都必须通过注册服务器进行注册，机构库在注册成功并获得分配 URL 地址之后，才能发布元数据及响应回答服务提供方的请求，服务提供方在注册成功并获得分配的 URL 地址后，才能组织和管理元数据，只有这样才能真正实现机构库的资源共享。

5.4 共享模型前景展望

由共享机制模型可以看出，机构库之间的共享只是机构库共享的一个组成部分，对机构库来说，其所遵循的标准是其构成整个数字资源共享的重要平台，只要其他数字知识库与机构库之间在长期存取框架下通过遵循 OAI-PMH 协议实现元数据的互操作，就可以实现资源共通互联，真正形成共享的网络体系与网络联盟。

参考文献：

[1] Keith G Jeffery. Open Access：An Introduction. [2009 – 01 – 10]. http：//www.ercim.org/publication/Ercim_News/enw64/jeffery.html.

[2] 张俊玲. 机构库建设中存在的问题及对策. 湖湘论坛，2007(3)：60 – 61.

[3] Sally A. Rogers. Developing an Institutional Knowledge Bank at Ohio State University：From Concept to Action Plan. Libraries and Academy，2003，3(1)：125 – 136.

[4] Registry of Open Access Repositories（ROAR）. [2008 – 09 – 28]. http：//roar.eprints.org/.

[5] 裴雷. 信息资源共享实现与激励研究. 中国优秀博硕士学位论文全文数据库（硕士），2005(5)：33 – 40.

[6] 中国标准化协会. [2009 – 01 – 15]. http：//www.china-cas.org/chinese/index.php.

[7] 杨明选. 全面把握可持续发展观. 理论与改革，1996(3)：18 – 25.

[8] 李明娟. OAIS 参考模型与数字信息长期保存. 图书情报知识，2007(5)：65—69.

[9] 金更达. 基于 OAIS 的数字档案馆系统框架研. 浙江档案，2007(4)：38 – 45.

[10] 冯湘君. 浅析 OAIS 与数字档案馆元数据建设. 山西档案，2007(2)：18 – 21.

[11] 王蜀安，汪萌，张铭. 支持 OAI_PMH 的元数据互操作体系结构设计与实现. 计算机工程与应用，2003(20)：168 – 172.

[12] 王芳，王小丽. 基于 OAI 协议的数字档案馆元数据互操作问题研究. 现代图书情报技术，2007(3)：18 – 24.

作者简介

谢　琴，女，1984 年生，硕士研究生，发表论文 2 篇；

王　军，男，1985 年生，，硕士研究生，发表论文 3 篇；

赵伯兴，男，1954 年生，硕士生导师，发表论文 100 余篇。

公众议题知识库的多层本体设计[*]

张鹏翼　周妍　袁兴福

1　引言

近年来,以微博为代表的社会化媒体平台的出现,使得技术环境下产生的用户生成内容(UGC)达到前所未有的数量;这些平台除具有社交功能外,实现信息和知识共享仍是其非常重要的目的。用户使用社会化媒体的主要目的之一是对事件或者话题的跟进、讨论和参与,社会化媒体在公众事件的传播中发挥了重大作用。由于社会化媒体具有信息内容多样、更新和传播迅速等特点,用户对一些热点话题和公众事件的讨论内容,既能产生全面聚合的效应,也会出现冗余、失真和极化的效应。对这些公众事件和话题的内容和资源进行有效组织和过滤,使之有序化,形成知识库,一方面能方便普通用户从大量冗余信息中获得和共享知识,另一方面也利于政策制定者迅速了解事件发展动态,了解网民关注的动向,可以作为舆情分析、政策制定的基础和工具。

与传统知识组织的对象不同,社会化媒体用户既是知识对象(微博)的生产者,也是知识对象的需求者。对于公众事件和话题的知识组织和共享,一方面涉及到用户生成内容的分类、聚合、检索等传统信息组织的内容,需要对信息进行抽取、挖掘和结构化的描述,并发现知识元素间的关联;另一方面,社交媒体中形成的用户网络结构和特性本身,也对知识组织的方式产生新的要求。考虑到网络公众事件和话题在微博、社交网站、网络论坛等虚拟社区均有广泛传播,其内容形式五花八门,不能一概而论,本研究将范围限定于微博上的公众事件和话题的知识组织。本研究的目标是建立一个公众事件的知识库,将微博中有关特定公众议题的大量繁杂无序的信息内容进行过滤、抽取、组织和整序,从而为政策制定者和普通用户提供一个查询、理解、追踪公众事件与话题的工具。

---

[*] 本文系北京醒客工场资助项目"网络虚拟社区的知识组织与共享"(项目编号:XK201211001)研究成果之一。

2 国内外相关研究综述

2.1 用户生成内容的信息组织

对于虚拟社区中公众事件和话题的组织还处于起始阶段,国内外的研究以描述性研究为主,例如微博内容分类研究[1-2]。对用户生成内容的组织有一定难度,原因如下:①正式的知识表述体系诸如分类或主题词表,编撰消耗的人力和资源成本很高,用户生成内容更新速度快,缺乏人力和资源的配合;②词表不适合描述与话题和事件相关的一个重要元素:时间。③词表不描述公众发展中起重要作用的参与者,即议题中涉及的人、机构及他们相互之间的互动关系。

因此,传统的分类和主题词表作为正式的知识描述系统,并不适用于虚拟社区用户生成的内容,特别是与话题和事件有关的快速更新的微博内容。由用户添加标签形成的大众分类法则在分类这些内容上十分实用,但系统性和规范性不足[3]。在网络知识组织系统中,本体被广泛用作事件建模的工具[4-5]。本体提供了描述复杂关系的语义,很多本体建模工具还提供推理机制。这些知识组织体系都为本文提出的多层本体设计提供了有益的参考。

2.2 本体构建方法与步骤

从本体构建的步骤来看,国外比较通用的本体构建方法主要包括 IDEF5 法、骨架法、TOVE 法、METHONTOLOGY 法、KACTUS 法、SENSUS 法、七步法、循环获取法和五步循环法等几种方法[6]。其中,七步法是基于本体开发工具 Protégé 的本体开发方法,较为实用,具体包括确定范畴、考虑复用、列举术语、定义类和层次、定义属性、定义约束、创建实例 7 个步骤。国内相关研究大多集中在对国外本体构建方法的综述和引介上,少部分研究尝试在借鉴、糅合国外方法的基础上提出新的本体构建方法,如有学者提出了本体构建的"五化"方法,即文本化、结构化、形式化、公理化和一致化[7]。

从本体构建的自动化程度来看,本体构建方法可分为两类:①在领域专家的帮助下用本体描述语言将本体描述出来,用手工方式构建本体;②从结构化的数据或文本中抽取领域本体,采用自动化或半自动化的方法来构建本体。有研究指出,目前比较理想的本体构建方法是专家自顶向下和机器学习自底向上相结合的半自动本体构建方式[8]。

2.3 领域本体设计

目前,学者构建的领域本体涉及诸多学科和应用领域,主要包括电子政务、科技创新、情报检索、数字图书馆、历史、地理、农业、航天航空等领域。这些研究大多是以 Protégé 作为本体编辑工具，借鉴相应的本体构建方法，来探讨基于本体理论的特定领域知识本体设计准则、构建方法以及可视化等问题。笔者通过对比提炼出具有代表性的有关领域本体涉及的几个通用类，见表1。

表1 部分领域本体涉及的通用类

维度	情报检索学科知识本体[9]	政府信息领域本体[10]	科技创新知识库[11]	古农书本体[12]	东北抗战史本体[13]
主题	情报检索主题 情报检索理论		创新概念 创新产品	知识元类（农书描述的内容主题）	
事件	工作和考试	事件（会议、领导活动）	产品发布 论文发表 专利申请		事件
文档	学术论著	信息资源	新闻报道 学术论著 专利	农书 研究论著	文件
人员	专家学者	人物	人员	人物	人物
机构	学术机构	组织机构	机构		组织机构
地点		地点		地点	
时间		时间		时间	

本文为构建公众事件领域本体，借鉴前述若干领域本体类和属性的设计，设立除时间外的6个通用一级类：话题（主题）、事件、微博（文档）、人员、机构、地理位置。

3 公众事件本体设计方法

公众议题知识库本体结构设计包含4个阶段：需求分析、本体建模、本体实施和本体验证。

3.1 需求分析

我们首先通过调研识别公众议题领域（包括公众事件和公众话题）的关键问题，对其进行分解，提炼出实体类型和关系类型。公众事件中涉及的实体和关系具有一些重要的特征，对本体设计提出相应要求，主要包括：

● 参与议题的实体种类较多，如人员、机构、地理位置等；这些实体又可能被进一步细分，如"苹果唯冠商标权纠纷"事件中涉及的机构类型包括企业、司法部门、工商部门、金融机构等。此外，微博的发布者，有时也是直接参与事件的实体（人员或机构）。本体需要具有容纳各种各样相关实体的能力。

- 与事件相关的实体和关系具有时效性，议题、参与者和关系存在于特定的时间。本体需要描述时间维度，以支持对事件发展过程的表示和分析。
- 对每一个实体和关系，都有大量微博文本为其提供丰富的描述和评论。这些文本经过处理整合，可以提供揭示流行度和趋势的定量数据。知识库有必要将这些基础性的微博文本也包含在内。
- "背景"、"目的"等一级类目在概念上与事件、话题均有紧密联系，但由于本知识库采用半自动方法构建，而"背景"、"目的"等在微博短文本条件下，自动获取非常困难，故而未设置。

本体设计的整体要求是在支持上述分析的同时，逻辑模型应尽量简明。

3.2 本体建模

需求明确后，笔者按以下步骤对公众事件和话题进行本体建模。

3.2.1 确定范畴 划定公众事件本体的范畴，明确要如何描述一个公众事件以及描述到何种程度，希望能够建立一个通用本体，用以描述一个公众事件的发生时间与地点、涉及到的人、物、机构及其相互之间的关系以及该公众事件所对应的微博与反映的话题。

3.2.2 考虑复用 笔者考察的本体包括 DC 和 FOAF。DC 在描述资源的基本情况方面的语义信息时具有很广泛的适用性。例如，在描述事件基本情况时，事件名称、事件日期等属性就可以用 DC 中相应的元数据标准。FOAF 是人际关系本体，但由于其主要用于描述人与人之间相对稳定的社会网络关系，而本研究的公众事件本体更多地是反映人与人之间因事件而形成的相对动态的关系，所以该本体对本研究的借鉴作用较小。因此，笔者最终选择复用 DC 中相关的类和属性，同时利用 XML Schema、RDF Schema、OWL 等命名空间。所有复用的本体如表 2 所示：

表 2 复用本体

命名	值
xmlns：protege	"http：//protege.stanford.edu/plugins/owl/protege#"
xmlns：rdf	"http：//www.w3.org/1999/02/22-rdf-syntax-ns#"
xmlns：owl	"http：//www.w3.org/2002/07/owl#"
xmlns：xsd	"http：//www.w3.org/2001/XMLSchema#"
xmlns：rdfs	"http：//www.w3.org/2000/01/rdf-schema#"
xmlns：dc	"http：//purl.org/dc/elements/1.1/"

3.2.3 列举术语 确定本体中重要概念的具体表述词汇,可能需要参考一些主题词表或标准词表(例如机构名称、具体话题等)。

3.2.4 定义类和层次 设计合理的类层次结构。通过参考已有的领域本体构建文献以及对若干具体公众事件的分析归纳,笔者最终设定 6 个大类,并据此展开整个类层次结构。

3.2.5 定义属性 恰当地定义属性,以有效地反映类间关系。通过梳理公众事件描述视角以及希望达到的描述程度设置属性。

3.2.6 定义约束 对属性进行必要的约束限制,例如人的性别只能是"男"或"女",某一公众事件或某条微博至少涉及一个话题等。

3.2.7 创建实例 根据已经建立的概念模型创建具体实例,主要技术难点在于实例的批量导入,笔者采用 JENA 的开放接口实现。

3.3 本体实施

公众议题知识库总体框架见图 1。

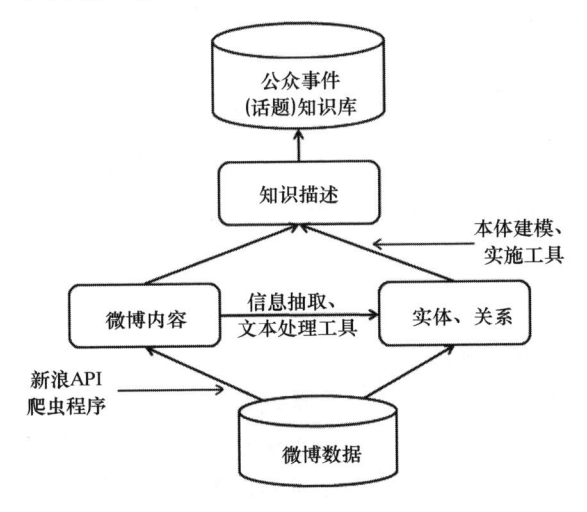

图 1 公众议题知识库总体框架

图 1 中主要的数据源为关于选定话题和事件的微博数据,通过新浪微博 API 和爬虫程序抓取微博内容。采用中国科学院信息抽取等文本处理工具分析微博内容,提取其中的实体和类型,通过共现分析抽取实体间关系,并使用本体建模和实施工具 Protégé(定义本体模式)和 Jena(批量定义实例和本体查询)进行本体构建、本体数据维护等。

作为创建知识库的第一步,笔者首先选取了 14 个有代表性的热点公众事件（或话题）。其中，8 个事件包括：韩寒方舟子论战、苹果唯冠商标权纠纷、莫言获诺贝尔文学奖、哈尔滨大桥坍塌、360 百度大战、电商大战、黄金大米试验、北京 721 暴雨；6 个话题包括：校车安全、新生代农民工、人大附中择校、太原富士康、香港国民教育、异地高考。对每个议题，笔者首先通过关键词搜索收集和处理提到相关关键词的微博，然后通过文本分析工具进行分析与人工审核和过滤相结合的方法，对实体和关系进行提取，最后通过 Protégé 和 Jena 进行本体模式定义和实例创建。

3.4 本体验证

对知识库本体的检验分为两个阶段：第一个阶段是检验基于本体设计的知识库是否可以提供比一般关系数据库更为丰富的查询和分析功能，这是通过系统性地检验知识库支持的查询和分析类型来完成的，用户不介入评测；第二个阶段是检验知识库这些类型的查询和分析对用户完成任务的效果（performance）是否有提升，这个阶段需要用户介入。

分阶段开展评估的好处是可以将知识库结构的评估和在此结构基础上提供的查询与分析的评测分开，便于分析系统各部分的效果。本文第 5 部分介绍的是第一个阶段的检验，而用户评测需要等系统功能和界面开发完成后才能进行。

4 公众议题知识库本体结构

本体分成三层：核心层——公众议题，扩展层——主要参与者（人员、机构、地理位置），支撑层——微博文档。分层结构设置的依据如下：①分层结构提供简明的逻辑模型，使核心、扩展和支撑层的实体和关系清晰有序；②不同层次存储的数据结构复杂度和精确度不同，例如支撑层的微博文档包含自动获取的大量微博内容等信息，而核心层与扩展层则包含自动提取但经过人工筛选的半自动方式提炼出的结构和内容，便于存储和扩充；③分层结构允许系统根据查询对准确性和全面性的要求，提供个性化的查询和分析结果。三层本体结构设计如图 2 所示：

4.1 核心层：公众议题

本层描述公众议题（即公众事件和公众话题）及其关系。先通过人工编码对选取出的有代表性的话题和事件进行关系抽取，选出出现频次较高且可以通过一定方法自动获取的关系类型。按关系的主体区分，本层的关系主要有三类：

4.1.1 公众事件间的关系　包括：①因果关系（一个公众事件由另一公

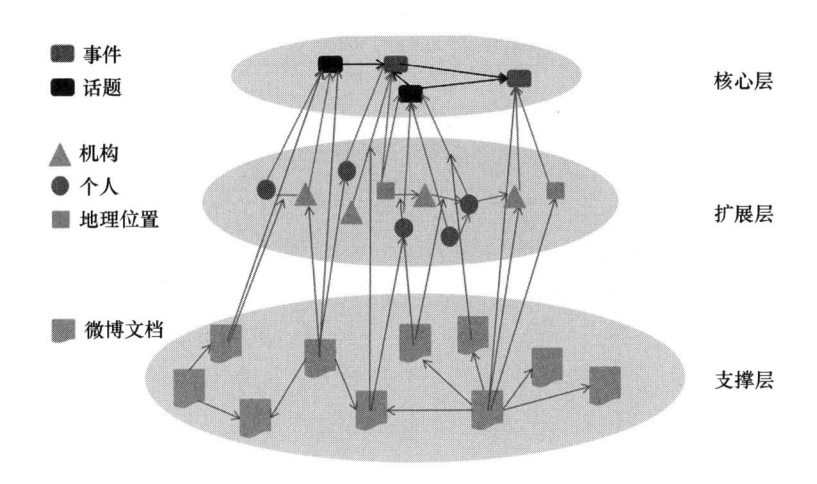

图2 公众议题知识库多层本体

众事件引起，如"中国红十字会信任危机"和"郭美美事件"）；②从属关系（一个公众事件是另一个公众事件中的子事件，如"范跑跑事件"和"汶川地震"）；③等同关系（两个公众事件的称谓不同，但所指的是同一事件，如"六中事件"和"怡安事件"）。

4.1.2 公众话题间的关系 包括：①从属关系（一个话题是另一个话题的子话题，如"新生代农民工的社会融入"和"新生代农民工"）；②等同关系（两个话题用词不同，但本质上是一个意思，如"新生代农民工"和"新生代产业工人"）。

4.1.3 公众话题和公众事件间的关系 公众事件可能引发公众话题（"三聚氰胺毒奶粉事件"和"食品安全"）、公众话题可能涉及公众事件（"学术造假"和"汪晖事件"）。

4.2 扩展层：议题中涉及的参与者与其互动关系

本层描述公众议题中人员和机构参与者的社会关系及地理位置情况。其中，"人员"类用于描述公众事件中涉及到的人以及参与讨论公众事件的微博用户，根据职业划分为4个子类：明星、记者、政府官员和平民。"机构"类用于描述公众事件中涉及到的机构，根据机构类型划分为5个子类：企业、银行、司法、行政和学校。"地点"类用于描述公众事件中涉及到的各种地点，根据级别大小划分为7个子类：洲、国家、州、地区、省、市和县。

按关系的主体区分，本层的关系主要有6类：①人与人之间的关系。该关系分为两种：一种是因具体事件而形成的相对动态的关系，其下包括对立，

（观点、立场、利益等）一致，合作三个子关系；另一种是相对稳定的社会网络关系，包括朋友、同学、同事、家人、上司、下属6个子关系。②人与机构之间的关系。该关系也分为两种：一种是因具体事件而形成的相对动态的关系，其下包括对立，（观点、立场、利益等）一致，合作三个子关系；另一种是相对稳定的工作单位关系。③人与地点之间的关系。用以表示人的居住地或参与某事件时所处的位置。④机构与机构之间的关系。该关系分为两种：一种是机构与机构之间因具体事件而形成的相对动态的关系，其下包括对立，（观点、立场、利益等）一致，合作三个子关系；另一种是相对稳定的关系，包括上级、下级、子公司、母公司4个子关系。⑤机构与地点之间的关系：用以表示机构的地理位置。⑥地点与地点之间的关系：表示行政区划的上下级、相邻等关系。

4.3 支撑层：反映议题和参与者的微博内容

本层主要包含微博类，用以存储微博内容等信息。本层有三类主要的关系：①微博的发布及传播情况。包括微博创建者、转发者、评论者等。②微博提及核心层的事件，话题以及相关的参与者（人员、机构、地理位置）。③微博与作者（机构和人员）的关系。

4.4 Protégé 建模

笔者使用 Protégé[14]作为数据建模和本体编辑的工具。基于多层本体设计产生了6个顶级类：事件、话题、人、机构、地理位置和微博。对每一类设置子类和属性，其中子类的属性既可以是自身独有的，也可以是从父类处继承的。图3展示了这6个顶级类及其子类。

5 本体支持的查询与分析

5.1 关联查询和分析

关联查询和分析通过 SPARQL 提供的语义查询来实现，可以揭示话题、事件及实体间的关联，为用户分析提供依据。为方便处理实体间的关联，笔者增加了一个类 co-occurrence，描述实体间的共现关系及其范围和强度。

5.1.1 话题与参与者的关联　话题（事件）与其涉及的人员之间的关联。查询"在人大附中择校话题中，出现频次最高的10个人"，通过 SPARQL 进行如下查询（为节省篇幅，后面查询中 prefix 已省略）：

prefixrdf：< http：//www.w3.org/1999/02/22-rdf-syntax-ns# >
prefix dc：< http：//purl.org/dc/elements/1.1/ >

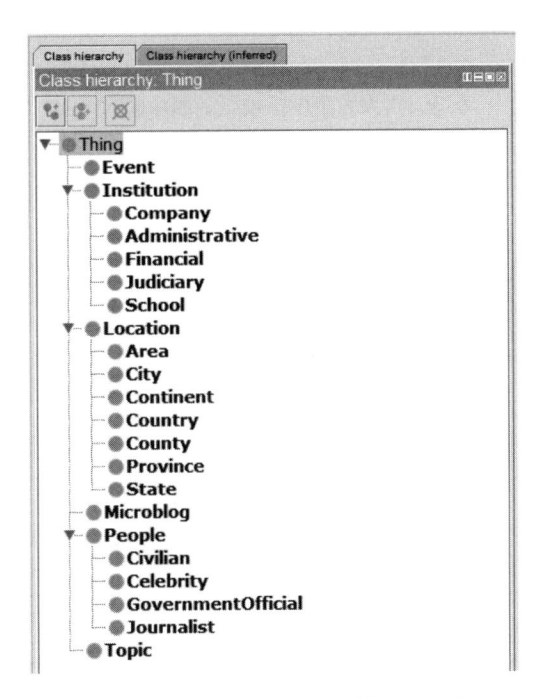

```
Class hierarchy | Class hierarchy (inferred)
Class hierarchy: Thing
▼ ● Thing
    ● Event
    ▼ ● Institution
        ● Company
        ● Administrative
        ● Financial
        ● Judiciary
        ● School
    ▼ ● Location
        ● Area
        ● City
        ● Continent
        ● Country
        ● County
        ● Province
        ● State
    ● Microblog
    ▼ ● People
        ● Civilian
        ● Celebrity
        ● GovernmentOfficial
        ● Journalist
    ● Topic
```

图3 公共事件（话题）本体涉及的类

prefix et：<http：//example.org/eventontology.owl>
SELECT ? freq ? name ? intro
WHERE {? p rdf：type et：Person .
    ? p et：name ? name .
    ? p et：intro ? intro .
    ? p et：appear_ in ? coocurence .
    ? topic et：appear_ in ? coocurence .
    FILTER regex（? topic,"人大附中择校"）
    ? cooc77urence et：strength ? freq .}
ORDER BYDESC（? freq）
LIMIT 10

查询的结果见表3。

其中，不带@符的是微博中被提及的人，带@符号的是参与讨论的微博用户。如表3所示，提到最多的是"杨东平"和"刘彭芝"，分别为教育学者和人大附中在任校长；而参与话题讨论最多的人分别是@杨东平、@落魄书生周筱赟、@松松爸爸等一些学者、时事评论员、编辑等，其中也有两名非认证的用户。

表3 "人大附中择校"话题中的人员

频次（freq）	名称（name）	介绍（intro）
311	@杨东平	21世纪教育研究院院长、北京理工大学教育研究院教授
225	刘彭芝	人民大学附属中学第九任校长
195	@落魄书生周筱赟	知名时事评论员
86	@松松老爸	《家庭》期刊集团《孩子》杂志小学亲子版编辑 严凯
86	@张鸿	微博非认证用户
80	@光远看经济	经济学者、北京市政协委员
78	杨东平	21世纪教育研究院院长、北京理工大学教育研究院教授
22	@胡建波	西安欧亚学院董事长、院长
22	@素食蓝袋鼠	微博非认证用户
19	@才让多吉	公益人士、新浪微公益爱心团成员

5.1.2 参与者之间的关联 机构与机构之间的关联。例如在"奇虎360百度大战"事件中，相互关联（共现频次）最强的5对机构是哪些?"本查询的SPARQL语句为（前缀同上，已省略）：

SELECT ? name1 ? name2 ? freq
WHERE {? org1 rdf: type et: Institution .
 ? org2 rdf: type et: Institution .
 ? org1 et: name ? name1 .
 ? org2 et: name ? name2 .
 ? org1 et: appear_ in ? coocurence .
 ? org2 et: appear_ in ? coocurence .
 ? coocurence et: strength ? freq .
 ? coocurence et: event ? event .
 ? event dc: title ? eventtitle .
 FILTER regex (? eventtitle, "奇虎360百度大战")}
ORDER BYDESC (? freq)
LIMIT 5

查询的结果如表4所示：

表4 "奇虎360百度大战"事件中关联最强的机构

机构1（org1）	机构2（org2）	共现频次（freq）
奇虎	谷歌	2 136
@百度	@360搜索官方	552
奇虎	百度	530
亚马逊中国	京东	399
奇虎	@数据挖掘与数据分析	325

在"奇虎360百度大战"中，共现频次最多的两个机构是"谷歌"和"奇虎"，分别是"百度"的两大竞争对手。频次第二高的是百度和360的官方微博（@百度、@360搜索官方），是交战双发在微博上的官方发言人。第3位是"奇虎"和"百度"，交战双方。亚马逊和京东列在第4位，由于他们存在与百度和奇虎近似的竞争关系。第5位是"@数据挖掘与数据分析"与奇虎，可推断这个微博账号发布了提到奇虎的重要微博并得到广泛转发。

5.2 范围查询和分析

5.2.1 地理范围 通过查询某一议题涉及的实体，可以揭示事件涉及参与事件讨论的人员和机构的范围。查询某一议题涉及的地理位置，可以揭示话题的地理范围。例如，下面的SPARQL查询所有与"校车安全"话题相关的地理位置及其频次：

SELECT ？name，？freq
WHERE ｛？l rdf：type et：Location．
　　　　？l et：name ？name．
　　　　？l et：appear_ in ？coocurence．
　　　　？topic et：appear_ in ？coocurence．
　　　　FILTER regex（？topic，"校车安全"）
　　　　？coocurence et：strength ？freq．
　　　　FILTER（？freq >20）｝

再利用一个SPARQL语句查出这个结果中两两地理位置之间的共现关系强度，并用可视化软件NodeXL作图，结果见图4。

上图中所示的地理位置，均发生过与"校车安全"话题相关的事件或在与"校车安全"相关的话题讨论中被提及。例如，甘肃、江苏、广东等地都发生过影响较为恶劣的校车事故，美国、日本、欧洲等常作为有关校车讨论的对比对象，中国政府曾向马其顿赠送校车等。联系的强度为两个地点在知

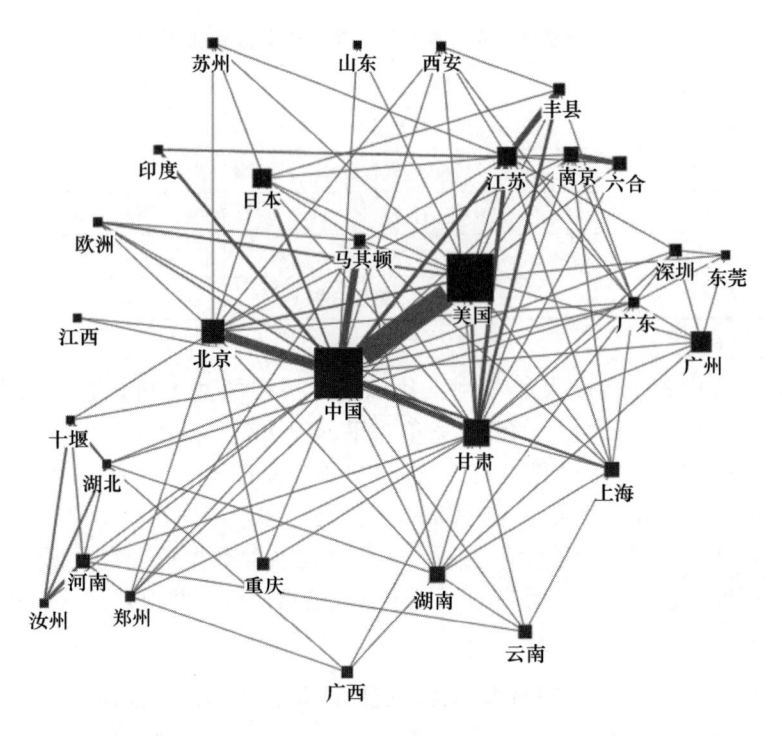

图4 "校车安全"话题涉及的地理位置

识库中这一话题上共同出现的频次。

5.2.2 实体范围 通过查询某一议题中涉及的人员和机构，可以对议题的概况有一个直观的认识。例如，在"奇虎360百度大战"事件中，通过类似上例的SPARQL查询（把地理位置限定为人员和机构），可以得到该事件涉及的所有人员和机构以及他们的共现关系，根据所得的查询结果利用NodeXL作图，结果如图5所示：

在图5中，机构以三角形标示，人员以圆形标示。突出显示的黑色实心实体为奇虎360的人员或下属机构，黑色空心实体为百度的人员或下属机构。由上图不仅可以看出"奇虎360百度大战"的主要参与者，更能看出在微博平台上，奇虎360的攻势和运营处于优势（8机构1人员，而百度只有3机构1人员）。

通过类似的查询方法，在"苹果唯冠商标权纠纷"事件中，查询出所有高频人员、机构、产品、地点，并用NodeXL作图，结果如图6所示：

在图6中，机构之间的关系既展示了苹果与唯冠以及其他公司之间的诉讼关系，也展示了各司法机构的受理关系以及各经销商的销售、下架等情况，

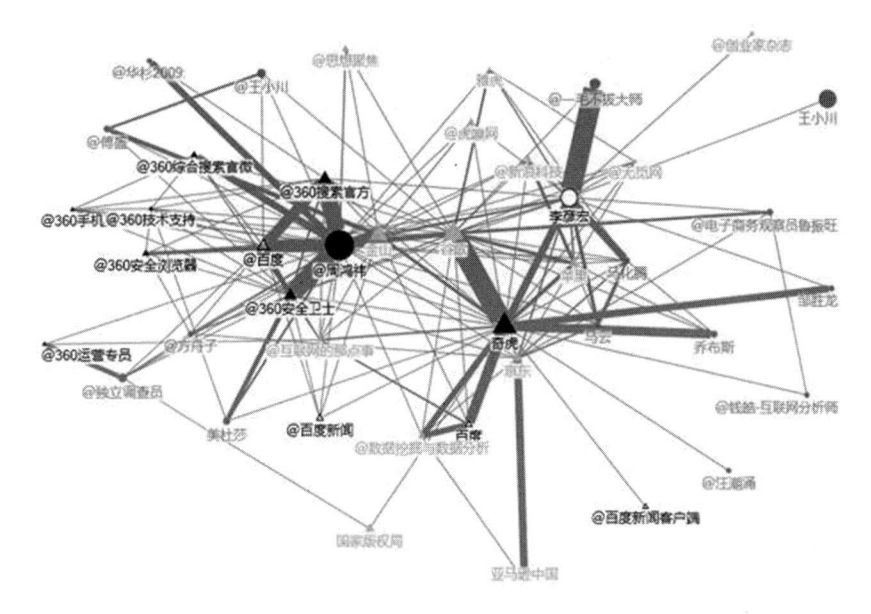

图5 "奇虎360百度大战"事件中涉及的人员和机构范围

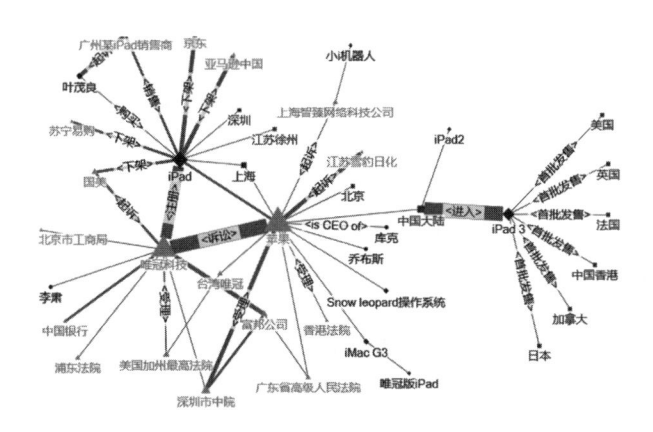

图6 "苹果唯冠商标权纠纷"实体关系

同时也展示了机构与本事件相关的人员、事件发生的地点、涉及到的产品等丰富的关系。

5.3 趋势查询和分析

了解公众热点议题的变化趋势对于把握事件发展尤为重要，本文的本体设计可以作为趋势分析的基础，此本体的一个重要特性就是引入了时间维度。每一个公众事件和话题及其涉及的人员、机构、关系和微博文档都有时间戳。

这样的数据结构使得很容易按事件和时间聚合数据形成趋势。例如，图 7 和图 8 展示了"苹果唯冠产权纠纷"事件，多机构在不同时间段出现的频次变化情况。

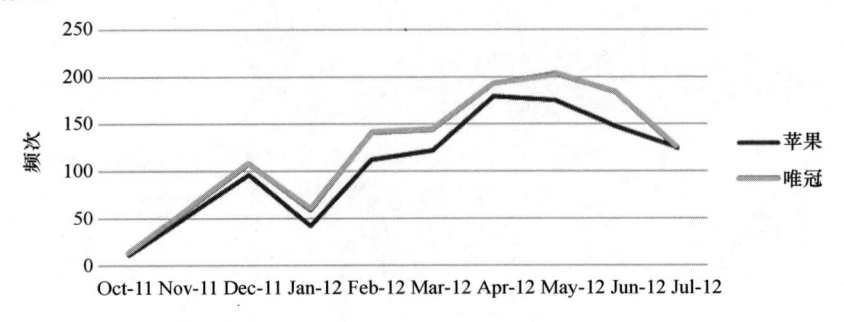

图 7　苹果、唯冠频次变化趋势

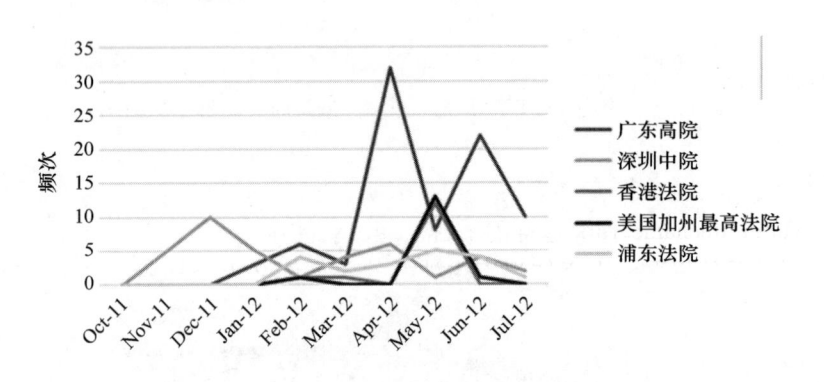

图 8　各法院频次变化趋势

从图 7 的苹果、唯冠频次变化趋势中可以看出，苹果与唯冠出现的频次变化趋势基本一致，并反映了整个纠纷中多个事件在 2011 年 10 月至 2012 年 7 月间的频次变化。

从图 8 中各法院的频次变化来看，前期（2011 年底和 2012 年初）出现频次最高的是"深圳中院"，而 2012 年 2 月以后，出现频次最高的是"广东高院"，由此可反映出纠纷的调节和判决主体的变化。香港法院和美国加州最高法院的出现趋势类似，在 2012 年 5 月被提及次数最高，是由于唯冠在美国加州和中国香港诉苹果侵权的诉讼在 2012 年 5 月分别被上述法院所驳回。

6 结语

本文详细介绍了以社会媒体为数据源的公众议题知识库的多层本体结构设计,用以描述公众事件、话题以及参与者之间的复杂关系。本知识库本体分为核心层(公众事件与话题),扩展层(人员、机构和地理位置)和支撑层(微博文档)。当用户关注某一事件时,其涉及的话题是核心;涉及和参与的人员、机构和地理位置是对这一核心的扩展,有利于帮助用户迅速地了解事态发展的重点,把握其中的关系;而当用户想查询有关某关系或某实体的具体微博内容时,支撑层提供了丰富的数据支撑。多层本体设计将微博中有关特定公众议题的大量繁杂无序的信息内容进行过滤、抽取、组织和整序后提取知识单元,分层存放,有利于提高知识库的查询和使用效率。上一节中的查询和分析实例展示了此知识库支持的部分查询和分析功能,可以作为查询、理解、追踪公众事件及话题的有效工具。

在知识库本体的设计和实施过程中面临的核心技术问题有两个:①半自动化批量创建实例,目前采用自动实体抽取与人工审核相结合的方式。由于热点事件、话题层出不穷,知识库想要以较快速度增长,人工审核可能会成为实施过程中的瓶颈,因此笔者计划尝试采用众包(crowdsourcing)方法,在例如 Amazon Mechanic Turk 这样的平台上通过众包方式来实现知识库的可持续增长。②关系的提取,由于知识库中涉及的关系语义十分复杂,关系的提取较之实体的提取更为困难,加之微博非正式语言的特点,一般以新闻文本为训练集的关系抽取工具很难满足要求;目前笔者利用共现词频作为关系强度的一项指标,这一指标有一定局限性,不能反映本体模型中提到的诸如机构间"竞争"、"合作"等丰富的语义关系。关系的提取将是下阶段本知识库研究的重点。

参考文献:

[1] Westman S, Freund L. Information interaction in 140 characters or less:Genres on Twitter[C]//Proceedings of the Third Symposium on Information Interaction in Context,2010. New York:ACM Press,2010:323 - 328.

[2] 吴胜,苏琴. 微博网站信息分类模式研究[J]. 图书情报工作网刊,2011(11):54 - 57.

[3] 王知津,肖洪. 网络信息组织对传统信息组织的借鉴[J]. 图书馆工作与研究,2003(4):2 - 7.

[4] Fonseca F. The double role of ontologies in information science research[J]. Journal of the American Society for Information Science and Technology,2007,58(6):786 - 793.

[5] 王军,张丽.网络知识组织系统的现状和发展趋势[J].中国图书馆学报,2008,34(1):65-69.
[6] 尚新丽.国外本体构建方法比较分析[J].图书情报工作,2012,56(4):116-118.
[7] 孙茂圣.面向领域知识库的"五化"本体创建[J].微计算机信息,2006,22(12-3):268-269,210.
[8] 何琳,杜慧平,侯汉清.领域本体的半自动构建方法研究[J].图书馆理论与实践,2007(5):26-27,38.
[9] 夏立新,韩永青,张进,基于本体的情报检索学科知识组织体系构建[J].现代图书情报技术,2008(12):80-85.
[10] 耿瑞利,政府信息领域本体的构建研究[J].图书馆学研究,2010(11):65-69.
[11] Zhang Pengyi, Qu Yan, Huang Chen. Designing a multi-layered ontology for the science and technology innovation concept knowledge-base[C]//Proceeding of the 44th Hawaii International Conference on System Sciences. Washington, DC: IEEE Computer Society, 2011:1-10.
[12] 何琳,杜慧平,侯汉清.古农书本体的构建及其可视化[J].图书馆杂志,2007,26(10):45-49.
[13] 吴丽杰.基于本体的特色数据库知识组织研究[J].图书馆学刊,2012(3):41-43.
[14] Noy N F, Fergerson R W, Musen M A. The knowledge model of Protégé-2000: Combining interoperability and flexibility[C]//Proceedings of the 12th European Workshop on Knowledge Acquisition, Modeling and Management. Berlin: Springer, 2000:17-32.

作者简介

张鹏翼,北京大学信息管理系讲师,E-mail:pengyi@pku.edu.cn;周妍,北京大学信息管理系硕士研究生;袁兴福,北京大学信息管理系硕士研究生。

分类主题词表的计算机自动编制

——兼论用于自动分类的知识库的改进

顾 颖[1] 何 琳[2]

[1]南京医科大学图书馆 南京 210029 [2]南京农业大学信息科学技术学院 南京 210095

20世纪70年代出现的新型情报检索语言——分类主题词表作为一种传统的知识组织系统,在文献信息的手工标引时代做出了卓越的贡献。它使得分类标引和主题标引能够同时进行,降低了文献标引的难度和成本,提高了文献标引的质量和效率,曾被图书情报机构广泛应用于信息资源的组织。然而,随着计算机和网络技术的发展,这种分类主题词表的不足之处日益明显,无论是编制和修订的方式,还是词汇规范控制与语义标注的模式,都已不再适应于日新月异的网络信息环境。20世纪90年代以来分类主题词表的计算机自动编制,变革了传统分类主题词表的存在形式,利用计算机与情报语言学技术成功实现了信息自动分类、标引和概念检索,使分类主题词表这种传统的知识组织工具在网络环境下焕发出新的活力。

南京农业大学信息管理系开发的知识库即是这样一种新型的知识组织系统。其原理是通过对文献数据库中存在的大量人工标引记录进行加工整理,构建出分类号与主题词(或关键词)的双向对照数据库(机编分类主题词表),用以实现信息的自动标引和自动分类。图1显示了知识库的整体结构,图2显示了知识库的系统处理流程。目前,知识库系统已经比较成功地应用于网页和期刊论文的自动分类。侯汉清、仲云云、刘竟等[1-3]对系统进行过多次测试,分类标引(深层次多级标引)与人工标引相符度达到70%以上。

本文讨论以机编分类主题词表为主体的知识库相对于传统分类主题词表《中国分类主题词表》(简称"《中分表》")的优势所在,针对知识库的不足之处提出改进方案,并对改进方案进行测评,最后提出以知识库为基础编制新一代《中分表》。

1 两种分类主题词表编制模式——知识库与《中分表》的比较

分类主题一体化词表有两种编制模式:一种是手工编制模式,以《中分

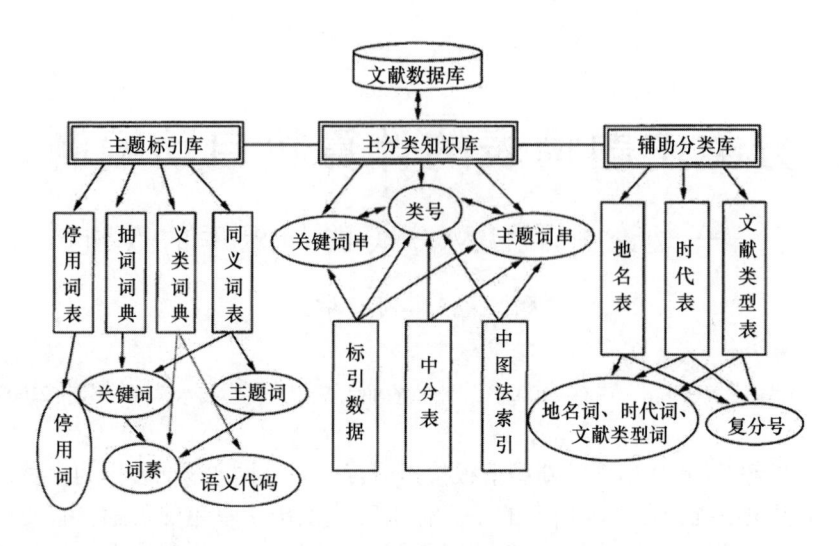

图 1 知识库的结构[4]

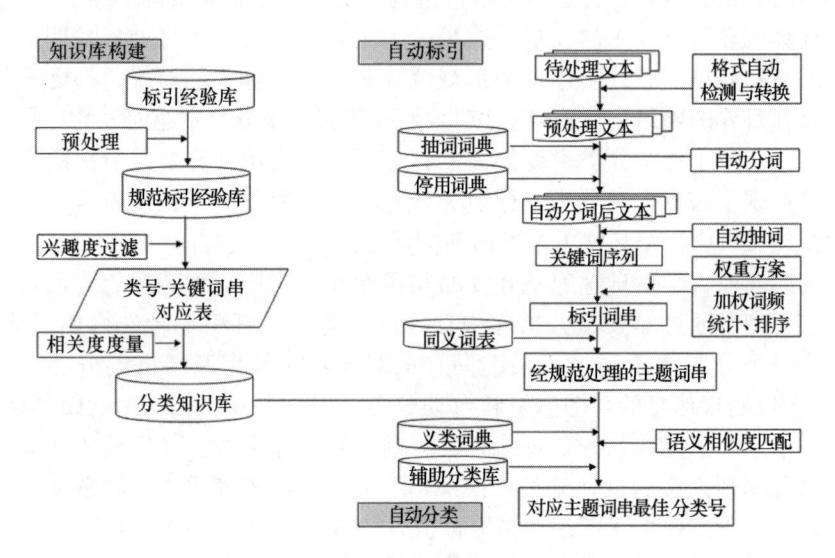

图 2 知识库的系统处理流程

表》为典型代表,另一种是用计算机自动编制一体化词表的模式。

《中分表》编制于 1986 – 1994 年,它最初采用手工方法编制,即由编表人员冥思苦想、分析揣测《中图法》每个类目的含义,然后用《汉语主题词表》(以下简称"《汉表》")中的主题词对应标引;在手工对应标引完成以后,为了保证全部主题词都实现与分类号的对应,还必须将《汉表》各大小范畴中未曾对应标引过的主题词补入有关类目[5],即将《汉表》中的全部主题词以等值对应和近似对应(少数以靠词对应)标引的方式置于《中图法》的相应类目下,最终形成分类号–主题词(串)对应表和主题词–分类号对应表。2005年出版的《中分表》第二版(即电子版),采用人工修订加计算机辅助技术,但其知识组织形式仍不免带有印刷时代的烙印。

  知识库的编制模式则类似于网络信息的分众分类,接近于一种社会化标引方式,是通过聚合众多用户的标引记录信息而实现的。国内大多数图书馆、情报机构和信息中心所拥有的文献数据库中存在着大量的人工标引记录,这些记录中包含分类标引和主题标引(主题词串或关键词串)双重数据[4];依据分类检索语言、主题检索语言和自然语言三者之间的兼容互换原理,利用计算机自然语言处理技术对这些标引数据进行有效处理,就可以挖掘出分类号、关键词和主题词三者之间隐含的概念关系,构建出一种用于自动分类的对照数据库,其中包括分类号与主题词(或主题词词串)、分类号与关键词(或关键词词串)的双向对应数据[6]。知识库中分类号与主题词、关键词(词串)对照数据举例如下:

  F832.1 金融 宏观调控 改革 中国
  G250.7 公共图书馆 信息服务 网络化
  G250.7 图书馆工作 信息资源 互联网络 资源管理
  S567.1 形态习性 栽培技术 枸杞
  R532.3 磁共振诊断 肝包虫囊肿 肝包虫病
  与《中分表》相比,知识库具有以下优点:

  《中分表》揭示的是分类号与主题词串的对应关系,属于受控语言,自然语言入口较少,即便第二版在修订时新增了很多入口词,仍与实际要求存在差距,用户使用不便。知识库揭示的是分类号与主题词(或词串)、分类号与关键词(或词串)、主题词与关键词之间的对应关系,以关键词和关键词词串为主,词汇更新快,便于用户检索。

  《中分表》规模偏小,第二版对应款目总数为20.6万[7],平均一个类目对应近4个词或词串,类目对应标引深度低,无法满足自动分类标引的需要。知识库中分类号与关键词词串对应表的规模远远大于《中分表》,对应款目总数,压缩前对照库达200余万条,压缩后对照库仍有百万余条,平均一个类目对应近40个词或词串,最多的能对应几百个词(或词串)。类目对应标引深度高,对照数据库规模大,便于自动分类时的相符性比较和相似度计算。

  《中分表》对应标引依靠编表人员的个人经验或人为联想,缺乏文献保障，造成相当一部分对应款目冗余空设。知识库自动生成的对应标引款目直接来源于文献数据库，每一条记录都是一个标引实例，故而具有良好的文献保障，能够有效消除冗余。

《中分表》主要由人工编制和修订，旷日持久，第一版从研制到出版经历了8年时间，第二版从修订到出版也经历了6年时间，更新周期长，修订成本高；大量新词、新主题、新类目不能及时收录，词汇更新严重滞后。知识库采用计算机技术自动编制，几个月内即可完成编制或修订，可扩充性强，更新快捷，能够及时反映各时期出现的新主题、新概念。

2 知识库存在的问题

当然，知识库在编制过程中尚存在一些问题，需要进一步改进。

2.1 分类号与关键词串存在错误对应

通过聚合用户标引记录而产生的原始的分类号–词（串）对照数据库中，分类号与关键词串之间存在着一对多、多对一、多对多的关系。编制程序通过算法处理，消除多对一与多对多关系，为每一词串确定一个唯一的分类号。其中，分类号与词串的共现频次是筛选过滤数据的一项重要指标，共现频次越高，表示越多的标引员认可该分类号和词串之间的对应关系。但一些分类号与词串的错误对应由于出现次数较多，成为漏网之鱼，这就造成知识库中分类号与主题词串的错误对应，影响自动分类标引结果。

2.2 词串中存在冗余词

人工标引记录中有相当一部分属于自由标引，词串中的关键词是标引员根据自身的理解自主选择和确定的，存在一定的主观性。知识库系统在构建过程中，已经筛除了一些半停用词和通用词如"问题、研究、发展、讨论、作用"等，但仍有部分关键词串所含词数过多，如医学类词串中所含关键词数最多的达到10个。部分标引词属于检索意义不大的通用词；部分标引词与词串中的其他标引词之间存在语义重复现象。这些冗余词的存在会降低匹配相似度，干扰匹配结果。

2.3 语义控制有待加强

同义词（准同义词）自动识别是知识库构建的关键技术，主题标引从关键词转向正式主题词，自动分类中词串相似度匹配以及概念检索都离不开同义词的识别。然而，知识库中以《同义词词林》为基础构建的义类词典只能胜任普通的汉语同义词识别，对于专业领域同义词的识别则显得有些力不从心，在一定程度上影响了匹配结果。

2.4 词串的词序未理顺

知识库系统根据关键词（串）所含词位置的不同，给其设置不同的权值，默认词串中第一个词与文献主题相关性最高，赋予的权值也最高，其后的关键词权值按词序递减。关键词的权重直接影响到标引词串与知识库词串的匹配相似度。原始标引记录中往往存在词序未理顺的现象，一些与类目概念相关性较高的关键词出现在词串后部，影响了词串的整体权重，最终导致匹配错误。

2.5 词串对应的类号过细

知识库中部分人工标引记录存在分类标引深度过深的问题，加上仿分和复分，有的分类号长达 10 余位。从网络环境下用户的检索习惯来看，使用主题检索者居多，类号的作用仅限于扩检和浏览，故而类目划分过细已失去必要性。同时，仿分、复分的多级应用，还会造成分类标引的混乱；由于计算机自动分类对文献分类标引的标准化和规范化要求较高，类目划分细、分类标引专指度过高会在一定程度上降低知识库系统的分准率。

上述问题存在的主要原因是目前用于自动分类的知识库系统比较粗糙，没有经过进一步加工，为使其成为能够广泛应用于中文文献信息标引的工具，必须对其进行进一步处理和人工审定。因此，笔者选择以医学类（R72 儿科）为试点，针对知识库存在的上述问题，对系统进行调整与改进。

3 知识库的改进方案

3.1 引入基于规则的分类

刘金红等认为，基于规则补充的分类方法对类别有较强的判断能力，能够很好地捕获规则与类目之间的关联模式，有效提升系统性能[8]。故而尝试在基于知识库人工标引经验的分类方法之外建立"强"分类规则，通过对现有知识库以及《中分表》的分析，针对常见的以及可能出现的分类号–词串对应错误，制订"强"分类规则，即词串中一旦出现某（几）个名词短语，则默认该词串分入某一固定类目。例如：词串中一旦出现"儿童 结核"字样，无论原有标引记录中分类号是什么，在建表过程中一律利用"强"规则将其分类号改为"R529.9"，则词串"R725.2 原发型肺结核 X 线诊断 儿童"被处理为"R529.9 原发型肺结核 X 线诊断 儿童"。

3.2 建立学科停用词表

停用词是指出现频率太高、没有太大检索意义的词。停用词处理是知识库自动切词分词过程中的一个重要步骤。然而，现有的通用停用词表不能有效地针对各学科进行停用词过滤。由于知识库系统规模较大，考虑标引与分类结果的准确性，知识库对文献信息采取按类别处理的原则，即每次读入一个大类的知识库对文献进行自动标引与自动分类。在这样的背景下，采用基于统计的自动学习方法从医学语料中统计出高频停用词，自动构建学科停用词表并辅以人工审核，能够有效过滤词串中一些检索意义不大的学科通用词，如"疾病、临床观察、救治体会、危险因素、生理现象"等。

3.3 构建学科同义词表

由于现有知识库义类词典对学科同义词的识别有所欠缺，应通过构建学科同义词表加强知识库对学科同义词的语义控制。《医药学名词与主题词（MeSH）对应表》[9]（以下简称"《对应表》"）中包含了大量的医学学科同义词，以其为基础构建医学学科同义词表，可以有效识别各种不规范的、不同语种的或英文缩写形式的学科名词，如"脚气病"（等同于维生素 B1 缺乏病）、"HIE"（等同于缺氧缺血性脑病）等；同时结合字面相似度计算，利用汉语同义词具有字面相似特征，通过计算两个不同语词包含相同词素的程度来确定二者是否构成同义关系，捕获大量具有字面相似特征、而《对应表》中却未曾出现的同义词（词组），如"冠状动脉病变"和"冠脉病变"等，对同义词表实施增补。采用上述方式构建的医学学科同义词表，应能够识别大部分医学学科同义词，有效提高系统性能。

3.4 引入类目归属度指标

在知识库中，一个分类号对应的类目概念由若干个关键词组配表达，其中每个关键词在表达类目概念时所处的地位和作用是不同的。何琳[10]等将关键词表达类目概念的能力定义为关键词对该类目概念的归属度，并通过文本统计方法（如 Dice 测度）对其进行计算，归属度越高，表示关键词表达该类目概念的能力越强，亦即与该类目概念的相关性越高。在编制知识库过程中引入归属度指标，可以定量测度某个关键词与某个分类号的相关程度，并按其数值大小调整词串中的关键词词序；必要时还可通过设定阈值的方式，过滤词串中与分类号相关度较低的关键词，有效减少词串中的冗余词数。如前所述，词串中的关键词词序和冗余词都会影响到知识库系统的分类结果，所以引入归属度指标是提升知识库系统性能的有效手段。

3.5 分类号级别控制

分类标引深度过高，会影响知识库的分类结果的准确率；分类标引深度过低，又会降低聚类和族性检索的优势。综合两方面因素，可考虑参照图书馆实际文献环境，统计近年来图书 MARC 中分类号的利用情况，在此基础上确定每个基本大类的最末类级层次，进而对知识库中的分类号级别进行算法控制，将划分过细和过长的类号对应到指定的上位类。如"R725.933.1 原发性免疫缺陷病 免疫缺陷综合征 发病情况 诊断"，该词串分入"R725.9 小儿全身性疾病"后又仿 R59 进行了复分，经以上方法控制后，处理为"R725.9 原发性免疫缺陷病 免疫缺陷综合征 发病情况 诊断"。该方法可以在一定程度上实现知识库中分类号的级别控制；同时，由于其基于实际文献环境，也避免了人工确定知识库类目级别的主观性。

4 改进效果测评

根据上文所提出的改进方案，笔者在原有 R72 儿科知识库的基础上构建了一个新的小型知识库，对本文所提出的知识库改进方案的有效性进行实验认证。

考虑到知识库的工作流程是先抽取关键词，再经主题标引形成词串，最后将词串与分类号–关键词串对应表进行相似性匹配，得出分类号，分类是系统工作的最后一个流程，其结果能够比较完全地体现系统的性能；同时相较于标引结果，分类结果有公认的评判标准，对其进行定量测评更方便也更具有说服力。所以，本实验通过对改进前后知识库系统自动分类结果的对比来评价改进方案的有效性。

本实验从重庆维普期刊数据库中随机下载了 200 条儿科类期刊论文标引数据，并对每条数据进行人工分类标引，确定一个分类号。再使用调整前的知识库（以下称知识库1）和调整后的知识库（以下称知识库2）分别对此 200 条标引数据实施自动分类标引。使用分得率、分准率以及 F1 测试值三个指标，参照人工分类结果，对两系统的自动分类结果进行测评。

4.1 分得率

分得率是有分类结果的记录数占全部参与测试的记录总数的比例，其计算公式为：分得率 = 实际分出的记录数/参与测试的记录总数。利用此公式对两个系统分类结果的分得率进行计算比较，如表1所示：

表1 分类结果分得率的比较

系统名称	分出记录总数（条）	测试记录总数（条）	分得率（%）
知识库1	162	200	81
知识库2	174	200	87

157

4.2 分准率

分准率是与人工分类结果相吻合的记录占实际分出记录数的比率。相较于自动分类标引，人工标引由于加入了人的智力判断，可信度较高；因此自动分类结果与人工分类结果越接近，认为自动分类的准确程度越高。分准率计算公式为：分准率＝分类正确的记录数/实际分出的记录数。

利用此公式，参照人工标引结果，对两个系统分类结果的正确性进行计算比较（见表2）。在对比时，将分类结果的相符分为三种情况：①正确，分类号完全相符；②基本正确：分类号前四级（包括四级）相同但不完全相符；③错误：其他相符情况。

表2 分类结果正确率的比较

系统名称	分出记录总数（条）	完全相符记录数（条）	基本相符记录数（条）	相符记录总数（条）	完全准确率（%）	基本准确率（%）
知识库1	162	84	28	112	51.8	69.1
知识库2	174	98	35	133	56.3	76.4

4.3 F1测试值

分得率和分准率反映了分类质量的两个不同方面，两者必须综合考虑，不可偏废。因此，存在一种新的评估指标——F1测试值，其计算公式为：F1测试值＝分得率＊分准率＊2/（分得率＋分准率）。一般认为，当F1的值达到75%以上时，分类结果比较理想。

利用此公式对两个系统分类结果的正确性进行计算比较，如表3所示：

表3 分类结果F1测试值的比较

系统名称	基本准确率（%）	分得率（%）	F1测试值（%）
知识库1	69.1	81	74.58
知识库2	76.4	87	81.36

从测试结果可以看出，知识库2的分得率比知识库1提高了6%；分准率比知识库1提高了7.3%；同时，F1测试值也从74.58%提高到81.36%，实现了质的进步。实验结果表明，改进方案能够有效提升原有知识库的系统性能。今后可以进一步扩大实验范围，实现改进方案在其他学科的推广，提高知识库的整体标引质量。

5　以知识库为基础,编制新一代《中分表》

计算机自动编制分类主题词表在效率、成本、更新、应用等方面均优于手工方式编制的词表,但准确性及严谨性则有所缺乏。本文提出的改进方案在收集语料、构建分类号与主题词、关键词(词串)对照数据库的基础上,进一步采用了机器处理及人工审定的办法,能够有效提升机编分类主题词表的性能和应用价值。可以此为基础,编制适应于网络环境的新一代《中分表》。新一代《中分表》的词表总规模预计在 5 – 6 万个类目、约 200 万条对应款目。与前两版《中分表》相比,增补了主题词,大大扩充了关键词,对应词(串)的数量得到大幅增加。为方便使用,可按照用户需求出版多种版本,包括手工标引版(现有《中分表》的扩充版)、自动标引版、专业版等多种版本。升级改造后的新一代《中分表》拥有丰富的词汇和语义关系,是一种基于概念语义网络的知识组织系统,易于更新、扩充和发展,而且适应性广,在进一步的研究中,还可应用于领域本体构建以及知识组织系统的互操作。

新一代《中分表》将突破传统知识组织工具的局限性,以新的面貌和新的功能应对数字时代的挑战,为网络环境中知识组织和信息开发利用发挥更大作用。

参考文献:

[1] 侯汉清,薛鹏军.基于知识库的网页自动标引和自动分类系统的设计[J].大学图书馆学报,2004(1):50 – 55.

[2] 仲云云,侯汉清,薛鹏军.网页自动标引方案的优选及标引性能的测评[J].情报科学,2002,20(10):1108 – 1110.

[3] 刘竟,朱书梅,侯汉清.网络环境信息标引的测评与比较研究[J].中国图书馆学报,2008(1):70 – 74.

[4] 侯汉清,薛春香.用于中文信息自动分类的《中图法》知识库的构建[J].中国图书馆学报,2005(5):82 – 86.

[5] 侯汉清.建立以《中国分类主题词表》为核心的检索语言兼容体系[J].北京图书馆馆刊,1998(4):35 – 39,90.

[6] 何琳,刘竟,侯汉清.基于《中图法》的多层自动分类影响因素分析[J].中国图书馆学报,2009(11):49 – 55.

[7] 侯汉清,李华.《中国分类主题词表》(第二版)评介[J].国家图书馆学刊,2006,15(2):15 – 20.

[8] 刘金红,陆余良,周新栋.一种辅以强规则学习的双层文本分类模型[J].计算机工

程,2007,33(8):165-167.

[9] 《国外科技资料目录-医药卫生》编辑部. 医药学名词与主题词(MeSH)对应表[M]. 北京:中国医学科学院医学信息研究所,2001.

[10] 何琳,侯汉清,白振田,等. 基于标引经验和机器学习相结合的多层自动分类[J]. 情报学报,2006,25(6):725-729.

作者简介

顾 颖,女,1980年生,馆员,硕士,发表论文10余篇。

何 琳,女,1980年生,副教授,博士,发表论文10余篇。

OAI 资源库更新频率的定量分析和同步模型的建立

翟中会　石　蕾

西安交通大学图书馆　西安 710061

1 引言

机构资源库（IR）的服务模式有中央集中式、分布式和收割式，其中以收割式服务模式应用最为广泛。收割式服务模式的原理是利用开放文档先导－元数据收割协议（OAI-PMH），从其他支持 OAI 协议的 OAI 资源库中收割元数据，对其进行加工后再提供给终端用户。其中，OAI 资源库可以叫做数据提供者，元数据的收割器叫做服务提供者。目前国内使用的 IR 收割式方法是各单位建立自己的 OAI 资源库，由管理中心收割这些数据，最终向用户提供统一的服务平台。这样的应用主要有中国科学院科技会议文献资源库、国家科技图书文献中心（NSTL）联合数据加工系统[1]、全国高校专题特色数据库、中国高等教育文献保障系统（CALIS）教学参考信息、高校学位论文系统[2]、CALIS 重点学科网络资源导航库[3] 等。其中，重点学科网络资源导航库要收割 48 个参建馆的本地 OAI 资源库数据，高校学位论文系统几乎要收割全国所有高校的硕博士论文数据。国外最大的联合目录 WorldCat 在 2010 年发布新式增强版 WorldCat 网关，更加方便了对各机构 OAI 知识库元数据的收割[4]。但是这么多的本地 OAI 资源库更新频率会有很大差异，如在高校学位论文系统中，各高校本地 OAI 资源库中的数据更新频率差别很大，规模较大的学校更新频率快而且数量大，相反规模较小的学校更新频率慢、数量少；重点学科网络资源导航项目中各单位本地 OAI 资源库更新频率差别更大。OAI 资源库更新频率对于收割器选择相应数据同步模型起着非常重要的作用。对各种 OAI 资源库更新频率进行定量分析，服务提供者才能确定采用哪种收割模型，进一步通过对收割模型的优化保证数据同步、降低网络流量和 OAI 资源库负荷。下面通过对 OAI 资源库更新频率进行定量分析，为服务提供者选择不同的收割模型提供科学依据。

本文通过定义一些变量，对 OAI 资源库更新频率进行了定量和定性分析，提出了 4 种评价更新频率的方法，根据更新频率的定量分析得出针对不同更新频率 OAI 资源库应该使用哪种收割模型。

2 OAI 资源库更新频率分析及确定方法

2.1 更新频率分析

为了更好地对 OAI 资源库更新频率进行分析，笔者定义了几个参数用于度量 OAI 资源库的更新频率。

OAI 资源库的更新状态：集合 $\{r_1, \cdots, r_n\}$ 表示分析的 M 个资源库。假定对每个资源库进行 n 次观察，每次观察的间隔是固定的时间。Δt 表示每个观察点的时间间隔，集合 $\{t_1, \cdots, t_n\}$ 表示观察时间，因此 $t_j = t_j + \Delta t$。对于任何 t_j，t_c 表示距离时间 t_j 最近的更新时间。

下面为资源库 r_i 在时间 t_i 的更新状态，用 S（r_i；t_i）表示，如果资源库发生了更新，更新状态为 0，否则为 1。

$$S(r_i; t_i) = \begin{cases} 1 & r_j \text{ 没有更新} \\ 0 & r_i \text{ 更新} \end{cases}$$

公式（1）为资源库更新间隔，如果资源库的更新状态为 1，则资源库的更新间隔为 0。如果资源库的更新状态为 0，则资源库的更新间隔为 j - c。

$$I(r_i; t_j) = \begin{cases} 0 \\ j - c & S(r_i; t_i) = 0 \end{cases} \qquad (1)$$

式中，I（r_i；t_i）表示资源库 r_i 在时间 t_i 的更新间隔；c 表示距离更新最近的时间。

公式（2）为资源库的平均更新间隔，在周期性 $\{t_1, t_2, \cdots, t_n\}$ 的观察下，资源库 r_i 的平均更新间隔，用 $U(r_i)$ 表示。

$$U(r_i) = \frac{\sum_{j=1}^{n} I(r_i; t_j)}{\sum_{j=1}^{n} S(r_i; t_j)} \qquad (2)$$

公式（3）为资源库的平均更新频率，其值为更新间隔的倒数，用 FRQ（r_i）表示。

$$FRQ(r) = \frac{1}{U(r_i)} \qquad (3)$$

公式（4）为记录平均更新速率，其值为资源库更新记录数量的总和除以发生更新资源库数量总和，用 AVG（r_i）表示。

$$AVG(r_i) = \frac{\sum_{j=1}^{n} R(r_i; t_j)}{\sum_{j=1}^{n} S(r_i; t_j)} \tag{4}$$

式中，$R(r_i; t_j)$ 表示 r_i 资源库在时间 t_i 更新记录的数量，即记录的更新速率。

公式（5）为被收割资源库的更新，如果 r_i 资源库在时间 t_j 时，在收割器方发生了更新，则值为 1；如果没有更新，其值为 0，用 $F(r_i; t_j)$ 表示。

$$F(r_i; t_j) = \begin{cases} 1 & r_i \text{ 在时间 } t_j \text{ 发生了更新} \\ 0 & r_i \text{ 在时间 } t_j \text{ 没有更新} \end{cases} \tag{5}$$

公式（6）表示服务提供者的更新（freshness），服务提供者 H 在时间 t_j 的更新值为在收割器方发生更新资源库的总数除以所有被收割的资源库，用 $F(H; t_j)$ 表示。

$$F(H; t_j) = \frac{1}{M} \sum_{i=1}^{M} F(r_i; t_j) \tag{6}$$

在时间 T 值范围内，收割器在间隔 l 向每个资源库发出请求，l 是收割器可接受的延迟，根据不同的应用可能从几秒到几个月。基于如何分配同步资源，可以将同步模型分为两种：统一模型和适配器模型。

在公式（7）和（8）中，分别计算了统一模型中资源库和收割器的代价。资源库的更新代价为时间 T 除以可接受的间隔 l。而收割器的更新代价要乘以所有要收割的资源库数量 M。

$$C_d(r_i) = \frac{T}{l} \tag{7}$$

$$Cs = \frac{TM}{l} \tag{8}$$

式中，C_d 表示资源库的更新代价；Cs 表示收割器的更新代价；T 表示设定的时间间隔；l 表示收割器可接受的延迟。

在公式（9）和（10）种，分别计算了适配器模型中资源库和收割器的代价。假定收割器预先知道资源库的更新时间，在资源库更新后才发出请求。资源库的花费代价值为时间 T 乘以资源库的更新频率；收割器的花费代价为时间 T 乘以资源库的更新频率，然后对要收割的 M 个资源库求和。

$$C_d(r_i) = \frac{T}{U(r_i)} = T * FRQ(r_i) \tag{9}$$

$$Cs = \sum_{i=1}^{M} \frac{T}{U(r_i)} = \sum_{i=1}^{M} T * FRQ(r_i) \tag{10}$$

从公式（8）和公式（10）可以看出可接受延迟、资源库数量和资源库的更新频率在计算更新花费上起着非常重要的作用。适配器模型中收割器必须分配给活动资源库较多的资源，前提是收割器必须知道资源库的更新间隔。

2.2 更新频率确定方法

怎样保持数据提供者和服务提供者中的元数据记录一致，是一个非常重要的问题。同步机制在 OAI-PMH 协议中没有做具体的规定，数据提供者和服务提供者的同步对用户是不透明的，为了同步资源库和收割者，需要不断地收割，但是如果在收割间隔资源库很少变化，则效率非常低；另外，如果不经常收割可能造成资源库和收割者数据不一致，不仅新的记录会丢失，其修改和删除的记录也会丢失。这些是我们不希望看到的，用户必须相信服务提供者有他收割资源库的准确内容。OAI-PMH 支持选择、增量收割，通过周期性的重新收割来保持同步。服务提供者探索这些性质，为了限制资源库负载并使其保持数据的更新。

要研究这个问题，必须充分理解应用需求，例如，股票市场价格信息更新应该在秒粒度的频率；新闻聚合更新应该在小时粒度频率；Web 搜索引擎可以在月粒度的更新频率来收割索引页面。"可接受延迟（acceptable latency）"是服务提供者和资源库数据同步可接受的延迟范围。OAI-PMH 1.x 协议仅支持日期粒度，目前，OAI-PMH 2.0 已经可以支持到秒级粒度[5]。然而，协议的时间粒度不能够改变资源库更新频率的本质。

元数据收割模型建立在服务提供者从一批资源库中"拉"元数据。大多数资源库有一个稳定的改变速率，但是不同资源库的更新频率差异很大，对于传统的出版媒体，OAI-PMH 模型工作得非常好。然而，如果收割者能够根据资源库的变化速率动态调整"拉"的频率，则更新频率能够进一步被提高。下面几个方法被用来检测资源库的变化：

• 最好的评价。收割者通过学习收割历史来评价记录的更新频率，精确地预测一个资源库的更新时间。但是，收割者不必要在任何时候都提供100%的更新，例如，收割者可以以一个比平均更新频率高的频率进行收割。

• 内容聚合（syndication）。资源库显式描述它的更新频率，可以为数据提供者定义一个可选的容器来描述他的更新频率。谓词 identify 请求返回的应答可以包含本地定义的描述容器，这个容器能够用来表示资源库的属性。笔者定义了一个可选的容器表示数据提供者的更新频率。

• 订阅/通知。最好的评价和内容聚合与 OAI-PMH 框架保持一致，但他们依赖数据提供者稳定的更新频率，这种情况在一些应用中是正确的，一个数据提供者无论什么时候他的内容发生变化都可以通知服务提供者（SP）。这个模型是对 OAI-PMH 的扩展，订阅/通知模型提供了一个理想的结果，被用在较低或不规则更新频率的资源库中。但是，这个模型要求服务提供者主动监听通知，这增加了服务提供者实现的复杂性。另外，也要求数据提供者（DP）维持服务提供者订阅的记录。收割者异步地发出一个 OAI-PMH 请求，在这个模型中，通信是异步的，状态信息被保存在收割者一边。订阅/通知模型如图 1 所示：

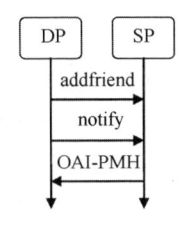

图 1　订阅/通知模型

- 推模型。数据提供者可以将更新的数据直接推送给服务提供者，在这种情况下，资源库决定什么时候推送数据和推送什么数据，这要求数据提供者维持收割状态。在实现中，服务提供者支持一个新的"PushMetadata"动词，元数据附加在一个 http post 请求中。另外，推模型提供了一个附加的好处，即绕过防火墙网络地址转换（NAT）代理，类似于订阅/通知模型，他提供了几乎最佳的同步。然而，在推模型中，资源库由于要保留收割状态而增加了资源库实现的复杂性。推模型如图 2 所示：

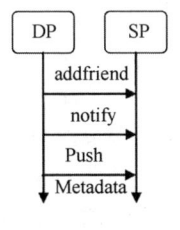

图 2　推模型

3　同步模型及算法

在收割器方面，OAI-PMH 的同步模型对于当前的 OAI-PMH 资源库工作得非常好。然而，在一些情况下数据同步要求非常严格，例如：有大量可用的资源库；OAI-PMH 应用在其他要求迅速更新的领域（新闻或邮件列表），这就要求有更好的同步方法来解决数据的同步问题。目前，在 OAI-PMH 框架中主要有两种同步模型算法——统一模型算法和适配器模型同步算法。适配器模型基于资源库以稳定的但是不同的更新速率进行运算。收割器能够观察到速率的改变，最好的情况是无论什么时候资源库都能通知收割器数据发生了变化。下面为两种算法的详细过程。

3.1 统一模型算法

在统一模型中，以同样的顺序同步资源库。为了避免时钟偏差，最后的收割时间为资源库的应答时间。为了包含所有的在收割期更新的数据，每次收割前纪录最后一次的收割时间。统一模型（uniform model）算法如下：

Input：ArchiveList = $\{a_1, a_2, \cdots, a_n\}$
LastHarvestTime = $\{t_1, t_2, \cdots, t_n\}$ = null
Procedure
For (i = 1; i≤n; i + +) {
t_i = getresponsetime (a);
historical_ havest (a);}
While (true) {
For (i = 1; i≤n; i + +) {
Responsetime = getresponsetime (a_i);
Fresh_ harvest (a, t_i);
t_i = responsetime;}
Sleep (pre_ defined_ interval);
}

3.2 适配器模型同步算法

在这个模型中，收割器根据资源库的平均更新间隔改变它的同步速率，基于单个资源库的更新频率调整他的收割频率。更新频率较快的资源库分配较多的资源，平均更新间隔能够从以前的收割中学习或从资源库的可选容器中获得。进一步，通过扩展 OAI-PMH 资源库能够通知收割器他的更新频率，或向收割器直接推送更新的数据。适配器模型（adaptive model）算法如下：

Input：ArchiveList = $\{a_1, a_2, \cdots, a_n\}$
AverageUpdateInterval = $\{u_1, u_2, \cdots, u_n\}$
(such as 1 day, etc.)
LastHarvestTime = $\{t_1, t_2, \cdots, t_n\}$ = null

```
Procedure
For (i = 1; i≤n; i + +) {
   t_i = getresponsetime (a);
   historical_ havest (a);}
While (true) {
   For (i = 1; i≤n; i + +) {
      if (currenttime - t_i ≥ u_i) {
      responsetime = getresponsetime (a);
      Fresh_ harvest (a_i t_i);
      t_i = responsetime; }
   }
   Sleep (pre_ defined_ interval);
}
```

通过对适配器模型同步算法分析，资源库为了向收割器提供自己的更新频率，采用了一个 contains 容器，该容器包含了资源库的更新频率、更新周期和更新基准时间，针对这种资源库的收割可以采用适配器模型算法。另外，以上两个模型和算法不但能够解决收割器和单个资源库之间的数据同步，而且能够解决收割器和多个资源库之间的数据同步，包括收割器针对不同的资源库如何分配资源。

统一模型算法已经在 Archives 项目中实现[6-7]；适配器模型可以根据不同更新频率资源库采用不同收割频率，应该是最理想的算法，目前还没有具体产品实现该算法。

4 结论与展望

4.1 研究结论

本文通过定义一些变量，对资源库更新频率进行了定量和定性分析，在分析的基础上提出了4种评价资源库更新频率的方法，根据更新频率的定量分析得出，针对不同更新频率资源库应该使用哪种收割模型。最后给出了两种同步模型，并且对两种同步模型算法进行了描述。通过以上技术解决了目前资源库存在的几个问题：①服务可用性。由于受许多因素的影响，如资源库的性能、网络带宽等，资源库提供服务可用性和有效性很难预测。②元数据的有效性。必须保证收割器收割到资源库最新的数据，这就要求收割器和资源库根据不同的需求实现一定层次的数据同步。OAI-PMH 协议支持选择性、增量收割，通过周期性的重新收割来保持同步。但是一些应用（例如新闻）比另外一些应用（例如学术论文）对数据的同步要求严格，基于OAI-PMH协议同步解决方案不能满足要求。③资源库负载。从资源库中收割数据，将会消耗大量的资源库资源（缓存、端口、带宽等），除了提高单个资源库的性能外，研究多个资源库之间的负载平衡也非常必要。④流控制。收割器可能从资源库一次收割大量数据，对于一个大的数据集，收割器可能需要几天的时间才能完成收割。这不但要求资源库在这段时间内不能出现任何问题，而且要求在这个时段，保持良好的网络连接，否则，所有的数据必须重新传送。所以，必须通过流控制将一个大的记录集分割成多个较小的记录集进行传送。

4.2 研究展望

在以上分析的基础上对关键模块进行设计和实现，主要包括流量控制、元数据同步模块。利用resumptionToken参数解决了资源库的流量控制问题，通过两种机制实现资源库同步，利用RSS技术，为资源库回应收割者提供数据库的更新信息；其次，对OAI-PMH协议进行了扩展，增加了addfriend、notify谓词，利用通知/订阅模型解决资源库的同步问题。

参考文献：

[1] 董智鹏,张建勇,孟连生. NSTL联合数据加工系统的功能框架设计[J]. 图书情报工作,2011,55(3):64-69.

[2] 孙瑾. 利用OAI-PMH协议解决高校学位论文系统的元数据收割[J]. 现代情报,2007(4):168-170.

[3] 刘秀华. CALIS重点学科网络资源导航门户的建设与利用调查分析[J]. 情报理论与实践,2009(1):55-58.

[4] Murphy B. New, enhanced gateway enables any institution with OAI-compliant repository to maximize Web visibility of digital content via WorldCat[EB/OL]. [2011-10-12]. http://www.oclc.org/us/en/news/releases/2010/201044.htm.

[5] Nelson M L, Calhoun J R, Mackey C E. The OAI-PMH NASA technical report server[C]//ACM/IEEE Joint Conference on Digital Libraries. Tucson：ACM. Tucson：ACM, 2004:400.

[6] Fu Yueyu. Integration of biomedical text and sequence OAI repositories[C]//ACM/IEEE Joint Conference on Digital Libraries. Tucson：ACM,2004:25-26.

[7] Liu Xiaoming, Maly K, Zubair M,et al. Repository synchronization in the OAI framework[C]//ACM/IEEE-CS Joint Conference on Digital Libraries Roanoke：ACM, 2001:65-66.

作者简介

翟中会，男，1974 年生，馆员，硕士，发表论文 3 篇。

石　蕾，女，1965 年生，馆员，发表论文 5 篇。

汉语框架网络知识库的语义角色特征识别

贾君枝　赵文娟　王东元

山西大学管理学院　太原 030006

1 导言

当前的网络标注已经从最初的关键词标注发展到现在的基于内容理解和语义学的语义标注。语义标注就是根据多种语义类词典和领域的语义层次网络将文本中的关键名词、动词标注上语义码的技术。一般认为词性标注局限于语法层面，而语义标注则是面向语义的，是一种深层的语言处理[1]。通过语义标注可以有效地建立人与计算机之间的语义理解和合作，为今后语义检索和智能问答系统的建立奠定基础[2]。

当前国内外许多学者对语义标注的理论和应用已经进行了较为深入的研究，主要集中在以下方面：①本体标注方法的研究，即利用本体资源来实现对文档资源的标注。如魏勇刚等人提出了基于词性分析和领域知识的 DeePWeb 语义标注[3-4]；陈星光等人则针对互联网上含有大量语义信息的 html 文档，提出了一种自动化的语义标注方法[5]，该方法参照词汇数据库 Hownet 和领域本体多个 html 文档进行语义分析，给文档加上语义标签；梁龙昀等提出了面向 Web 应用的语义标注方法[6]，该方法采用基于参考本体转换技术的语义转换，能从语义上同类型的标注资源中提取特征，利用概率的方法识别用户意向。②自动标注算法的研究，采用统计和规则学习算法研究语义角色特征识别问题。如 Daniel Gildea 基于 FrameNet 资源提出基于概论统计算法的语义角色的自动识别方法，对于给定的句子，能够识别各语段间的语义关系，并赋予语义标签[7]；刘挺描述了采用最大熵分类器的语义角色标注系统[8]。③语义标注平台的建设研究。国外典型的语义标注平台有 SHOE Knowledge Annotator、SMORE、MnM、Melita 等[9-11]，可对输入文档如 html、Word 进行半自动或自动的标注。

当前的信息抽取和语义标注都是基于特定领域的"框架+槽"模板的，

随着Wordnet大型语义数据库和FrameNet大型本体框架库的出现以及非受限领域机器学习算法的进步，如何从人工的、依赖领域的模型走向自动的非受限领域的模型，成为自动语义标注研究的重点。自动语义标注中，语义角色的分类和识别是基础，本文以所构建的汉语框架网络知识库为语料资源，通过对语义角色特征的一些描述，探索语义层自动识别的理论。此理论能够实现对语义角色进行自动识别和标注，即能够识别出目标词的语义参数，为以后实现自动语义标注打下基础。

2 汉语框架网络知识库的语义角色

2.1 汉语框架网络知识库

汉语框架网络知识库（Chinese FrameNet database，简称CFN），是一个以Fillmore的框架语义学为理论基础、以加州大学克伯利分校的FrameNet为参照、以汉语真实语料为依据的供计算机使用的汉语词汇语义知识库，是一个用来描述语义框架表中词语的综合词典数据库，它运用人工和自动化的程序，从大量电子文本集合中抽取出有关汉语词汇的相关联的语义及句法特征信息[12-13]。CFN通过识别词和词之间语义关系的概念模型，来揭示词和词之间深层次的语义关系；以框架为核心，以真实语料库为基础，将具有相同语义角色的众多词元归属于同一框架，用具有个性特征的框架元素来描述千变万化的自然语言语义，并通过标注例句揭示每一个词在每一个义项下的各种语义和句法结合的可能性[14]。汉语框架网络知识库主要由框架库、词元库和标注例句库三部分组成。

2.2 语义角色范围

语义角色体系包括了由抽象到极为具体的广阔范围，处于具体某一端的是特定领域语义角色，如法律领域框架语义角色；与之相反的一端是抽象语义角色，称为"原角色"或"宏观角色"，有原施者和原受者；两端之间还有很多角色，如施事、经验者、对象等。

CFN中，语义角色的意义是由语义框架显示出来的，每一个框架对应一个情境的图示化表达，涉及到各种参与者、支持者等，这些参与者、支持者等就是框架元素，不同的框架元素根据与目标词的不同关系充当不同的语义角色。如图1，框架所属的域是刑事诉讼程序，"逮捕"等属于框架名称，"逮捕"、"逮住"等属于目标词，目标词是表达述谓意义的词汇，是句子的支撑，句子中的其他成分都依赖于目标词，充当目标词的一定语义角色。"官方"、"指控罪名"、"犯罪嫌疑人"、"犯罪行为"等是核心语义角色，还有一些通用语义角色，如时间、频率、空间、角色位置等，这些通用语义角色不依赖于具体框架存在。

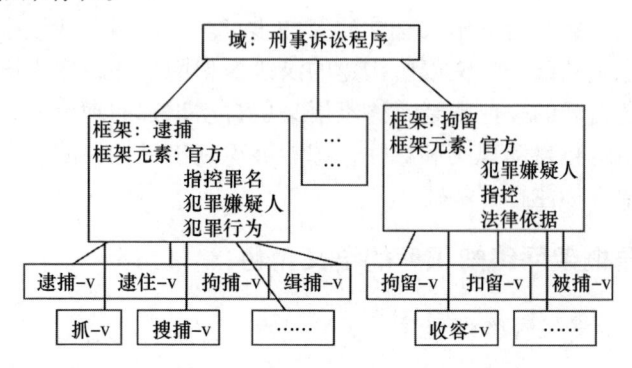

图 1 Framenet 框架数据库中的域和框架样例

3 语义角色的特征抽取

自动语义标注是在对语料库的句子进行手工注释，给出人工标注的目标词和它所属的框架，划分句中表示出的每一个框架元素边界的基础上，由机器为标注过的成分加上框架 - 语义角色标记、句法范畴、相对于目标词的语法功能。语义角色的自动标注中，语义角色的识别与填充是关键，通常是依据语义角色的特征形成一定的规则来判定并指派语义角色。语义角色特征包括短语类型、主控范畴、句法树路径、位置、中心词、语态等。

3.1 短语类型

不同的语义角色倾向于使用不同的句法类型实现。目前标注中常用的短语类型有名词短语、动词短语、形容词短语、副词短语、介词短语等。在我们手工标注的句子中，名词短语、介词短语和副词短语充当框架元素的情况最常见。通过对大量标注的文本统计发现，语义角色对应的句法范畴具有一定程度的规律，我们以盗窃框架中的目标词"偷"为例，不同的语义角色分别对应不同的短语类型，如表 1 所示：

表1　"盗窃"框架的语义角色与短语类型对应

语义角色	短语类型
财物	np
受害者	np
犯罪者	np
时间	tp
修饰	dp
来源	pp
频率	tp
手段	vp
目的	fj、vp

3.2　主控范畴

主控范畴是指通过辨别句子中的各种语法功能特征,能够指明一个成分与句子的其他部分的语义关系,从而可以决定一个名词短语是做动词的主语还是宾语,为进一步识别语义角色提供相关的语义信息。根据自动句法分析器输出结果,我们沿着句法树从词性节点到根节点搜索,直到找到带有 S 或 VP 标记的节点,然后根据节点是 S 还是 VP 来确定名词短语特征的值,S 下的 NP 节点通常是主语,VP 下的 NP 节点通常是宾语。如图2所示:S 和 VP 是主控类的值,S 下的 NP"他"为目标词"偷"的主语,VP 下的 NP"一些面包"为"偷"的宾语。

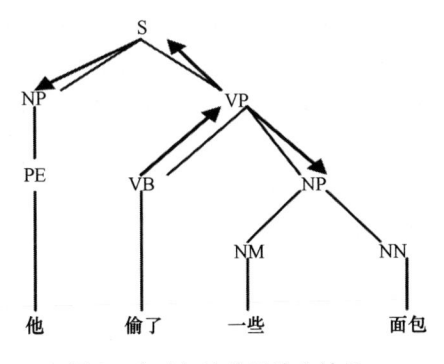

图2　自动句法分析输出结果

总结标注文本"盗窃"框架的语义角色对应的句法范畴和语法功能，如见表 2 所示：

表 2 "盗窃"框架的语义角色对应的句法范畴和语法功能

语义角色	短语类型	句法功能
财物	np	obj
	np	subj
受害者	np	atta
犯罪者	np	subj
时间	tp	adva
修饰	dp	adva
来源	pp	adva
频率	tp	adva
手段	vp	adva
目的	fj	adva
	vp	adva

语义角色"犯罪者"、"财物"作为名词短语，所对应的句法功能有主语和宾语两类，这为机器识别增加了一定的困难，如果我们采用上述方法，即可辨别出语义角色所属值的范围。

3.3 句法树路径

句法树路径特征同主控范畴相同，是用来获取一个成分和句子中其他成分之间的句法关系，但其描述是目标词和其他成分之间的句法关系，通过定义由目标词到其他成分的句法树路径特征，提供通过句子的句法树来找出框架元素的方法。句法树路径特征以目标词的词性为路径的起点，以标记为框架元素的句子成分的短语类型或句法功能为路径终结点。同样以"盗窃"框架中目标词"偷"的大量标注文本为例，我们统计出目标词"偷"的句法树路径的主要规则如表 3 所示：

表 3 目标词"偷"的主要句法路径

路径	描述
VB – VP – S – NP	NP 为犯罪者
VB – VP – VP – S – NP	NP 为犯罪者
VB – VP – VP – NP	NP 为财物
VB – VP – S – PP	PP 为环境条件或目的或来源
VB – VP – VP – S – PP	PP 为来源或手段
VB – VP – VP – S – DP	DP 为频率
VB – VP – VP – DP	DP 为角色范围
VB – VP – VP – S – NP	NP 为时间
VB – VP – NP – NP	NP 为受害者
VB – VP – VP – S – VP	VP 为依据

注：表中 VB 为目标词，VP 为动词短语，NP 为名词短语，PP 为介词短语，DP 为副词短语，S 为一个完整主谓宾句型的顶层节点，起点 VB 为目标词的词性。

3.4 位置

为了克服由句法分析错误和路径模糊造成的影响，如表 3 中路径"VB – VP – S – PP"，PP 同时可能是环境条件、目的等语义角色，我们引入位置特征。这个特征仅仅记录待标注的成分位于唤醒框架的目标词的前面还是后面，因为主语常常出现在目标词的前面，而宾语则常出现在后面，位置特征和句法功能紧密相关。总结人工标注实例，结合句法树路径我们对词元"偷"的位置特征进行分析，得出以下结论：

• 句子中若有名词短语（np）作宾语（obj）的词，且出现在目标词"偷"的后面，语义类型为"实体"，那么这个名词短语（np）的语义角色标注为"财物"。

• 句子中若有名词短语（np）作主语（subj）的词，在目标词之前，且语义类型为"有知觉能力的人"，那么这个名词短语（np）的语义角色标注为"犯罪者"。

• 句子中若有名词短语（np）作定语（atta），出现在目标词之后，"财物"之前，那么该词语义角色标注为"受害者"。

• 句子中若有名词短语（np）作状语（adva），出现在目标词之前，且其语义类型为"时间"，那么该词的语义角色标注为"时间"。

• 句中若有介词短语（pp）做状语（adva），且出现在目标词之前，"犯罪者"之后，那么该短语的语义角色标注为"来源"或"手段"；如果出现在目标词之后做补语，则该短语的语义角色标注为"目的"；如果出现在句首，则该短语的语义角色可能是"目的"或"环境条件"。

3.5 中心词

中心词是能限定一个短语语义角色的核心词。一般来说，名词短语的中心词为名词，动词短语的中心词为动词，介词短语的中心词为介词，中心词在语义角色识别中起到限制作用。一些仅靠句法树路径和位置特征无法确定的语义角色，通过中心词就可以确定。如下面两个句子"刘楠用钩子偷出了电脑"、"刘楠从商店偷出了电脑"中，"用钩子"和"从商店"的句法树路径都是"VB – VP – VP – S – DP"，而且从位置特征也无法确定两个短语的语义角色，但应用中心词，来源角色的中心词为"从+地点"、工具角色的中心词是"用、拿、凭、以"就可以确定"从商店"是来源，"用钩子"是工具。对目标词"偷"的不同语义角色的各种中心词进行总结，结果如表4所示：

表4 目标词"偷"的各语义角色中心词

语义角色	中心词
犯罪者、受害者	人名（刘楠）、称呼（他叔叔）、人称代词（他）
财物	表示事物的名词及名词短语（电脑）
来源	从+地点（从商店）
频率	每+时间量（每天）、重叠式时间名词（天天）、时量短语+基数词+动量词（每年一次）、频率副词（经常）
工具	用、拿、凭、以
手段	以/用/通过……手段/样子/手法/方式/方法
时间	时间词（7点）、介词+时间词（从8点）、时间词+方位词（9点后）
空间	处所词、处所短语（在海边）
目的	为、为了、为着、为/为了……而
原因	因为、因、为、由于、鉴于、因为/因/为/由于……而

3.6 语态

汉语框架网络知识库的语义角色的自动标注中还涉及到语态问题。语态在英文标注中主要考虑动词的主动和被动，在汉语标注中主要考虑"被"字句的标注。所谓被字句就是用介词"被"或"叫"、"让"等引进动作施事的一种句式。在英文标注中,主动语态的直接宾语往往是被动语态的主语,此情况和汉语的被字句标注相对应。按句法树分析,无论是英文的被动语态还是中文的被字句,句法树分析的主语的实际成分一般都为目标词的实际宾语。目标词的实际主语通常都通过补语给出。英文被动语态的实际主语通过"by+…"给出,位置一般在目标词之后;中文被字句的实际主语通常紧随"被"后,在目标词之前。

4 结语

语义角色的正确识别是自动标注的基础,语义角色自动识别用到的特征是我们未来自动标注系统的核心。文本中的句子在句法分析器分析的基础上,结合框架语义、词元配价、语义类型和句法实现模式,总结各特征值出现的规律,在机器可学习规则算法的基础上,通过各特征相互制约共同作用来确定文中各短语的语义角色,进而实现文本的自动标注。由于这些特征几乎涵盖了汉语框架网络知识库文本例句中包含的所有句法情况,所以此系统标注的例句准确度相对较高,对未来网络资源的自动标注有很好的借鉴意义。

参考文献:

[1] 李向阳,张亚非,陆建江.基于语义提升 HMM 的语义标注.解放军理工大学学报,2005,6(1):30-35.
[2] 宋炜,张铭.语义网简明教程.北京:高等教育出版社,2004:19-25.
[3] 魏勇刚,张国春,常勇,等.基于词性分析和领域知识的 Dee PWeb 语义标注.郑州大学学报,2009,41(1):52-55.
[4] 袁柳,李战怀,陈世亮.基于本体的 Dee PWeb 数据标注.软件学报,2007,19(2):237-245.
[5] 陈星光,张文通,汪霞.基于领域本体的自动化语义标注方法的研究.科学技术与工程,2009,9(8):2215-2219.
[6] 梁龙昀,李明.面向 Web 应用的语义标注方法.计算机工程与设计,2008,29(12):3204-3207.
[7] Gildea D,Jurafsky D. Automatic labeling of semantic roles. Computational Linguistics,2002,28(3):245-288.
[8] 刘挺,车万翔,李生.基于最大熵分类器的语义角色标注.软件学报,2007,18(3):565-573.
[9] 鞠彦辉,刘闯.国外典型语义标注平台的比较研究.现代情报,2009,29(1):215-217.
[10] Kalyanpur A,Hendler J,Parsia B. SMORE semantic markup,ontology and RDF editor. [2008-06-02]. http://www.mindswap.org/papers.

［11］ Ciravegna A,Dingli D,Pe-trelli,et al. User – system cooperation in document annotation based on information. ［2008 – 06 – 08］. http：//www. aktors. org.

［12］ 郝晓燕,刘伟,李茹,等. 汉语框架语义知识库及软件描述体系. 中文信息学报,2007, 21(9):96 – 100.

［13］ 贾君枝,邰杨芳. 基于法律框架网络本体的信息检索研究. 情报学报,2007, 26(4): 561 – 566.

［14］ 贾君枝,董刚. Framenet、Wordnet、Verbnet 比较研究. 情报科学,2007,25(11):1682 – 1686.

作者简介

贾君枝,女,1972 年生,教授,博士,发表论文 40 余篇。

赵文娟,女,1983 年生,研究生。

王东元,男,1985 年生,研究生。

创作共用协议在机构知识库建设中的应用与意义[*]

刘玉婷[1,2]　马建霞[2]

[1]中国科学院研究生院　北京 100190
[2]中国科学院国家科学图书馆兰州分馆　兰州 730000

1　创作共用协议概念

1.1　创作共用协议的起源与发展

创作共用协议（Creative Commons Licenses，以下简称 CCL），是一种可由创作者选择授权方式的许可协议。斯坦福大学法学院的劳伦斯·莱西格（Lawrence Lessig）教授在 2001 年创建了知识共享组织（Creative Commons）[1]，其目标是让创作者通过灵活的著作权选择来增加创造性作品的存取，它允许创作者保留作品的著作权，同时允许他人自由使用[2]。该组织于 2002 年 12 月 16 日提出创作共用协议（CCL）。

CCL 根本原则是"保留部分权利"，即保留作者认为必要的部分版权权利，而将其他版权权利通过各种许可使用方案授予使用者。该协议自 2002 年 12 月被知识共享组织发布以来，已被 50 个国家和地区所采用，已逐渐成为网络数字作品许可使用的授权机制。但由于其根据美国法律发展而来，如果要在世界多国使用，必须实现许可协议的本地化，提出适合各国法律的许可协议。2006 年 3 月，《简体中文版知识共享许可协议》（CCL China 2.5）的发布标志着 CCL 中国本地化的完成。

1.2　CLL 包含的基本权利和限制

创作者为了保留某些权利，在使用 CCL 时，以下权利需要让渡给使用者：复制作品、散发作品的复制品、公开展览或表演作品、通过信息网络传播作

---

[*] 本文系国家社会科学基金项目"机构知识库建设与应用研究"（项目编号：07BTQ019）研究成果之一。

品（比如网络广播）以及将原作品逐字地转换为其他形式。

对于使用者来说，虽然免费拥有某些权利，但必须遵守以下许可协议设置的前提条件：未得到许可之前，不得实施许可协议中禁止的行为，例如商业性使用、创作演绎作品等；所有的复制件上都必须保留原始的版权声明；所有作品皆能链接到原作品所适用的许可协议上；不得更改许可协议的条款；不得使用技术手段限制他人合法使用作品。并且每一种许可协议皆在全世界范围内适用、有效期为作品著作权保护期内，且不得撤销。其中最后一项非常重要，这意味着一旦创作者准予了创作共用许可，就不能收回。

1.3 CCL 保留的权利

使用创作共用许可协议，作者可以选择保留以下四种权利：

署名（Attribution，简写为 BY）：必须提到原作者；非商业用途（Non-commercial，简写为 NC）：不得用于盈利性目的；禁止演绎（No Derivative Works，简写为 ND）：不得修改原作品；相同方式共享（Share Alike，简写为 SA）：如果允许修改原作品，则必须以相同的许可证发布。

上述四种许可权利以不同方式组合产生一些不同的许可，其中 6 个核心许可是：

署名–非商业用途–禁止演绎（BY-NC-ND）——是 CCL 限制性最强的许可，只用于非商业用途，前提是必须提到原作者，且不允许演绎作品；署名–非商业用途–相同方式共享（BY-NC-SA）——允许用于非商业用途，前提是必须提到原作者，并且所有演绎作品在明确条款下许可；署名–非商业用途（BY-NC）——允许对作品非商业用途的任何使用，前提是必须提到原作者；署名–禁止演绎（BY-ND）——允许当前形式作品使用于商业用途，但不允许演绎作品用于商业用途；署名–相同方式共享（BY-SA）——允许任何商业用途和非商业用途的任何使用，前提是提到原作者并且所有演绎作品在明确条款下许可；署名（BY）——是 CCL 最大的自由，允许他人用于任何目的以任何方式使用作品，前提是提到原作者。以上许可协议是按从严至宽的顺序列出，从限制最严格的许可开始，以限制最宽松的许可协议结束[3]。

需要注意的是：①"相同方式共享"这一选项仅适用于演绎作品；②使用创作共用协议并不限制创作者准予其他类型的许可。

2 机构知识库建设过程中的版权问题

2.1 机构知识库概述

目前学术资源实现开放存取主要有两种途径：一是开放存取期刊（Open

Access Journals);二是学科知识库（Subject Repositories）、机构知识库（Institutional Repositories）或个人网站。所谓"机构知识库"（简称 IR）是指"一个采集和保存来自个别或者由多所机构团体知识成果的数字化存储库"[4]。

截至 2009 年 3 月 14 日，OpenDOAR 与 ROAR 分别登记了 1 355[5] 和 1 295[6] 个机构库，其中国内机构库分别被登记有 7 个和 10 个。ROAR 对登记的知识库按其组织方式和使用软件类型做了如下分类，如表1、表2所示：

表1 机构知识库类型一览

类型	研究机构或部门自建库	研究型跨机构库	电子期刊或电子出版社	电子学位论文	数据库	示范库	其他
数量（个）	708	116	110	112	32	22	195
百分比	54.67%	8.96%	8.49%	8.65%	2.47%	1.70%	15.06%

表2 机构知识库使用软件类型一览

类型	Dspace	Eprints	Bepress	OPUS	ETD-db	DiVA	Fedora, ARNO, CDSWare, DoKS, EDOC, HAL, etc.
数量（个）	393	315	81	31	25	16	434
百分比	30.35%	24.32%	6.25%	2.39%	1.93%	1.24%	33.51%

表1表明，由高校和研究机构构建的研究型机构库为各类型机构库的主体，而这些机构库所使用的软件大多数采用 EPrints 和 DSpace 等开源软件。由此可以看出，从资料到软件的开放性是机构库的共同特征[4]。

2.2 IR 的内容资源类型及版权归属

IR 的内容资源来源广泛且有多种类型。根据 OpenDOAR[6] 的数据统计，在实际应用中，IR 存储的资源类型主要有期刊论文和专著、未发表报告和工作报告、会议论文、研究论文、图书、多媒体资料等。

从版权归属方面来看，IR 的知识资源可以分为三类[7]：第一类资源，其版权属于机构，包括由国家、机构资助或者委托的作品，如项目研究报告或者工作范围内的研究成果（工作报告、会议资料等）；第二类资源，其版权属于作者，包括个人论文、研究成果、课程资料（课件、大纲等）、学生作品（如学生毕业论文和课程作业等）；第三类资源，其版权属于出版商或者第三方，包括科研工作者在发表文章时将版权转移给出版商或由出版商再授权第三方而产生的其它作品，如汇编作品等。知识资源经过版权分配后，出版商掌握版权的掌控权，作者和机构属于从属地位，因此出版商可以控制知识资源的价格与用户对知识资源的存取权利。

知识资源的版权归属情况如图1所示：

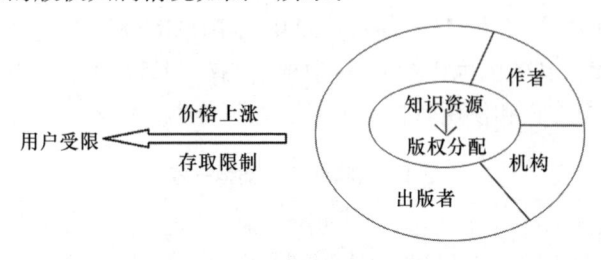

图1　知识资源版权归属

2.3　IR建设过程中的版权问题描述

严格地讲，IR的版权包括软件本身的版权，也包括IR内容资源的版权问题。有些机构是在开源软件的基础上做的研发，需要在IR网站的显著位置进行声明。但大多数IR软件平台都是开源软件，利用这些开源软件时，只要在IR网站的显著位置添加软件所有权标识，不需承担任何费用，一般不会引起知识产权纠纷[4]。

建设IR的内容资源所涉及的版权问题相对比较复杂，涉及IR管理方对资源的存档权和发布权以及IR中所存档内容的使用权。

2.3.1　IR管理方存档和发布权的获取　IR管理方必须从版权人手中获取部分版权如复制权、网络传播权等，以此向公众提供免费的数据资源，机构知识库一般以非独占许可的方式获得版权人的此类授权。根据2.2所述资源类型，IR建设过程中管理方获得的知识资源存档和发布权主要有以下三种情形：

• 第一类资源。机构为了扩大影响力、长久保存资源以及帮助作者从出版商方面保留自己的版权，协议中往往有条款规定作者把作品存储于IR或某个开放存取知识库；

• 第二类资源。此类资源往往作者拥有版权的已发表作品只是小部分没有将版权转让给出版商的作品，大部分作者拥有版权的资源为预印本资源。IR需要在资源收集过程中获得作者相应的存储及使用授权，保证其对资源操作的合法性。包括有些已发表作品和未正式发表作品。

• 第三类资源。这类资源往往是已发表、出版的作品，因为作者已经将其全部或者部分版权转让给了出版商，因此作者并没有权利将其存储到IR中并授权机构知识库或其他用户使用。IR若想利用此类资源，必须得到出版商的许可。

IR 一般可以较容易地获得第一类资源的保存授权；第二类资源是 IR 与作者当前需要注意和争取的；知识库收集过程中会遇到难以获得第三类资源授权的问题，成为目前 IR 的主要版权问题之一。

2.3.2 IR 存储内容的使用权 在资源的收集和保存过程中，除了需要在存缴过程中对 IR 进行保存和在一定范围内对该资源的传播进行授权外，版权人还要对该资源的最终用户在一定条件下授予必要的权利，使其能够合理地使用作品。如用户对作品的复制、全文或部分引用、个人教学科研目的的传播交流等权利和限制。对于第一、二类资源，IR 一般可以较容易地获得保存授权，并提供基于 CCL 的选择性使用授权。而对于第三类资源来说，由于难以获得相应的保存与传播授权，因此，IR 也难以将其使用权授予最终用户，这也是 IR 需要解决的问题之一。

2.4 由 SHERPA 的 RoMEO 目录[8]带来的启示

SHERPA 的 RoMEO（Rights Metadata for Open archiving）项目在英国联合信息系统委员会（Joint Information Systems Committee，简称 JISC）的资助下，收集了出版商允许研究者自存储研究成果的政策，以便于学术研究机构团体使用。它分别以绿色、蓝色、黄色和白色来标注其对开放存取自存档的相应政策。截至 2009 年 3 月 14 日，RoMEO 收录的 544 个出版商关于自存档的政策[9]如表 3 所示：

表 3 RoMEO 中出版商存档政策的数量与比例

RoMEO colour	Archiving policy	Publishers（家）	比例（%）
green	可存档预印本和后印本	164	30
blue	可存档后印本（即经编审后的版本）	115	21
yellow	可存档预印本（即编审前的版本）	61	11
white	不正式支持存档	204	38

由表 3 可以看到 RoMEO 中 62% 的出版商支持某种形式的自存档。而笔者调查发现，各出版商允许存档的具体条件有所不同，但大部分要求声明出版商的著作权以及来源，允许自存档于机构内部使用 IR 或者特定 IR；此外，允许以某种形式自存档的出版商数量逐年增加。

笔者认为，迫于一些国家对 OA（开放获取）立法和 OA 运动的普及，出版商对自存档的态度逐渐缓和。对于 IR 难以获得第三类资源存档、发布权及使用权的问题，从 SHERPA 的 RoMEO 目录可以看出，IR 在法律与政策面的支持下，与出版商合理协商是可以有效解决这一问题的，但 IR 在利用这类资源时要遵守出版商的相关条款。

3 CCL 在开放获取资源中的应用

3.1 具体实例

麻省理工学院的开放式课程计划（MIT Opencourseware）是 CCL 最早与最主要的使用者，目前已上线的 1 800 多门课程采用的是"署名－非商业性用途－相同方式共享"许可协议[10]。一些专门或综合的信息媒体汇聚平台也采用了 CCL，如 Flickr、Internet Archive 与 CN. BLOG 等。

开放存取出版机构对于 CCL"保留部分权利"的理念和基于此的授权许可方案极为推崇。其中，奉行开放存取理念的出版机构"生物医学中心（BMC）"出台了类似于 CCL 的《BMC 版权和许可协议》的协议，并采用 CC"署名"许可方案；Springer 公司的 Open Choice 项目采用的是 CC"署名－非商业用途"许可协议[11]；"公共科学图书馆"（PLoS）也将 CC"署名"许可协议应用到其所有出版物[12]；奇迹文库是国内较早提供中文预印本服务的网站，从发布之日起（2003 年 8 月 12 日）就采用了 CC 协议[13]并在其主页上明确地指出："资料版权归原作者所有，建议作者使用知识共享组织提供的许可协议"[14]；中国科学院国家科学图书馆机构知识库（NSL-IR）也鼓励和支持提交者选择采用 CC"署名－非商业用途－相同方式共享"或"署名－非商业用途－禁止演绎"方式的内容使用声明。

3.2 如何在 IR 建设中使用 CCL

对于第一类资源，通常是作者为完成本职工作而创作的作品，机构为了保护作者所在的知识产权，促进对知识资源的合理利用及其长期保存，有权利制定相应政策将其收录到 IR 中。作为资源权利人的机构也可以采取相应的 CCL 条款而赋予用户使用权。

对于第二类资源，通常为暂未在正式出版物上发表的预印本，如果存储于 IR 或在网络上传播，则可以按照 CC 选取相应的许可使用方案。如奇迹文库提供了可供选择的各种 CCL 条款，并声明张贴预印本之后仍然可以向期刊投稿，作者与开放存取机构之间不存在任何版权转移关系，并可在任何时间以任何理由撤销已经张贴的文章。

对于第三类资源，机构应积极争取以机构名义与本领域主要出版商签订保留本机构作者存缴与开放传播权利的集体协议[15]。获得出版商许可后，将后印本存储于 IR 中,并在网络上传播,只需按照 CCL 许可使用方案注明正式出版机构的版权项即可[16]。

4 CCL 在机构知识库建设中应用的意义

CCL 给 IR 中作者拥有版权的知识资源提供了灵活的版权保护,既保障了作者的权益,又使得作品可以在最大范围内得到传播和使用。对于机构知识库来说,在其内容建设过程中,可以收集相关的使用 CC 协议许可的作品,也可以把提供使用 CC 作为相关政策的部分声明。利用 CC 来处理知识资源的使用许可问题,简化了 IR 管理者对此部分内容存缴过程中产权事宜的管理,也充分体现了 IR 开放获取的特点,促进了 IR 的发展。

CCL 在 IR 中得以应用,在保护权利人合法权利同时,也可以使知识资源广泛传播,极大地方便用户、促进知识的共享。

参考文献:

[1] Creative Commons. [2009 – 03 – 14]. http://creativecommons.org/.

[2] Pappalardo K. Understanding open access in the academic environment:A guide for authors. [2008 – 12 – 9]. http://eprints.qut.edu.au/13935/.

[3] 知识共享@ 中国大陆. [2009 – 03 – 14]. http://cn.creativecommons.org/index.php/licenses/meet – the – licenses.

[4] 翟建雄. 开放存取知识库版权政策概述. 国家图书馆学刊,2007(2):33 – 38.

[5] The directory of open access repositories. [2009 – 03 – 14]. http://www.opendoar.org/index.html.

[6] Registry of open access repositories. [2009 – 03 – 14]. http://roar.eprints.org/index.php.

[7] 胡芳,钟永恒. 机构库建设的版权问题研究. 图书情报工作,2007,51(7):50 – 53.

[8] Sherpa RoMEO. [2009 – 03 – 14]. http://www.sherpa.ac.uk/romeo/.

[9] RoMEO Statics. [2009 – 03 – 14]. http://www.sherpa.ac.uk/romeo.php? stats = yes.

[10] MIT Opencourseware. [2009 – 03 – 14]. http://ocw.mit.edu/OcwWeb/web/home/home/index.htm.

[11] 傅蓉. 知识共享许可协议. 图书馆,2006(4):46 – 47,72.

[12] Public Library of Science. [2009 – 03 – 14]. http://www.plos.org/.

[13] CC 人物专访 – 奇迹文库创办人季燕江. [2009 – 03 – 14]. http://cn.creativecommons.org/index.php/2008/02/27/jiyanjiang/.

[14] 奇迹文库. [2009 – 03 – 14]. http://qiji.cn/.

[15] 张晓林. 机构知识库的政策、功能和支撑机制分析. 图书情报工作,2008,52(1):23 – 27,19.

[16] 王云才.论以 CCL 模式解决开放存取版权问题.情报资料工作,2007(6):80-82.

作者简介

刘玉婷,女,1981 年生,硕士研究生。

马建霞,女,1972 年生,研究馆员,硕士生导师,发表论文 20 余篇。

应 用 篇

中国科学院机构知识库建设推广与服务

张冬荣　祝忠明　李麟　王丽

(中国科学院国家科学图书馆)

机构知识库（institutional repository，IR）是公共教育科研单位保存、利用和传播自身产出的知识资产的重要工具与机制。IR 在世界范围内发展迅速，截至 2012 年 11 月，DOAR 收录的 IR 已达 2 230 个[1]，在 ROAR 中注册的 IR 超过 2 994 个[2]。中国科学院（以下简称"中科院"）IR 建设工作起步于 2007 年，通过历经 5 年的试点、示范及规模推广与服务工作，目前已有 100 余家研究所的 IR 已建或在建 IR，其中 76 个研究所的 IR 已对外公开服务，存缴量超过 34 万余篇，年度下载量超过百万篇次。IR 在促进全院研究所开展机构知识管理，保存、传播和共享研究所科研成果方面取得了显著成效，已成为中科院数字科研知识环境重要的有机组成部分，是目前国际科研机构中最大的公共资金资助科研成果共享系统之一，在示范和推动我国公共科研成果开放共享方面发挥了重要作用。

1 中科院 IR 发展策略

国际研究证明[3-4]，即使建立了强大的 IR 技术平台，如何激励作者将学术成果存缴到 IR 中并及时开放共享，始终是个严峻的挑战。对于机构管理者、作者、用户、出版社等利益相关方而言，什么是 IR、为什么需要 IR、通过 IR 能得到什么益处、需要付出多大成本等等，始终影响着他们对 IR 的支持和参与的立场与力度。中科院国家科学图书馆（以下简称"国科图"）高度重视 IR 的战略定位和策略选择，最大限度地调动各方积极性，建立 IR 建设、服务和可持续发展的良性生态。

什么是 IR？为什么需要 IR？很多时候，人们习惯把 IR 视为图书馆的系统——或者仅仅是文献存储系统，或者是一个论文检索获取系统，但这种视角很难引起机构领导层和科研人员的重视，也难以得到他们的支持。国科图努力从机构、研究人员和学术信息交流体系的长期需要来认识 IR[5]，一开始就把 IR 定位为中科院的知识管理、知识传播和知识保存平台，把 IR 建设作为中科院这样一个以知识长期保存为基础、以知识创新为目标、以知识成果的产出与传播利用为能力体现的研究机构的内在需要，把 IR 建设作为中科院建设新型知识基础设施、促进学术信息交流、保障知识资产永续利用的重要措施，并把 IR 建设上升到中科院知识战略和科研成果管理战略的有机部分，纳入到中科院"创新2020"战略中，使之成为机构意志、机构投入和机构责任。

通过 IR 能得到什么益处？尽管 IR 在传播和保存机构知识成果上有着重要作用，但仅仅停留于此则很难激励机构领导层和研究人员真正参与和推动 IR，故必须挖掘 IR 对机构和作者的直接增值服务[6-7]，持续提高 IR 对机构和作者本身工作的支持力度。国科图在 IR 建设中坚持推动 IR 服务，将其作为 IR 战略的有机部分，而不是权宜之计或者诱饵。例如，利用 IR 内容支持科研成果管理、产出分析和科研评价，支持作者自动制作学术履历，提供作者、课题组或机构科研成果浏览下载的统计宣传等，创造 IR 与机构或作者的直接受益关系，支持机构和作者利用 IR 来形成新能力、新收益，把 IR 建设成机构和作者的知识管理工具。

IR 建设推广需要付出多大成本？仅仅依靠崇高的理想、一时的投入或者辛苦的工作很难让 IR 得到可持续发展。必须尽可能降低机构、作者和社会在存缴、管理和利用 IR 内容上的成本。在减轻作者存缴负担方面，远不仅是"让存缴更加容易"，而应努力从源头上消除或减少作者"自己存储"的负担，例如从科研成果管理系统自动转入数据，由机构授权图书馆存缴，或者要求出版社将论文自动推送到 IR；在减轻机构管理与运营负担方面，应利用现有部门（例如研究所图书馆）及其业务转型发展来平滑扩展 IR 运营服务，建立可靠的权益管理制度[8]，提供对作者、机构的支撑服务等；在减轻机构和社会利用 IR 内容负担方面，应提供高质量检索获取服务，支持增值服务，提供开放数据接口，支持与其他科研、教育、管理和文献系统的开放关联等。

2 中科院 IR 建设推广模式

为将发展策略落实为扎实可靠的 IR 建设与服务效果，需要针对具体机构的管理环境和推进条件，解决谁来建、如何推动、如何保障建设与服务的高效率和可持续等问题。

中科院由 100 余个具有独立法人地位的研究所组成，是典型的两级管理机制，而且研究所承担独立组织和管理科研活动、聘任和考核科研人员的职责。尽管国际上也有多机构的国立科研组织（例如德国马普学会）采取集中式 IR，但国科图在推进 IR 时明确将研究所作为 IR 建设、管理和服务的主体，将知识管理需求、责任和 IR 建设责任紧密结合起来，充分发挥研究所高度关注研究成果保存和影响力的积极作用，充分利用研究所的管理权威和管理细粒度，积极服务于研究所及其科研人员不断拓展的需要。尽管从系统平台投入角度看这样似乎不划算，但从更好地服务于研究所、得到研究所更多重视和更多支持的角度看，显然是有利的，而且中科院IR发展的事实证明了这一点。

IR是一个涉及法律、经济、技术和管理复杂挑战的新生事物，尤其是在一个拥有不同学科、多类不同性质单位的大型机构中，如何提供系统而全面的IR建设推动力，并长时期地保持这种推动的力度，需要将IR建设目标与承担推动职责的单位本身的战略发展密切结合，使IR"服务于这个单位本身的发展利益"。如果这个承担单位（例如某些研究所图书馆）仅仅认为IR是个"额外"的或者"有利于争取经费"的任务，与自己的核心战略发展并不相关，它就不会全力以赴，更不会积极调整自身业务来保障支持IR建设与服务。国科图从为科研教育机构建设新型开放知识基础设施、为社会塑造新型开放学术信息交流体系、为图书馆打造开放知识服务能力的角度来规划自己在开放获取中的职责与任务[9]，并在这个大框架下认识和组织全院各研究所建设IR的工作，使自己成为全院知识资产管理与服务促进中心和支持中心，以此为契机促进国科图自身和中科院整个文献情报服务体系转型发展，也结合这项工作来组织队伍和投资。

为了高效地推进和可持续地服务于中科院IR建设，国科图为研究所和科研作者提供最大可能的支持，同时从技术平台开发、IR建设服务、政策研究支撑、内容利用服务等方面采取了综合配套的支持机制，最大程度地减轻研究所和科研作者参与IR建设与服务的负担。在进行IR技术平台研究、知识资产管理政策研究的同时，配置学科馆员、技术和政策支撑团队与研究所协同工作；根据研究所特定需求，在研究所定制部署IR平台系统，建立研究所机构知识管理相关制度与规范，培育研究所自有知识资产管理能力；建设中科院IR网络集成服务门户（CAS IR Grid），对研究所IR元数据自动采集收割，提供集中揭示与集成检索服务，并提供浏览下载统计服务。政策研究、技术开发、服务支持是中科院研究所IR建设推广的三个重要方面，形成以服务支持为核心的三足鼎力推广建设模式（见图1）。换言之，中科院IR推广建设，重要的不是技术平台搭建与数据的存储，而是服务建设。

3 中科院IR建设现状

中科院于2007–2008年度启动、完成了力学研究所IMECH-IR和国科图LAS-IR试点建设工作，并在试点的基础上于2009年启动第一期规模化推广，2011年启动第二批推广，目前正持续推进。随着中科院IR推广工作的深入和

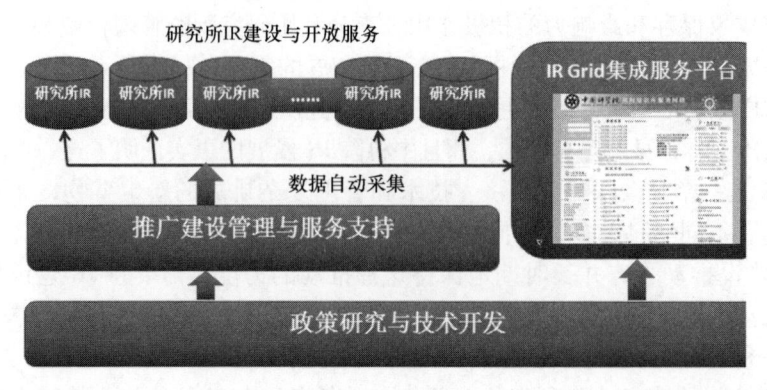

图 1　中科院 IR 建设推广模式

相关支撑服务的不断完善，知识内容采集数量明显呈逐年增长态势，截至 2012 年 10 月，公开服务 IR 达到万条以上的研究所有 11 家（见表 1），全院总体数据规模已达 349 003 条。其中，含全文的数据量为 265 016 篇，占 75.94%，可提供对外开放服务的全文数据量 159 131 篇，占 77.5%。当前研究所 IR 采集的主要知识内容类型为期刊论文（70%）、学位论文（11%）、会议论文（10%）、专利（5%）等并不同程度地收集了预印本、成果、专（译）著、文集、演示报告、研究报告、多媒体、软件著作权等内容类型（见图 2）。IR 访问利用量也显著增长，累积总浏览量 29 330 485 次，总下载量为 4 552 070 篇次（见图 3），大大提高了中科院研究成果的显示度和可见性。

表 1　中科院研究所 IR 建设万条以上情况　　　　　　　　　　（单位：条）

研究所名称	存储总量	存储全文量	全文开放量
高能物理研究所	19 451	18 499	3 750
金属研究所	18 795	2 170	2 170
大连化学物理研究所	18 674	7 647	7 647
长春应用化学研究所	18 269	17 615	16 355
工程热物理研究所	17 341	17 002	4 558
地理科学与资源研究所	15 963	5 086	3 604
南京土壤研究所	12 474	7 608	963
上海微系统与信息技术研究所	11 799	11 796	6 466
力学研究所	10 834	8 803	8 096
半导体研究所	10 732	10 499	9 218
长春光学精密机械与物理研究所	10 305	10 222	8 216

统计时间：2012 年 11 月 14 日。

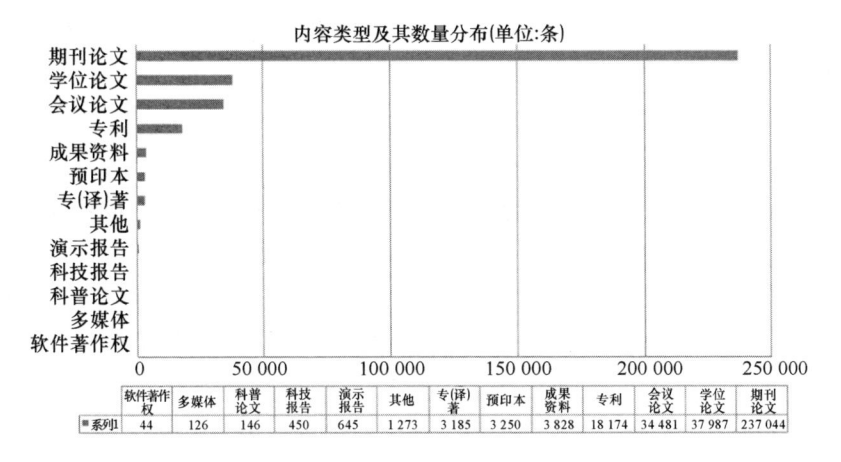

图 2　中科院 IR 内容类型分布

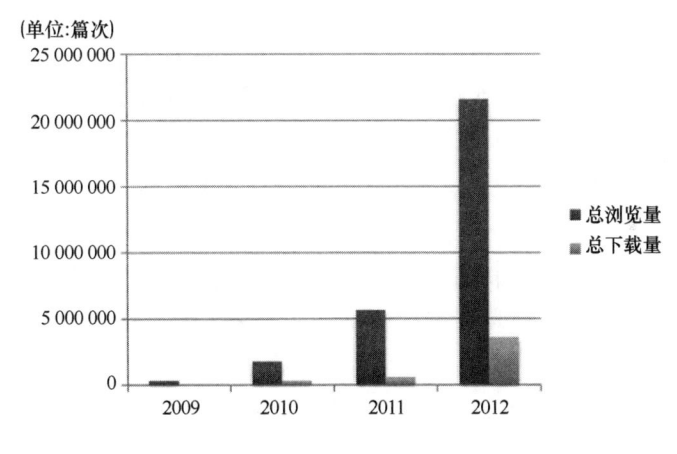

图 3　中科院 IR 访问与利用统计

4　中科院 IR 建设推广的学科服务工作模式

学科馆员是国科图支持研究所文献情报服务的基础力量，同时也是帮助研究所个性化创新和发展知识服务的关键抓手，因此研究所 IR 建设与服务从本质上就成为学科馆员服务内容中的应有之义，而且学科馆员可以有效沟通国科图技术团队、政策团队与研究所，从而保证国科图对研究所 IR 建设的综合支持。因此，国科图在组织推进研究所 IR 建设时，将之定位于知识服务能力建设，采用了学科服务工作模式，将 IR 推广工作与学科服务工作绑定，纳入国科图学科服务核心任务体系中，并在制度建设上予以保证，使之彼此促进。

4.1 将 IR 建设与学科化基础服务工作紧密结合

国科图制定了《学科馆员在 IR 建设专项工作中的职责》，明确 IR 建设推广工作在学科馆员岗位职责中的要求，从 IR 建设宣传推广、系统技术、政策体系等各个方面与工作中的各个环节上，要求学科服务全程参与，将 IR 建设推广工作渗透在参考咨询、教育培训、学科情报服务等基础服务中，从本质上将 IR 推广工作嵌入学科服务工作，保证了 IR 推广工作责任到人，落到实处。

4.2 通过学科服务协同工作机制保障 IR 推广建设

IR 建设是一项复杂的系统工作，需要机构决策层、管理层、用户层的不同参与，也需要服务、技术、政策等多团队的通力合作，更涉及机构、作者、数据库商等多方利益的平衡。中科院 IR 建设推广工作以学科馆员为枢纽，建立与科研决策用户、科研管理用户、科研一线用户的密切联系，建立技术、政策、服务的联合团队，协调各方需求与利益，构建协同工作环境与工作机制。

4.3 以 IR 建设推广工作为抓手，拓展学科服务的工作形式

学科馆员参与 IR 建设推广，有利于推进嵌入科研一线的学科服务，拓展学科服务的内容，形成一种以机构知识资产管理为目标，融合学科服务的咨询、教育、培训、信息环境建设、科研产出分析、学科情报分析等各个类型的综合服务形式。

4.4 基于 IR 建设推广，延伸学科服务的工作内容

IR 是新型学术交流变革体系中的重要形式，进行 IR 建设推广和服务扩展，有利于推动国科图和研究所图书馆的转型发展，使图书馆服务从存储、检索、统计、推送等传统信息服务向知识审计、关联揭示、数字知识管理、数字教育、机构分析评估、数字出版等新型知识服务延伸。

4.5 基于 IR 建设推广，推动学科馆员的能力发展

IR 建设赋予学科馆员新的能力要求和服务职责，包括网络学术资源组织体系研究、长期保存的政策与技术体系研究、知识管理的理论与方法研究、学科传播与教育规范研究、知识共享利用的政策规范研究、科研评价方法研究、电子出版政策与规范研究等，对促进学科馆员能力建设起到了重要的推

动作用。

5 中科院 IR 建设推广工作机制

5.1 项目牵引工作机制

中科院 IR 建设是在"中国科学院知识创新工程重要方向项目"支持下，由国科图组织实施，分一期、二期先后开展。整体工作采用院所两级项目推进的方式，组织和支持研究所开展本所 IR 建设工作。在研究所领导下，协同所内相关部门参与，国科图责任学科馆员与技术人员配合，成立研究所级子项目组，经过申请、审批、制定子项目任务书、阶段检查等工作流程，开展研究所 IR 的自主建设工作。

项目牵引方式可将 IR 建设纳入研究所领导视野和责任，获得其认可和支持，并可撬动研究所匹配启动经费，同时也对研究所图书馆转型发展形成压力和激励。另外，通过"项目任务书"方式建立起责任约束的目标、团队和工作机制，可将研究所 IR 建设纳入院所两级共同监督考核之下。

项目推进方式也要求全院形成研究所 IR 建设进度和效果的规范管理考核机制，国科图先后制定了《研究所机构知识库建设推广专项工作指南》、《研究所 IR 建设推广专项工作管理办法》、《研究所 IR 建设推广专项工作验收考核办法》等，使研究所 IR 建设工作有章可循。

5.2 分层递进工作机制

IR 建设是一项系统性、可持续性的工作，不可能一蹴而就，也不可能一劳永逸，因此，在组织推进的规划方面，国科图采用了试点→示范→一期首批推广→二期规模推广的工作步骤，由研究所自主申请，国科图择优支持、分批推动，通过成熟一个支持一个的方式，由点及面，分层递进，逐步扩展建设规模，积累建设经验，建立示范案例，形成发展势头，完善建设流程与制度。

在通过"全面规划，系统设计"引导研究所 IR 建设的同时，国科图鼓励研究所"由浅及深，逐步推进"。例如，在知识内容对象管理方面，先从简单的、常规的、近期的知识内容组织管理出发，逐步推进复杂的、特殊的、回溯的知识内容组织管理，充分利用国科图提供的期刊数据、学位论文数据等以及管理模板，逐步推进研究所扩展知识内容类型和数据规模。

分层递进的推广原则也同样适用于 IR 平台软件系统的研发及 IR 政策体系的完善。中科院 IR 软件平台（CAS OpenIR）遵循需求驱动的功能演进路径，随着中科院 IR 的逐步发展，形成了支持知识内容多类型扩展管理、知识成果多渠道采集集成、知识资产多维度统计分析、个人学术履历管理、开放互操作服务等的综合知识资产管理服务平台。针对IR建设过程中涉及知识产出管理的复杂制度与政策要求，中科院IR建设的政策研究团队在《中国科学院机构知识库政策框架与相关配套机制研究》调研报告基础上逐步完成了《［研究所］机构知识库建设管理办法》等系列配套政策模板，并通过征求意见会、CAS IR政策机制培训会、下所现场访谈等多种形式，解释、宣传和修订《机构知识库运行管理办法》，逐步完善，为研究所提供了IR建设过程中涉及存缴责任人与存缴内容界定、内容传播与管理、考核与激励、权益管理等政策制定的参考指南。

5.3 协同服务工作机制

国科图依托全院学科服务机制，将研究所IR推广服务与学科馆员服务结合起来。在具体研究所的IR建设推广中，学科馆员是责任研究所IR建设的联络人和推动者，由研究所文献情报人员和责任学科馆员共同组成核心团队，建立三级协同工作机制，保证研究所IR建设过程中的政策、技术、服务需求和问题能够得到及时合理的解决。

5.3.1 学科馆员与研究所文献情报人员协同工作　协同收集和掌握研究所IR建设的需求，动员和说服研究所领导与相关部门参与到IR建设当中，共同规划IR建设任务，组织提供IR建设的政策、内容组织、服务设计等咨询服务，解决研究所IR建设应用过程中的各种问题以及收集和反馈研究所IR建设运行过程中的需求和建议等。

5.3.2 院所联合团队与技术研发团队协同工作　按照国科图总分馆学科馆员团队责任片区，分别确定学科馆员技术协调人，建立所文献情报人员＋责任学科馆员＋学科馆员技术协调人＋技术支持人员的协同支持团队，制定《学科馆员在IR专项工作中的职责》、《学科馆员IR技术协调人工作职责要求》和《研究所IR技术支持与服务规范》等规范，明确规定各方在研究所IR推进、申请、建设、评估验收各个阶段的责任和要求。共同承担IR平台技术问题的咨询、培训与服务支持工作，协调解决技术问题，收集和反馈研究所IR平台建设中的问题、个性需求及研发建议，推进技术平台系统的修正和完善。

5.3.3 院所联合团队与政策服务团队协同工作　学科馆员积极学习有关知识产权等权益管理政策，配合政策服务团队，直接或间接支持研究所IR建设过程的有关政策咨询、培训工作，梳理实践案例，了解并收集研究所在政策方面的困惑与难点问题，提出政策支持服务的需求建议，共同协助制作研究所IR建设的政策体系。

这种联合协同机制将各方力量集合在一起，通过走访研究所、研讨交流、专题调研等，随时掌握需求和问题，及时进行服务政策及服务功能的推广示范，还建立了IR技术支持服务网站（http：//service.llas.ac.cn）和全院研究所IR建设工作QQ群，及时发布有关IR应用、更新和技术经验帖，促进IR应用公共知识与经验的交流分享。

5.4 激励推广工作机制

"胡萝卜"与"大棒"相结合的IR建设机制被认为是IR建设的有效推进方案[10]。合理的激励机制是中科院IR建设快速启动和顺利发展的重要保证。国科图将激励对象分为研究所、研究所IR建设人员和科研人员三种类型，分别采用考核激励和服务激励的方式，硬激励与软激励并用，督促研究所进行IR的自我建设，如表2所示：

表2　中科院IR建设激励机制

激励对象	激励类型	激励措施
研究所	考核激励 服务激励	纳入院信息化和文献情报工作测评 项目检查监督 所级知识产出审计和成果影响力统计等
研究所IR建设人员	考核激励	项目检查监督 优秀范例宣传、隐性表彰考核 纳入院信息化和文献情报工作测评
研究所科研人员	服务激励	针对作者的学术履历服务 针对用户的知识发现服务 针对作者或课题组的内容开发调用服务

考核激励方面，依托项目任务书的责任与进度要求，采用项目检查、验收等方式，制定《研究所机构知识库建设推广专项工作验收办法》，设计"研究所IR建设统计评估指标"，对研究所IR建设的规模、速度和服务效果提出要求。同时，设计制定了全院IR建设效果排行榜，在全院范围内定期发布，正向激励，彰显研究所IR建设优秀成果，拉动榜外各研究所的IR建设工作。2010年起中科院信息化评估工作将"是否已经启动关于已发表的论文、会议报告、研究报告、专利、获奖情况等机构知识库管理系统"作为研究所数字知识成果管理与共享的评估指标之一，此举有利于进一步推进研究所IR建设

工作。

以"粘性化"服务功能吸引用户的关注与参与，是对科研用户最主要和最具成效的正向激励途径。基于CAS OpenIR平台推出的个性化知识资产组合统计分析服务功能、精细化个人学术成果访问统计服务功能、个人学术履历管理服务功能以及网络化发布本机构下载排行、全院下载Top 20排行等，都可以帮助科研决策人员、科研管理人员和科研一线人员（作者本人或终端用户）方便地统计和分析机构知识资产，多维度分析机构全局和科研用户个人学术成果的访问利用情况，了解知识内容访问利用影响，实现个人知识组织管理和对外展示，提升机构与个人学术影响力。

6 中科院IR建设推广的后续要求

受研究所已有数据基础、学术管理制度、本领域学术交流习惯及IR承建单元（主要为研究所图书馆）在所里调动各方力量的能力程度等影响，各研究所IR建设并不平衡；同时，受研究所重点科研成果的类型、研究成果的市场竞争性、保密性等影响，也由于还不能熟练处理IR内容权益管理问题，IR内容的开放程度还不够；IR内容及其服务还较明显地游离于研究活动之外，局限于研究所图书馆自我建设的情况还较常见，科研人员参与较少；少数研究所虽已开始考虑IR的政策制度建设，但总体上对在保护各方合法权益和尽可能开放传播IR内容之间保持平衡的具体政策和规则还不够清楚。

根据国科图IR发展策略和建设模式，基于目前的良好态势，可从以下方面继续推动IR建设与服务：

• 加快开发、推广和普及各类基于IR内容的增值服务，切实通过对作者和研究所直接有用的服务来吸引和鼓励用户。要强化技术平台的"用户粘性"开发思路，结合研究所在科研规划、管理、评价方面和在专家与成果的宣传、展示方面的需求，结合作者在展示成果、扩大影响、组织信息、定制个性化主题化成果集等方面的需要，前瞻性探索"服务机构"和"服务作者"的模式和技术，不断优化知识审计功能，实现全流程、多谱段知识管理，支持从个人到研究所的不同细粒度的科研单元个性化知识管理，制作多尺度的知识地图，具有开放互操作与灵活嵌入功能，将IR嵌入到科研教育工作流。

• 加快协助研究所结合科研管理、科研评价、成果传播等需要，制定针对多种主要科研成果类型的知识成果管理利用的政策措施，并将之纳入研究所整个知识管理战略和工作体系中；进一步完善针对公共资金资助的科研成果开放共享的具有足够细粒度和可操作性的政策规则；建议并推动IR制度被纳入中科院知识管理的正式政策；持续开展对IR管理者的培训，造就一批具有综合素质的知识管理骨干。

- 锲而不舍地试点和推进由各期刊出版社自动向中科院 IR 推送各单位成员论文，积极与开放出版社合作获取其开放出版期刊元数据和全文；同时，通过丰富服务、强化政策，吸引、催促、激励内容存缴；支持并细化对存缴内容的开放范围与开始日期的个性化设置，细粒度考虑并支持不同参与者对不同内容的不同关切度；加大研究所 IR 的内容开放比（存缴内容篇数与开放获取篇数之比）。

- 加强国内外合作，开放共享中科院 IR 建设的经验和成果，基于 CAS OpenIR 平台系统利用实践，发布 OSS 软件 CSpace，牵头成立中国 IR 联合推进工作组，建设 China IR 信息支持门户，积极推进面向全国的经验交流活动，进一步加强与国际开放获取机构知识库联盟（COAR）、开放机构知识库年度学术会议（Open Repositories）等的合作，推动中国 IR 建设与发展，促进国内国际交流和合作。

参考文献：

[1] The Directory of Open Access Repositories-OpenDOAR[OL].[2012-11-15]. http://www.opendoar.org/.

[2] Registry of Open Access Repositories[OL].[2012-11-15]. http://roar.eprints.org/.

[3] Bankier J G, Foster C, Wiley G. Institutional repositories: Strategies for the present and the future[OL].[2012-11-15]. http://works.bepress.com/jean_gabriel_bankier/5.

[4] Palmer C L. Strategies for institutional repository development: A case study of three evolving initiatives[J]. Library Trends, 2008,57(2):142-167.

[5] Walters T O. Strategies and frameworks for institutional repositories and the new support infrastructure for scholarly communications[J/OL]. D-Lib Magazine, 2006, 12(10)[2012-11-15]. http://www.dlib.org/dlib/october06/walters/10walters.html.

[6] Markey K, Rieh S Y, St. Jean B, et al. Secrets of success: Identifying success factors in institutional repositories[OL].[2012-11-15]. http://smartech.gatech.edu/bitstream/handle/1853/28419/118-449-1-PB.pdf.

[7] Proudman V. Critical success factors for populating repositories and services identified by six European good practices[OL].[2012-11-15]. http://arno.uvt.nl/show.cgi?fid=68181.

[8] 张晓林,张冬荣,李麟,等.机构知识库内容保存与传播权利管理[J].中国图书馆学报,2012(4):46-54.

[9] 张晓林,刘细文,李麟,等.研究图书馆推进开放获取的战略与实践[J].图书情报工作,2013,57(1):15-19,48.

[10] Ferreira M, Baptista A A. Carrots and sticks:Some ideas on how to create a successful institutional repository[J/OL]. D-Lib Magazine,2008,14(1/2)[2012-11-15]. http://www.dlib.org/dlib/january08/ferreira/01ferreira.html.

作者简介

张冬荣，中国科学院国家科学图书馆研究馆员，E-mail：zhangdr@mail.las.ac.cn；祝忠明，中国科学院国家科学图书馆研究馆员；李麟，中国科学院国家科学图书馆馆员，博士研究生；王丽，中国科学院国家科学图书馆馆员。

国家科学图书馆咨询知识库的研究与实践

李 玲[1] 姚大鹏[1] 魏 韧[1] 张杰龙[1] 范 炜[2]

[1]中国科学院国家科学图书馆 北京 100190 [2]四川大学公共管理学院 成都 610064

1 咨询知识库及类型划分

咨询知识库是供用户查询知识并获取参考的服务平台[1],是从用户的提问中选择有普遍意义的问题,经过图书馆员编辑,配上答案,形成可供检索、浏览的参考源[2]。它不仅是一个可以存储咨询记录的仓库,更是一个利用知识切实解决用户问题的平台,通过咨询员对知识库进行内容管理和质量控制,使咨询案例得到充实和更新,从而更便捷、准确、有效地解决用户的问题[3]。

浙江工业大学之江学院图书馆周群芳等将咨询知识库分为两大类:第一类是包含问题与答案的"案例库";第二类是只提供咨询知识,不提供直接答案的"咨询知识库"。其中,第一类"案例库"又可细分成两种类型:一种是问题直接取自用户的提问,是实时参考咨询的副产品;另一种是图书馆员根据经验归纳总结后提出问题和相应答案,其典型代表是 FAQ。第二类"咨询知识库"也有两种主要形式:一种是集合了图书情报机构咨询相关的理论知识、专家系统、检索工具,但不是面向问题的知识库;另一种是面向用户的问题需求来组织咨询的知识库[4]。

结合自身实践,笔者将咨询知识库按照所收录咨询案例的来源划分为 4 种类型:原始型、选择型、FAQ 型和整合型,每种类型具有不同的咨询案例来源、应用实例及局限性(见表 1)。

2 中国科学院国家科学图书馆咨询知识库的建设目标

如表 1 所示,中国科学院国家科学图书馆网络参考咨询系统中原有的知识库属于"原始型",其咨询案例与咨询库的记录保持一致,用户通过系统提供的"问题/答案检索"查找相关咨询案例。随着咨询工作的持续开展,系统中积累的咨询记录数量越来越多（目前已有 65 000 条咨询案例，包括 27 000 多条实时咨询记录、38 000 多条表单咨询记录），这种"原始型"知识库的局限性也越来越显现出来——存在大量重复冗余的提问，且不能很好地整合学科馆员通过网络参考咨询以外的其他咨询途径积累的咨询案例。2011 年起，中国科学院国家科学图书馆开始了"整合型"咨询知识库建设，其建设目标包括以下 4 项内容。

表 1 咨询知识库的类型划分

知识库类型	咨询案例来源	应用实例	局限性
原始型	直接取自网络咨询系统中的问答记录，知识库内容与咨询库内容一致。	中国科学院国家科学图书馆的问题/答案检索[5]	咨询案例没有经过精选，存在大量重复问题且答案良莠不齐；不能整合网络咨询系统之外的咨询案例。
选择型	直接取自网络咨询系统中的问答记录，但需要经过咨询员推荐才能进入到知识库中。	国家科技图书文献中心（NSTL）的咨询知识库[6]	咨询案例由咨询员各自推荐，缺乏审核和系统化设计；不能整合网络咨询系统之外的咨询案例。
FAQ 型	咨询员根据经验对常见问题进行归纳总结，提出问题及答案。	清华大学图书馆 FAQ[7]	咨询案例一般只包括常见问题，咨询案例数量较少。
整合型	既可从网络咨询系统记录中直接推荐生成，也可由咨询员手工添加从其他途径积累的案例。	哈佛大学图书馆咨询知识库[8]	/

2.1 建立咨询员团队经验交流共享平台，持续提升团队咨询能力

2006 年开展学科化服务以来，中国科学院国家科学图书馆大力开展深入用户办公场所的面对面咨询服务，并充分利用网络实时咨询、表单咨询、电话、E-mail、MSN、QQ、BBS、博客、微博等各种平台和途径，构建了立体化、全方位的参考咨询体系，积累了大量的咨询案例，但是这些知识点分散在各个渠道，还没有形成统一的共享平台。咨询知识库的建设，有利于把分散在各种平台、各种途径、各位馆员手中的咨询实践经验和案例充分挖掘整合，促进全院图书馆员之间的经验交流，持续提升整个团队的咨询能力。

2.2 建立新馆员咨询技能上岗培训平台，快速培养新馆员咨询能力

近年来，中国科学院文献情报系统引进了大量具有高学历和学科背景的

新馆员，为学科化服务注入了新生力量。与此同时，面向这些陆续引进的新馆员，参考咨询上岗培训也成为持续不断的任务。咨询知识库的建设，可为参考咨询培训提供丰富的模板和案例，帮助新馆员快速积累咨询经验，系统全面地掌握知识点，在最短的时间内达到上岗要求。

2.3 建立常见问题规范化解答模板，有效提升咨询质量和效率

咨询统计时发现，很多问题被用户重复提出。2010年表单咨询问题统计中，"主页使用中的绿灯问题"出现108次，"Endnote安装问题"出现61次，"Endnote下载问题"出现50次。对于这些问题，不同咨询员给予的解答不尽一致。咨询知识库的建设，有利于把常见问题进行梳理，形成可供全体咨询员参考的规范解答模板，有效提升每位咨询员对常见问题的响应速度、答题规范性和准确性，提升咨询质量和效率。

2.4 完善开放信息素质教育服务平台，培养用户自助解决问题的能力

自2007年以来，中国科学院国家科学图书馆网络参考咨询系统从早9点到晚9点持续服务，最大限度地延长咨询服务时间，这背后需有大量人力的支撑，但用户在非开放时间遇到的问题仍然无法得到及时解答。咨询知识库可提供24×7在线服务，使用户不受时间制约随时查找问题及答案。用户查找问题及其解决方案的过程，实际上也是信息素质能力不断提高的过程。咨询知识库按"提问–回答"方式组织内容，以其短小实用的咨询解答案例，对以培训课件为主的开放信息素质教育服务平台[9]形成有效补充。

3 中国科学院国家科学图书馆咨询知识库的内容组织

3.1 咨询知识库的元数据元素集

咨询知识库元数据是对咨询案例的问答内容和属性进行描述，并且对问答记录进行管理的元数据[10]，一个咨询案例作为一个著录单位。中国科学院国家科学图书馆咨询知识库的元数据集包括描述性元数据和管理性元数据两种类型（见表2），其中，描述性元数据包括通用元素、问答元素和评价元素，管理性元数据包括处理状态和服务范围等。

表2 中国科学院国家科学图书馆咨询知识库的元数据

类型	元素		必备性	说　　明
描述性元数据	通用元素	记录号	√	咨询案例的记录代码，由系统自动生成
		问题类别	√	咨询案例涉及的问题类别。通过下拉列表填写，可实现多选
		标签/关键词		咨询案例涉及的主题词或关键词。这是应用标签云的基础
	问答元素	问题	√	提问的具体内容
		答案	√	答案的具体内容
		说明		说明答题思路或注意事项，揭示其中蕴藏的知识点和技巧
		附件		答案中相关补充文件
		创建人	√	咨询案例的创建人
		审核人	√	咨询案例的审核人
		创建时间	√	咨询案例的创建时间，由系统自动生成
		更新时间		咨询案例的最后一次更新时间，由系统自动生成
	评价元素	用户点评		用户对咨询案例做出评价、追加问题、补充答案等
		点评时间		用户对咨询案例进行点评的时间，由系统自动生成
		点击次数		用户对咨询案例的点击次数，由系统自动生成
管理性元数据	处理状态	未发布	√	咨询案例的处理状态描述，属性包括未发布、已发布等。通过下拉列表单选其一
		已发布		
	服务范围	内部使用	√	咨询案例的服务范围描述，属性包括内部使用、开放使用等。通过下拉列表单选其一
		开放使用		

3.2 咨询知识库的分类体系

为了合理组织和揭示咨询知识库中的咨询案例，笔者对中国科学院国家科学图书馆网络参考咨询系统近年来的咨询记录进行梳理统计，并对外部用户需求及图书馆业务领域进行系统调研。依据上述调研结果，确定从问题类别和标签云两个维度对咨询案例进行揭示。

3.2.1 问题类别　设立了11个一级类目，包括服务规则、服务系统、查找资料、研究生院、NSTL、图书馆学、院外读者、资源荐购、资源建设、名词术语及其他。其中，服务规则、服务系统、查找资料3个一级类目之下又设置若干二级类目，通过问题类别的使用，建立了咨询知识库的分类浏览体系，如图1所示：

3.2.2 标签云　咨询知识库中除了可按问题类别对咨询案例进行揭示外，还根据标签（即关键词）对咨询案例进行揭示（见图2）。标签云是关键词的视觉化描述，标签按字母顺序排列，其重要程度通过改变字体大小和颜色来表现，所以标签云可以灵活地依照字序或热门程度来检索一个标签。

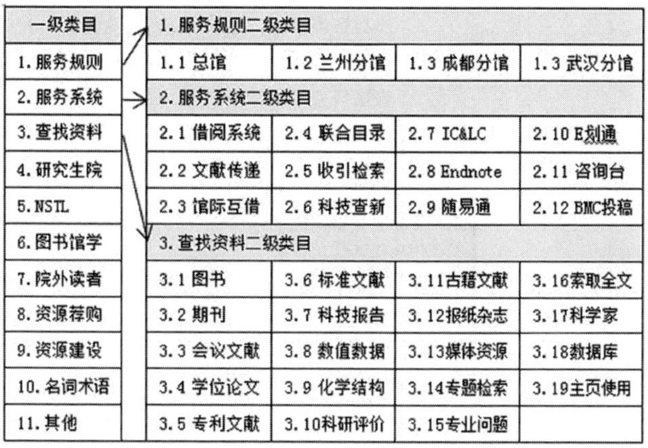
一级类目
1.服务规则
2.服务系统
3.查找资料
4.研究生院
5.NSTL
6.图书馆学
7.院外读者
8.资源荐购
9.资源建设
10.名词术语
11.其他
1.服务规则二级类目
1.1 总馆
1.2 兰州分馆
1.3 成都分馆
1.3 武汉分馆
2.服务系统二级类目
2.1 借阅系统
2.2 文献传递
2.3 馆际互借
2.4 联合目录
2.5 收引检索
2.6 科技查新
2.7 IC&LC
2.8 Endnote
2.9 随易通
2.10 E划通
2.11 咨询台
2.12 BMC投稿
3.查找资料二级类目
3.1 图书
3.2 期刊
3.3 会议文献
3.4 学位论文
3.5 专利文献
3.6 标准文献
3.7 科技报告
3.8 数值数据
3.9 化学结构
3.10科研评价
3.11古籍文献
3.12报纸杂志
3.13媒体资源
3.14专题检索
3.15专业问题
3.16索取全文
3.17科学家
3.18数据库
3.19主页使用

图1　中国科学院国家科学图书馆咨询知识库的问题类别

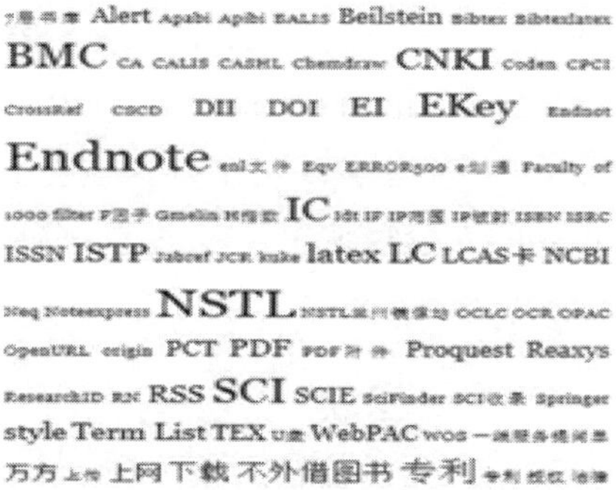
Alert
Beilstein
BMC
CNKI
DII
DOI
EI
EKey
Endnote
IC
ISSN
ISTP
latex
LC
LCAS卡
NCBI
NSTL
PCT
PDF
Proquest
Reaxys
RSS
SCI
SCIE
style
Term List
TEX
WebPAC
万方
上网
下载
不外借图书
专利

图2　中国科学院国家科学图书馆咨询知识库的标签云

4　中国科学院国家科学图书馆咨询知识库的内容管理流程

咨询知识库的内容建设是一个涉及全馆各部门、各业务模块的系统工程，建立分工明确、相互协作的内容管理流程，是确保咨询知识库得以顺利实施并可持续运作的基础。

在中国科学院国家科学图书馆咨询知识库的内容管理流程中，每一个咨询案例从撰写到进入知识库开放使用，都必须经历一审、二审和终审三个严格的审核过程，审核内容包括问题实用性（即是否有价值）、回答准确性、格式规范性、政策严谨性和使用范围等多个方面的具体要求，从而保证了咨询知识库内容的严谨性和准确性，如图3所示：

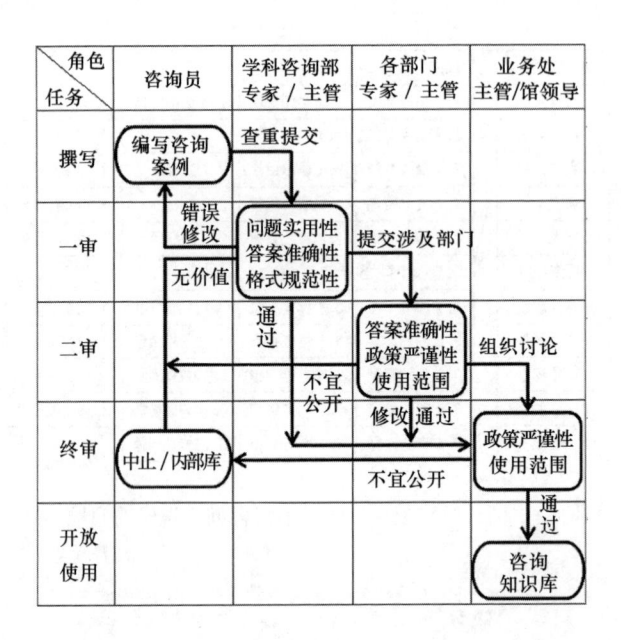

图3 中国科学院国家科学图书馆咨询知识库的内容管理流程

参与咨询知识库建设的人员包括4种角色：①咨询员：由活跃在服务一线的学科馆员和馆员担任，对自己在日常咨询实践中积累的常见问题及典型案例进行梳理总结，编写咨询案例。②总分馆学科咨询专家/主管：由总分馆学科咨询部有丰富经验的资深专家和业务主管担任，对咨询员提交的咨询案例进行一审，重点对咨询案例的内容实用性、回答准确性、格式规范性三个角度进行考察。③总分馆各部门专家/主管：由各部门具有丰富经验的专家和业务主管担任，对涉及本部门业务工作的咨询案例进行二审，重点对咨询案例的回答准确性、服务政策描述严谨性、使用范围三个角度进行考察。④业务处主管/馆领导：业务处牵头对全部咨询案例进行终审，重点对咨询案例的政策严谨性、使用范围两个角度进行考察。

5 中国科学院国家科学图书馆咨询知识库的系统功能

根据咨询知识库的各项功能需求，笔者采用了系统功能比较成熟稳定的开源软件Drupal来实现咨询知识库的各项功能。主要设置用户权限管理、内容编辑与知识发布、分类浏览、标签云浏览、全文检索、用户评价、RSS订阅等功能模块。

5.1 用户权限管理

考虑到系统维护、运行的安全与方便，系统底层设置系统管理员、咨询员、审核员、普通用户4种不同权限类型的用户，其中：①系统管理员具有最高权限，可以管理咨询知识库的各项内容模块以及用户信息；②咨询员可以创建、修改和点评知识信息；③审核员除了具有学科馆员的权限外，还可对学科馆员发布的知识信息进行修改编辑；④普通用户权限最低，不需要注册，可浏览、检索和订阅信息。

5.2 内容编辑与知识发布

系统提供了内容编辑与知识发布功能，用户可以根据各自拥有的权限，完成对知识内容的创建、修改、发布、评论以及分类体系的设置和调整等操作，从而达到知识管理的目的。其中，咨询员可以创建、修改知识内容；审核员可以创建、修改和发布知识内容；系统管理员可以设置、调整分类体系；普通用户可以浏览、搜索和评论知识内容。

5.3 分类浏览

在 Drupal 内容管理系统的 Taxonomy 分类设置中，系统底层提供了一级和二级类目设置，实现了3.2.1所述问题类别分类方案。在用户界面中，主页左侧列出咨询知识库涉及的一级、二级问题类别，并列出涉及的问题数量。用户可按照问题类别快速浏览感兴趣的咨询案例，并在不同类目之间灵活切换，从而系统地浏览相关类目的问题及答案。

5.4 标签云浏览

按照3.2.2所述标签云设定方案，在主页右侧列出咨询知识库涉及的标签云。每一个标签所显示的字体大小，取决于每一个标签所涉及咨询案例条目的多少，用户可以由此很直观地找到咨询知识库的热点主题，从而快速地找到相关热点主题的问题及答案。

5.5 全文检索

系统提供了全文检索功能，用户在主页右侧的检索框中输入自己感兴趣的关键词后，系统会快速地在知识库中进行全文检索，检索结果以列表的形式展示出来，用户可以从检索列表中迅速找到自己关注的问题及答案。

5.6 用户评价

系统提供了用户留言和评价功能，用户可以对知识库中的每一个咨询案例做出评论、反馈，或者追加问题、补充答案等信息。这样便捷的反馈方式会提高用户参与度，有利于咨询员与用户之间的交流互动，对于知识库解答内容的补充和完善发挥了很好的作用。

5.7 RSS 订阅

系统对每一个一级、二级分类目录页面和标签目录页面都提供了 RSS 推送功能，用户可以很方便地利用 RSS 订阅工具，及时跟踪咨询知识库的最新内容。

6 中国科学院国家科学图书馆咨询知识库的应用效果

咨询知识库自 2011 年 9 月投入运行以来，不仅作为中国科学院咨询员（注册用户）内部的学习交流平台，而且大部分内容面向社会用户（非注册用户）开放服务。

6.1 咨询员学习交流的平台

中国科学院咨询员利用这个平台开展咨询经验交流，跟踪学习新咨询案例，并参照知识库中提供的答题模板进行规范解答，对常见问题的咨询响应速度、答题规范性和准确性都得到了明显提高。同时，为面向各类型馆员（本馆新员工、新学科馆员、研究所交换馆员）提供的参考咨询技能培训提供了丰富、规范的案例，对咨询团队能力建设发挥了良好的作用。

6.2 用户自助解决问题的平台

咨询知识库提供 24×7 的在线服务，对网络参考咨询系统形成了有效的支持和补充，其短小实用的咨询解答案例，受到了用户欢迎。截至 2012 年 6 月底，用户点击率已达 7 万余次，有些研究所图书馆还在自己的主页上建立了对咨询知识库的网络链接。对于各类常见问题，用户随时可以通过搜索知识库，参照相关咨询答案自主解决问题，从而提高工作效率。

7 中国科学院国家科学图书馆对咨询知识库建设的进一步思考

7.1 建立咨询知识库内容的完善机制

图书馆的服务模式、服务内涵、服务平台在不断创新，用户需求也在不断发展，咨询知识库建设不可能一蹴而就，咨询案例将会是一个持续更新和发展的过程，须持续开展知识库建设：①开展咨询问题年度统计分析，对常见问题和典型问题进行梳理和分类，从中提炼新的咨询案例；②对某些专题 FAQ 栏目进行系统化设计，例如新增 BioMed Central 投稿专题，完善专利检索、标准检索等专题；③咨询员日常推荐新的咨询案例。新增的案例经过撰写、审核等管理流程后，提交到知识库中开放使用。

7.2 建立咨询知识库内容的更新机制

对咨询知识库内容的更新维护，下一步将从人工定期提醒变为系统自动提醒。对每一个咨询案例都要定义有效期，到了有效期系统会自动发送邮件提醒创建者和审核者，要求其按时对咨询案例进行更新和维护。系统管理员也会根据系统提示，及时删除无用的、过期作废的咨询案例，从而保证咨询知识库的内容常新。

7.3 建立咨询知识库的激励机制

为了鼓励更多馆员主动分享知识和经验，考虑在知识库社区中，根据贡献知识、应用知识得分的多少为馆员排名并颁发相应的荣誉头衔，让贡献多的馆员得到相应的物质或精神奖励，营造一种鼓励分享经验、共享知识的良好氛围。

7.4 建立咨询知识库的分析反馈机制

咨询知识库的内容来源于用户常见问题和典型问题，建立对咨询知识库内容的分析反馈机制，一方面便于挖掘用户信息素质能力中的薄弱环节，主动提供针对性的培训讲座；另一方面便于发现图书馆现有服务的改进空间，提出优化措施，促进图书馆各项工作的全面提升。通过对咨询知识库内容的深度挖掘、整理和利用，使之从被动的"问题解答"，转变为主动的"问题管理"，成为图书馆业务创新发展的重要源泉。

7.5 探索基于咨询知识库的智能咨询系统

咨询知识库作为网络参考咨询台的前台，使大量常见问题得到解答，减轻了网络咨询台的负荷。为了更好地发挥其增值作用，我们将探索基于咨询知识库的智能咨询系统，以自然语言处理和人机交互等人工智能技术为基础，实现24×7智能机器人实时咨询服务[11]，进一步提高咨询效率，降低人工成本。

参考文献：

[1] 王毅,罗军.中美图书馆咨询知识库比较研究[J].图书情报工作,2010,54(17):40-44.

[2] 初景利.图书馆数字参考咨询服务研究[M].北京:书目文献出版社,2004.

[3] 王毅,罗军.图书馆咨询知识库建设的现状分析和策略建议[J].图书馆建设,2010(4):54-57.

[4] 周群芳,吴云标.自助式咨询知识库的组织设计[J].图书情报工作,2008,52(3):80-83.

[5] 国家科学图书馆参考咨询库[EB/OL].[2012-07-15]. http://dref.csdl.ac.cn/digiref/qasrch/index.jsp?member_id=0.

[6] 国家科技图书文献中心参考咨询库[EB/OL].[2012-07-15]. http://www.nstl.gov.cn/anyask/faq.html?action=knowledge&key=nstl.

[7] 清华大学图书馆 FAQ[EB/OL].[2012-07-15]. http://vrs.lib.tsinghua.edu.cn/pub/index.htm.

[8] Harvard Library. Ask a Librarian. [EB/OL]. [2012-07-15]. http://asklib.hcl.harvard.edu/browse.php.

[9] 国家科学图书馆开放信息素质教育服务平台[EB/OL].[2012-07-15]. http://il.las.ac.cn/knowbase/.

[10] 梁南燕,肖珑.CALIS 虚拟咨询知识库元数据规范的设计应用[J].现代图书情报技术,2007(10):7-11.

[11] 孙翌,李鲍,曲建峰.图书馆智能化 IM 咨询机器人的设计与实现[J].现代图书情报技术,2011(5):88-92.

作者简介

李　玲,女,1969 年生,副研究馆员,硕士,发表论文 20 余篇。

姚大鹏,男,1981 年生,馆员,硕士,发表论文 3 篇。

魏　韧,男,1979 年生,馆员,硕士,发表论文 2 篇。

张杰龙,男,1983 年生,馆员,硕士,发表论文 7 篇。

范　炜,男,1981 年生,讲师,博士,发表论文 10 余篇。

西安交通大学机构知识库数据共享集成研究与实践[*]

魏青山 张雪蕾 陈楠楠 邵晶

西安交通大学图书馆医学分馆

1 前言

机构知识库（institutional repository，以下简称"机构库"）是在开放获取理念下的一种信息获取方式，主要收集机构各种具有自主知识产权的学术研究成果，用于机构学术成果的存缴、传播和管理并提供开放获取的知识传播与服务系统。

从政府层面政策支持来看，2013 年开始，德国、英国、阿根廷、日本等国明确要求本国科研人员在科研成果正式发表后 6 – 12 个月内将其存缴入国家或指定的机构库并提供开放获取服务，特别对一些硕士、博士、博士后论文要求网上公布电子版[1-2]。2014 年 5 月，中国科学院、国家自然科学基金委员会发布声明，分别要求中国科学院研究人员和研究生以中国科学院所属机构名义承担的各类公共资助科研项目以及国家自然科学基金全部或部分资助的科研项目，作者应在论文发表时把同行评议后录用的最终审定稿存储到所属机构或国家自然科学基金委员会的机构库中，并于发表后 12 个月内提供开放获取[3]。

机构库的建设逐步成为机构学术成果管理的重点。据 ROAR（Registry of Open Access Repositories）统计[4]，截至 2014 年 6 月，全球已注册机构库 3 205 家，其中美国 706 家，中国（含港澳台）181 家。2007 年 9 月起，中国科学院系统图书馆以 CAS Grid IR 为集成服务平台，逐步建立了 83 家机构库，数据总量达到 44.1 万条。2012 年北京大学图书馆牵头建立了"CALIS 三期机构知识库子项目"[5]，以北京大学、厦门大学、重庆大学为牵头馆建立了 10

---

[*] 本文系西安交通大学 2014 年信息化应用软件建设项目"西安交通大学机构知识库建设"（项目编号：201401004）研究成果之一。

家高校机构库。然而，在国际著名的西班牙赛博计量学实验室公布的世界机构库网络计量学排名（Ranking Web of Repositories）[6]前100名中，欧美国家占据78席，国内排名最靠前的是厦门大学学术典藏库（排名246位）。世界机构库网络计量学排名以规模、可见度、内容丰富性、学术性为评价指标对机构库进行综合排名，4个指标均属于内容建设范畴。从机构库世界网络排名及国内高校机构库文献分析来看，高校机构库建设主要面临以下问题：①缺乏学校层面的重视，缺乏相关政策和经费支持；②学者和科研管理部门对机构库认知度低；③多数高校机构库由图书馆单独建设，无法有效协调、敦促相关信息部门的配合和支持；④高校机构库数据存缴渠道单一，主要以网络数据库获取的期刊、会议论文数据为主。

高校机构库普遍面临的这些问题也是西安交通大学在建设机构库时无法回避的问题，为此，笔者希望能借助于西安交通大学信息化建设的契机，将西安交通大学机构库建设项目纳入学校信息化建设中。在机构库的需求分析和系统设计方案上，除了在存缴内容上尽可能多地收集学者的多类型成果外，还要充分考虑机构库与学校相关部门现有信息系统的数据共享集成，希望机构库建成后，不仅能成为本校学术成果缴存的数据资源库，而且也能为学校相关信息部门所共享，进而得到相关部门的支持和认可，为机构库的可持续发展奠定基础。

2 西安交通大学机构库建设思路

机构库只有与学校相关信息资源、数字化教学科研过程有机地结合起来，使得数据为学校各部门所共享共建，才能得到学校各方面的认可与支持，使机构库建设成为全校工作而不只是图书馆的特色库项目。将西安交通大学机构库建成一个多部门参与、数据综合利用、让本校学者及相关管理部门获益的、可持续更新的知识信息库，是摆脱机构库建设困境的主要途径。

2.1 纳入学校信息化建设规划是机构库可持续发展的保障

通过广泛地调研现有图书馆建设的机构库、多次参加机构库学术研讨会，汲取兄弟院校的经验和教训，充分考虑当前机构库建设存在的问题，努力将西安交通大学机构库建设纳入学校信息化建设中，来争取学校层面的支持。通过多次参与学校信息化建设"三年行动计划"和"十年发展规划"讨论稿修订，使西安交通大学机构知识库建设最终被列入《西安交通大学教育信息化十年发展规划（2011–2020）》和《西安交通大学教育信息化建设三年行动计划（2012–2014年）中[7]。2014年1月学校信息化项目启动，经过专家论证,西安交通大学机构库建设正式立项并获得学校每年持续经费支持,为机构库可持续化建设奠定了基础。

2.2 机构库数据共享集成是机构库可持续发展的关键

目前,西安交通大学已有成熟的信息平台,包括教师个人主页、学术会议资源平台、科研院的科技在线、网络公开课平台;西安交通大学大文库、西安交通大学国际论文库及学位论文库等。这些相关信息系统从各个层面收集、展示了本校的学术成果。机构库在内容建设中,要充分考虑本校现有信息数据的集成与再利用。机构库通过收割、聚合现有信息平台的成果数据,经数据清洗、剔重合并后以院系为基本单位存缴,同时整合后的成果数据按照教师个人主页、科技在线平台需求定期推送学者代表性成果数据。通过数据共享集成突破了机构库信息孤岛的瓶颈,提高了机构库的有效使用率,同时避免了学校其他信息系统内容的重复建设。

2.3 拓宽机构库外部扩展服务是吸引学者、提高学术成果存档率的途径

为了提高学者学术存档的积极性,应该拓宽机构库的服务功能,包括最新信息提醒及推送、最新收录成果展示、点击排行榜、全文下载排行榜等个性化服务;同时,在数据的挖掘与分析上应进一步实现可视化,提供有价值的趋势分析信息,激发学者和学院积极存缴各种学术成果的热情,从而在丰富机构库存档内容的同时,提高机构库的存档率。

3 机构库数据共享集成研究与实践

3.1 共享集成需求分析

机构库主要包含大学教师、科研人员的各类学术成果以及被收录、被引用信息,这些数据将成为教师主页平台、科研管理平台、学者库等平台的重要数据源。机构知识库数据要为学校相关信息平台所共享,需要解决以下问题:①用户能否有效、便捷地登陆;②机构库中的学术成果元数据,包括篇名、摘要、来源出处、被引等情况如何被推送到教师主页平台;③机构库中的数据如何被学者库所共享;④机构库如何与 WOS 平台集成,实现学术文献的被引用信息自动更新;⑤机构库如何与教师科研管理平台集成,实现学术文献在教师科研信息平台的推送。

3.2 西安交通大学机构库设计方案

3.2.1 西安交通大学机构库总体设计方案
西安交通大学机构库基于开源 DSpace 软件进行二次开发。数据来源主要以 WOS 平台、万方数据知识服

务平台、西安交通大学学术资源平台及西安交通大学文库、西安交通大学学位论文库为主。数据类型有期刊文献、会议文献、学位论文、专著及网络公开课。用户主要按照不同用户组赋权管理。机构库总体设计方案见图1。

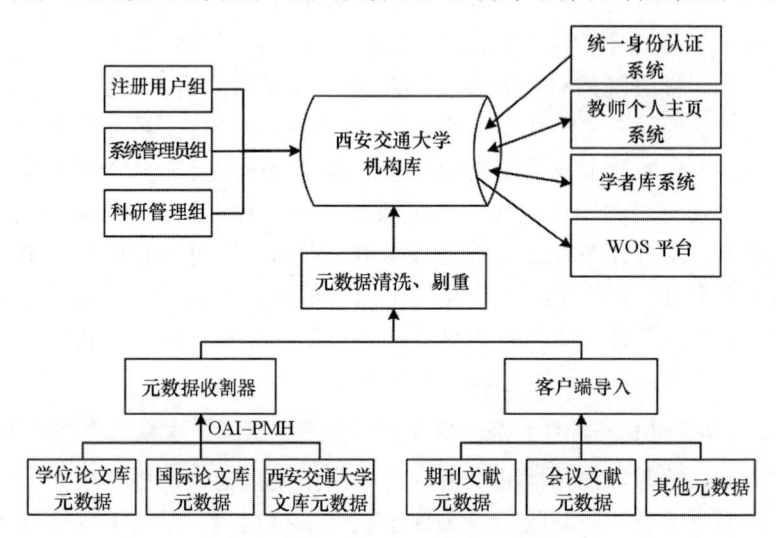

图1　西安交通大学机构库总体设计方案

如图1所示，西安交通大学机构库数据的采集主要采用OAI数据收割器收割及客户端批量处理的方式，将不同来源的元数据经数据进行清洗、剔重，然后以统一的元数据格式存入机构库系统。登陆用户按照不同权限划分主要有注册用户组、系统管理员组和科研管理组，登陆系统后按照不同用户组进行操作。机构库数据通过与统一身份认证系统、教师个人主页系统、学者库系统及WOS平台集成共享提供学校教学科研数据支撑及科研成果管理的拓展应用。

截至2014年6月西安交通大学机构库共收录37个学院、350多个学系及重点实验室、3 000多名学者的期刊论文、学位论文、专著译著及网络公开课等类型元数据12万条，全文数据8万余条[8]。

3.2.2　西安交通大学共享集成解决方案　从共享集成需求分析可以看出，机构库需要与统一身份认证系统集成，以实现教师利用统一身份用户名密码登陆机构库；与学者库平台集成，以实现从机构库平台获取学者学术信息；与WOS平台集成，以实现期刊论文"被引频次"及时更新；与教师个人主页和本校科研在线平台集成，以实现向教师个人主页及科技在线平台推送实时动态的学者学术成果数据。具体实现的技术路线如图2所示：

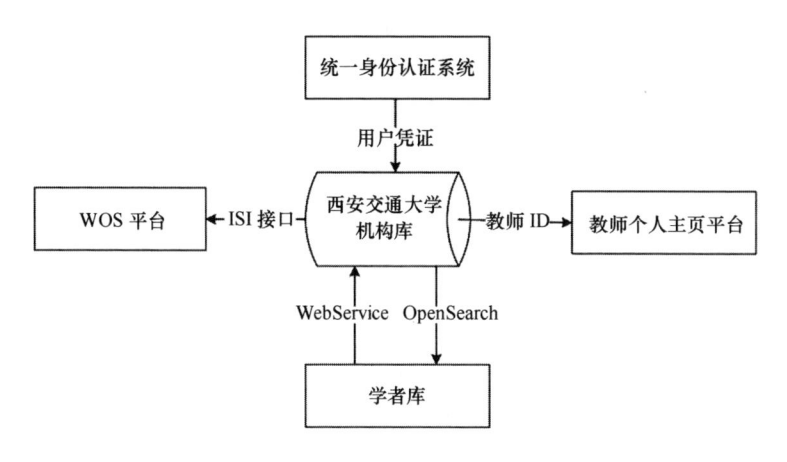

图2 西安交通大学共享集成技术路线

由图2可见，西安交通大学机构库通过用户凭证方式，接受来自统一身份认证的用户名、密码并赋予用户相应权限；通过教师ID传递教师个人成果页面，并在教师个人主页平台进行展示；通过OpenSearch接口收割学者在本机构中相关元数据，同时学者库通过WebService方式，从机构库中获取存缴的数据；通过ISI接口程序，实现WOS平台期刊"被引频次"及时更新。

3.3 机构库数据共享集成关键技术的实现

3.3.1 机构库用户认证与统一身份认证系统集成　如果用户对机构库需重新注册、认证，则不便于记忆。为了方便用户便捷地使用机构库、及时获取最新信息，首先考虑通过机构库系统与统一身份认证系统集成，使得机构库认证的方式与统一身份认证方式一致。这样，用户可以用统一身份认证用户密码直接登陆机构库平台。西安交通大学统一认证系统是本校教职工管理个人生活、教学科研的信息平台，用户登陆个人门户后可以看到个人相关授课情况、成绩录入、科研项目、图书借阅等与个人生活、教学、科研相关的信息。当机构库与统一身份认证系统集成后，在统一身份认证界面中将"我的机构库"图标嵌入到个人门户桌面，方便用户及时发现机构库推送的信息。教师登陆统一身份认证系统点击"我的机构库"图标后可对自己的成果进行认领、纠错和补充。

西安交通大学的统一认证是基于耶鲁大学开源CAS（Yale Central Authentication Service，简称：Yale CAS）设计实现的，由运行在HTTPS服务器上的几个Java Servlet实现，通过Login URL，Validation URL和可选的Logout URL访问。CAS由客户端、服务器端及浏览器3个实体组成。客户端是一个已经打包好的 jar 文件，使用 CAS 单点登陆服务的应用系统只需引入客户端的 jar 文件包，并对文件包中 web.xml 进行相关配置，就可实现单点登陆功能；服务器端是一个独立的 Java Web 应用程序，通过配置 server.xml 提供统一认证功能；浏览器通过支持页面重定向、存储安全 Cookie 和支持 HTTPS 传输提供客户端和服务端媒介[9]。

西安交通大学机构库通过引入 CAS 客户端的 jar 文件，添加代理过滤器的设置，配置 web.xml 参数，实现与统一身份认证服务器集成。

web.xml 配置关键参数：

edu.yale.its.tp.cas.client.filter.loginUrl　指定 CAS 提供登陆页面的 URL

edu.yale.its.tp.cas.client.filter.validateUrl　指定 CAS 提供 service ticket 验证服务的 URL

edu.yale.its.tp.cas.client.filter.serverName　指定客户端应用所在机器的域名和端口

机构库用户认证与统一身份认证系统集成流程见图 3。

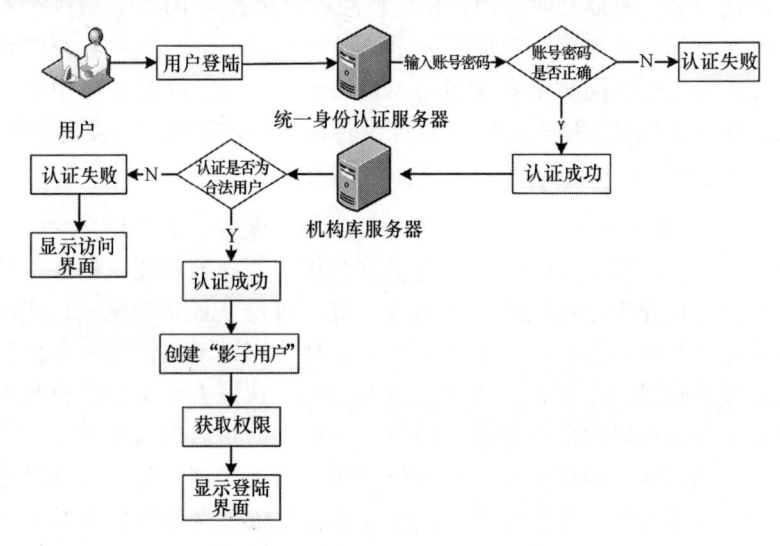

图 3　机构库用户认证与统一身份认证系统集成流程

由图 3 可见，当用户使用账号和密码成功访问统一身份认证服务器后点击"我的机构库"时，系统为用户创建一个随机数 Ticket 作为用户凭证，统一身份认证系统会将这个一次性生成的 Ticket 和成功登陆用户及用户要访问的机构库联系起来进行初步身份认证，认证成功后重定向用户浏览器回到机构库访问 URL。机构库系统根据统一认证系统确定的账号、用户机构、邮箱等信息，为用户建立一个影子用户，并将该用户加入到机构指定的用户组，按照用户组的权限设定来给出登陆用户相应权限，用户就可以完成在机构库中的操作。

3.3.2 机构库与教师个人主页共享集成　教师个人主页平台所包含的数据信息主要有教师个人学术履历、科研项目、获奖项目、专利及部分代表性学术成果等，大都采用静态 HTM 格式显示，由学校信息中心负责建设。

机构库按照"学校代码＋院系编号＋序列号"为每位教师分配唯一标识 ID，教师第一次登陆系统时，系统根据从统一身份认证系统反馈的教师院系信息和进入系统的顺序自动为每个教师生成唯一标识教师 ID。机构库系统对存缴数据，经格式转换，按优先级剔重、合并后，进行智能甄别和人工甄别，将确认的数据汇集到教师成果页面中。

教师个人主页利用机构库分配的教师 ID 通过调用服务接口获取数据并在个人主页成果部分展示。机构库与教师个人主页集成流程如图 4 所示：

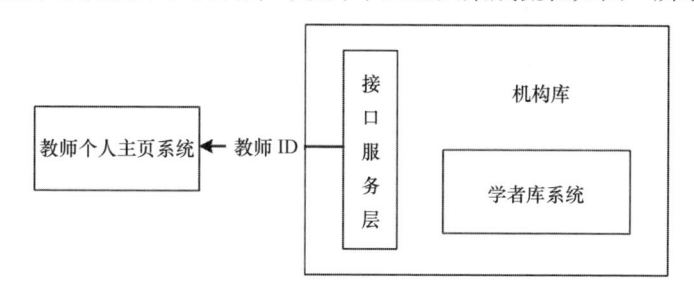

图 4　机构库与教师个人主页集成流程

3.3.3 机构库与学者库系统共享集成　学者库是展现西安交通大学学者整个学术生涯（包括在校和来校以前）公开发表的期刊、会议论文、专著等学术成果的汇集平台，同时提供期刊论文被引频次追踪、总被引次数累加、合作者分析及曾用名聚合服务。本校学者可以通过登陆学者库系统进行甄别、纠错及发布个人学术成果。

机构库与学者库通过相互提供的服务和协议，完成信息和资源的整合与互补及各自信息资源的加工利用。机构库利用 RESTful 接口获取学者库中的学者信息来完成机构库中学者信息的补充、甄别和分析。同时，学者库通过 OpenSearch 协议获取机构库中指定作者的初步数据，通过学者库提供的数据清洗、匹配工具来对学者学术成果进一步完善和加工。学者库数据获取流程如图 5 所示：

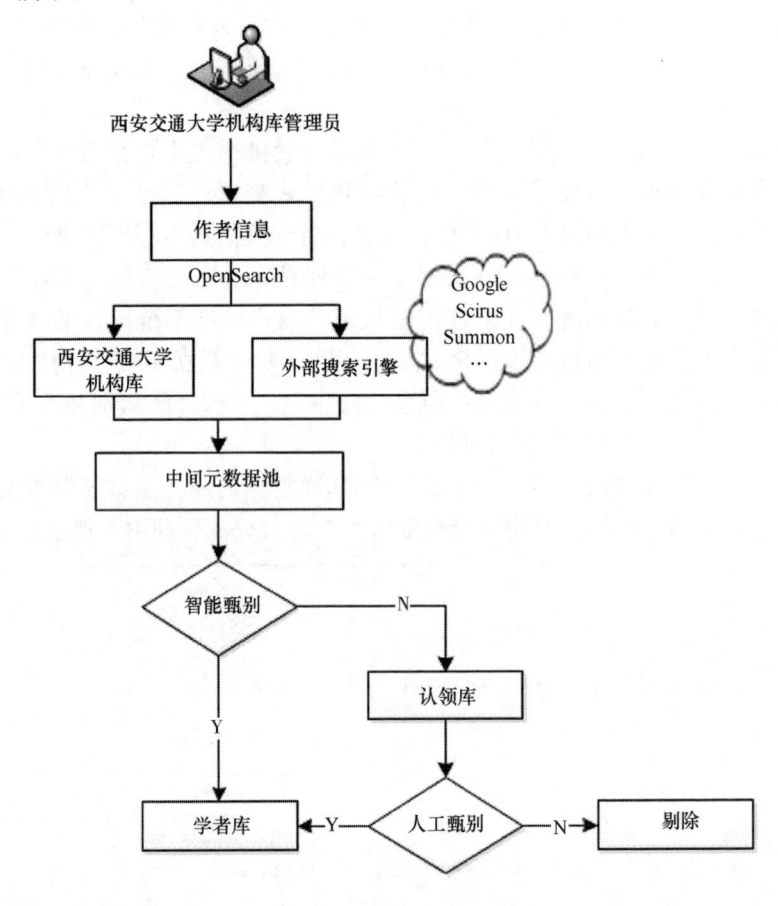

图 5　学者库获取数据流程

从图 5 可以看出，机构库管理员将作者信息通过 OpenSearch 接口从机构库和外部搜索引擎（如 Google、Scirus、Summon 知识发现系统等搜索引擎）获取作者相关元数据，然后导入中间元数据池，学者库的甄别模块通过机构、作者、学术履历等自动匹配，智能辨别作者相关元数据，确认数据进入学者库留存，未确认数据进入认领库，进行人工甄别识别，识别后经作者确认元数据进入学者库留存。

3.3.4　机构库与 WOS 数据库集成　机构库中包含了大量来源于 WOS 平台的期刊文章元数据，其收录文章的被引频次是随着时间变化的变量。在机构库中利用了汤森路透集团（Thomson Reuters）授权的文章链接服务接口

(Links Article Match Retrieval Service，LAMRS)[10]，使得机构库可根据收录资源实时向 WOS 系统请求文献引用数目和其他一些扩展信息。

机构库将 LAMRS 接口封装成一个 Web 请求服务，只要将资源的 handle 传入 services/getsciinfo.do 服务即可。如获取 handle 为 123456/123 资源在 WOS 的引文数量，只需要请求 services/getsciinfo.do？handle = 123456/123 即可，机构库将会获取该 handle 资源的 DOI 信息，然后使用 LAMRS 服务请求信息，返回结果到前端页面（见图6）。在机构库中，调用 LAMRS 的核心部分是由 requestSCIInfo 函数完成的。调用 LAMRS 服务其实是一个标准的 Web Service 请求的过程。WOS 接收到请求 DOI 参数，然后返回该 DOI 资源的引文数据。这里请求的参数和返回的结果都是使用 XML 格式，机构库仅需要从 XML 返回结果中提取所需的 cited 数据，这部分由 buildHtml 函数来完成。

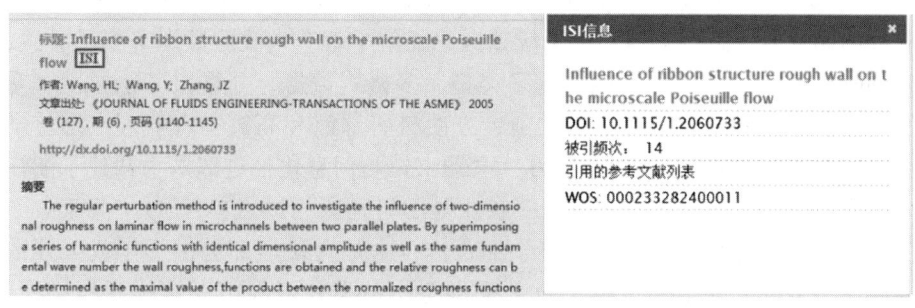

图6　机构库与 WOS 数据库集成效果图

由图6可知，在某篇文章的元数据中，点击 ISI 图标可以看到数据被引的具体信息，包括论文题目、DOI、被引频次、WOS 入藏号及引用的参考文献列表，进一步点击"参考文献列表"将直接链接到 WOS 页面，详细显示每条引用该文献记录的条目。学者可通过机构库 ISI 接口，第一时间了解文献被引情况。

4　思考与建议

在西安交通大学机构库的建设过程中，笔者真正感悟到了机构库数据与学校相关信息系统共享集成的重要现实意义。这主要体现在：可以避免学校信息化建设中各部门的数据不一致问题、信息重复建设问题、各个信息系统互不相通问题、机构库的信息孤岛问题。机构库数据只有与本校相关信息系统实现共享集成，才能实现机构库的数据被相关部门所共享，从而提高相关部门对机构库的认知度和支持程度；只有发挥了学者成果的存档、传播和管理功能，才能提高学者和学校层面对机构库的认知度。机构库才能得到可持续发展，并成为学校信息化建设不可或缺的重要组成部分。

近年来，高校机构库建设在我国越来越受重视。在建设过程中，已经不局限于做机构库的成果存档，而是更多地考虑如何为机构库赋予更新、更多的功能。不管怎样建设高校机构库，依然要考虑其是否能可持续发展。为此，笔者提出以下建议，供同行参考。

4.1 高校机构库建设应该被纳入学校信息化建设范畴

高校机构库主要存缴本校学者公开发表的学术论文、专著、学位论文及未公开发表的灰色文献，如期刊论文预印本、技术报告、科研进展报告、项目中期验收报告、教学课件等。这些灰色文献资源分散在本校不同信息管理系统或由教师个人收藏，数据采集和组织难度较大。高校机构库通过获取商业数据库数据、集成其他信息系统数据、征集学者个人收藏数据等多种方式，完整收集了代表本校学术成果的多类型、多格式数据，并提供基于学院、系所及学者个人的成果统计分析功能，方便科研部门和高校学者管理、统计学术成果数据。2009年10月，浙江大学图书馆与信息化推进部携手共建了浙江大学机构库，选取浙江大学原子核农业科学研究所为试点单位[11]；北京大学图书馆也通过与北京大学社会科学部合作，由社会科学部提供历年成果元数据，图书馆负责补全元数据信息并提供全文数据，两部门联合构建机构库。由此可知，高校机构库不仅仅是图书馆独立建设的特色库，而且正在成为高校信息化、数字化科研管理中重要的组成部分。因此在高校信息化长远规划建设中，应将机构库作为学校科研成果管理、统计的重要数据来源，纳入信息化建设，并由多部门协作建设。

4.2 充分利用机构库的开放特点，提高数据的综合利用率

高校机构库多采用主流的机构库开源软件（如 DSpace、EPrints、Fedora 等），这类开源软件提供了 API 模块，兼容 OAI – PMH 协议，同时也很好地支持Z39.50、RW、METS 等标准，这为机构库的数据共享集成提供了技术支持和保障。通过数据接口和共享协议，机构库很容易被高校科研管理系统、学者个人主页、教师信息等信息平台所利用。因此，应该充分利用机构库的开放特点，真正提升机构库的综合利用价值。近年来，新型开源机构库软件如 IR +、Zentity、Islandora、Hydra 等都通过灵活的数据接口及丰富的扩展性，存缴和管理科研生命周期中各种类型知识产出，支持内部资源的语义关联描述。中国农业大学将该校机构库嵌入研究生院"研究生招生信息服务平台"，利用机构库中丰富的教师信息及其学术成果信息，发布年度"博硕士招生学

科专业与导师信息"[12]。这种模式既丰富了研究生招生信息，也拓展了机构库信息服务渠道。

4.3 高校机构库建设要引入新技术、新应用

随着高校知识产出类型的多样化、复杂化，高校机构库系统也逐步引入复杂资源对象管理、语义转化和关联数据处理等新技术。博客、资源标签、评论、收藏、分享等 Web 2.0 技术功能都被引入机构库平台，支持用户之间的互动，吸引科研人员参与交流、主动存缴。高校机构库通过数据挖掘、数据聚合等技术手段实现了学者库或教师个人成果展示平台的搭建，例如清华大学通过机构库元数据挖掘，结合 Google Scholar 搜索，整合学者学术成果数据，再通过网络甄别、数据聚合等信息技术，建成了约 150 位清华知名学者库，有效宣传了优秀学者，使机构库在学者和科研管理部门中认知度得到显著提升[13]。此外，一些高校机构库通过机构库内数据整合，推出系列专题吸引读者注册访问。这些新的应用提升了机构库在学者中的认知度，吸引学者主动存缴学术成果，也提高了机构库的访问量。

参考文献：

[1] 杜海洲.国际有关开放存取政策及其对我国的启示[J].现代情报,2010,30(8):113 –118.

[2] 陆彩女,李麟. 2013 年国际开放获取实践进展[J].图书情报工作,2014,58(8):111 –121.

[3] 中科院和国家自然科学基金委发布开放获取政策[EB/OL].[2014 – 06 – 30]. http://www.irgrid.ac.cn/note.jsp.

[4] Registry of Open Access Repositories [EB/OL].[2014 – 06 – 30]. http://roar.eprints.org/view/geoname/.

[5] 聂华,韦成府,崔海媛.CALIS 机构知识库:建设与推广、反思与展望[J].中国图书馆学报,2013(2):46 –52.

[6] 世界知识库网络计量学排名[EB/OL].[2014 – 06 – 30]. http://repositories.webometrics.info/en.

[7] 西安交大公布信息化发展规划及建设计划[EB/OL].[2013 – 10 – 19]. http://ic.xjtu.edu.cn/554.html.

[8] 西安交通大学机构知识库[EB/OL].[2014 – 06 – 30]. http://202.117.24.56/jspui/index.do.

[9] 西安交大基于开源软件构造数字校园的实践与经验[EB/OL].[2014 – 06 – 30]. http://www.edu.cn/ji_shu_ju_le_bu_1640/20090525/t20090525_380251.shtml.

[10] ISILinks 链接服务介绍[EB/OL].[2014 – 06 – 30]. http://ip-science.thomsonreuters.

com. cn/faq/isilinks/.
［11］ 大学社迎接数字出版竞合时代［EB/OL］.［2014 - 08 - 04］. http：//book. ifeng. com/gundong/detail_2010_11/29/3266284_0. shtml.
［12］ 李晨英,韩明杰,洪重阳,等. 建立服务可扩展型机构知识库方法探索 —— 中国农业大学机构知识库构建与服务实践［J］. 现代图书情报技术,2014,30(3)：19 - 25.
［13］ 清华大学学者库［EB/OL］.［2014 - 08 - 04］. http：//rid. lib. tsinghua. edu. cn/thurid/index. htm.

作者简介

魏青山，西安交通大学图书馆副研究馆员，E-mail：weiqsh@mail. lib. xjtu. edu. cn；张雪蕾，西安交通大学图书馆助理馆员，硕士；陈楠楠，西安交通大学图书馆馆员，硕士；邵晶，西安交通大学图书馆副馆长，研究馆员。

高校机构知识库与用户的互动关联策略研究[*]

傅俏　卢章平　盈江燕　袁润

江苏大学

1 引言

数字时代，机构知识库（institutional repository，IR）作为知识开放获取运动的产物，是高校和研究机构对其知识资产进行有效组织、管理的工具，也是机构知识能力建设和服务能力提升的重要机制。截至 2014 年 8 月，全球有 3 000 多个机构知识库，存储和开放获取的文献已经超过 6 300 万篇，成为全球学术知识基础设施的重要组成部分。随着 IR 数字资源和平台建设的日趋成熟，人们也越来越关注其实际应用情况，研究热点也开始向扩展服务的开发利用上转移。近几年来，以 IR+、Zentity、Islandora、Hydra 等为代表的新型开源 IR 系统致力于科研生命周期中各种类型知识产出的保存与管理，支持内部资源的语义关联描述，以灵活的可配置性与良好的可扩展性为多个领域、多种数字资源保存系统的快速建设提供了可能[1]。

IR 自 2004 年被引入我国后，很多高校和科研机构开始积极建设自己的 IR。我国大陆地区注册的 IR 绝大部分为中国科学院各研究所所建，并已经发挥了支撑教育科研服务的应用作用，而高校建立的 IR 主要是北京大学、北京理工大学、重庆大学、清华大学、厦门大学等 5 个示范馆联合推进的 CALIS 机构知识库项目，其目标是建立"分散部署、集中揭示"的全国高校机构知识库[2]。

虽然机构知识库在扩展服务的实践中有成功的范例，但仍然存在着很多可持续发展的问题，尤其国内高校的科研人员参与 IR 建设的积极性不高，IR

---

[*] 本文系国家社会科学基金项目"网络环境下图书馆的生存环境与功能定位的变革研究"（项目编号：12BTQ007）和"图书馆知识发现服务的功能定位和建设策略研究"（项目编号：14BTQ018）研究成果之一。

与校园网其他服务平台缺乏贯通融合功能的问题也很突出。由于数据得不到及时更新，IR被闲置，不但影响其服务功能的实现，也对其未来的健康发展产生了负面影响。高校图书馆作为建设的主体，直接主导或参与IR的建设。如何充分利用图书馆自身专业技能和丰富的知识管理经验，进一步完善IR的建设和发展思路，增强用户体验，提高用户对IR的了解程度，减轻机构成员的疑虑，提升机构科研人员的参与度，发挥其服务教学、科研和学科建设的最大效益，是高校图书馆所面临的新课题。

2 高校IR建设与服务现状

2.1 高校IR建设难点

目前，我国高校IR建设的数量正在逐步增加，但在建设过程中，特别是在推广应用过程中，普遍存在很多难题，具体表现在以下几方面：

第一，高校用户对IR的建设意义普遍认识不足，内容存缴难。目前我国高校由图书馆为主牵头建设的IR，其基本宗旨定位在：实现对本机构成员的学术研究成果的收集、整理、长期保存和检索利用，为高校的教学科研和学科建设提供一个长期稳定的数字化存储环境。科研人员是IR的目标用户群体，但是科研人员对于自存储资源有很多疑虑，比如有的担心IR的学术水平；有的自认为论文水平不高，不愿意自存储；有的由于知识产权问题不清楚自己是否拥有自存储的权力；还有的认为自存储是浪费时间等等[3]。这些因素都导致了机构知识库自存储率低，资源获取困难。

第二，高校管理层对IR发展缺乏理念和信心，持续发展难。目前我国知识产权法制建设和科研管理水平还与国外发达国家有相当差距，高校管理者对我国的开放获取进程能否跟上国际化潮流还存在一定的疑虑。此外，多数高校管理者仅将IR看成一种资源服务，很少认识到它是一个组织的知识管理系统，更没有意识到它是高校信息化进程中的基础设施。这就会导致等待、观望、盲从，这也是IR建设持续发展难的主要原因之一。

第三，国家决策层对IR发展缺乏标准化指导，使其难以共享。目前，我国高校已建成的IR使用情况并不是很好，究其原因，主要有：①自存储率低，存储资源都是图书馆员人工收集并代为存储的，因此IR的后续发展缓慢，有的由于数据得不到及时更新而停止了后续建设；②IR内容的有用性不强，影响了其访问量、下载量，反过来又影响了IR建设者的积极性，甚至有些起步时很有影响的高校IR已经不再对外开放[4]；③各个建设主体采用的软件系统和标准各不相同，很难实现集中揭示和规模化共享，这成为IR知识共享的瓶颈。

2.2 高校 IR 服务对策

针对这些难题,国内外学者开展了深入的研究和实践。从国家层面来看,2010 年以前只有不超过 5 个国家制定了 OA 政策,而 2012－2013 年,制定 OA 政策的国家数量显著增长。尤其是美国、德国、阿根廷都以立法形式保障开放获取的实现[5]。虽然早在 2004 年,中国科学院和国家自然科学基金委员会代表中国签署了《柏林宣言》,以推动中国科学资源实现全球科学家共享[6],但今年 5 月国家自然科学基金委员会才正式发布开放获取政策,要求它所资助的所有项目所发表的学术论文必须把经过同行评议的最终审定稿存储到机构知识库并在发表后 12 个月实现开放获取[7]。尽管如此,从中还是可以看出国家正积极出台相应政策来规范、促进、保障开放存取和机构知识库的健康发展。

从机构层面来看,仅有北京大学于 2013 年 7 月发布了《北京大学机构知识库开放获取政策（草案）》。其他高校虽然也在积极尝试推进本校的机构知识库建设项目,但是绝大部分高校的 IR 都是由图书馆自发建设的,一方面由于缺乏相应的学术评价激励机制和制度保障,教师、科研人员参与建设机构知识库的热情没有被充分地调动起来,另一方面由于机构知识库的服务功能缺乏互动性,其发展空间十分有限[8]。

随着人们逐步认识到 IR 在教育科研成果的考核和评估上的价值,使得其发展已经从系统基本功能转向服务功能,尤其以增加与新技术紧密结合的服务功能更为突出。美国罗彻斯特大学于 2009 年发布了替代 DSpace 的机构仓储软件 IR＋系统,该系统提供了个人工作间来支持对科研过程中各种文档的管理、共享和发布,提供了研究者个人主页功能,以吸引科研人员主动参与 IR 内容建设[1]。香港大学学术库 DSpace－CRIS 也是在 DSpace 的基础上扩展了其数据模型来管理、收集、展示所有科研方面的数据[9],由于得到了公众的参与、支持,逐渐成为香港大学知识交流的工具,彰显香港大学的研究成果和技能。另外,基于 Fedora 的 Islandora、Hydra 等系统在数字资源管理的平台上加入了 Web2.0 功能,支持了用户之间的互动,以吸引科研人员参与建设。中国科学院软件研究所的 ISCAS－IR 系统在分析用户使用需求的基础上,设计了支持科研人员需求的数据提取与整合的方法和知识服务方案,有效地提升了 IR 为研究所科研工作提供支撑服务的能力[10]。为了提高 IR 在校内师生中的影响力,清华大学图书馆也积极尝试开发一些扩展服务,如以校园学术搜索 Aminer－mini[11]来吸引各种类型的用户关注并参与 IR 的建设。

从国内高校 IR 建设的现状来看，作为 IR 建设承担者的高校图书馆，不仅要在宏观上推进学校的管理层建立相应的规范政策[12]，还要在微观上结合当前"以用户为中心"的思想，构建以科研人员交流和互动为宗旨的服务理念，努力激发科研个体对学术资源建设的热情，将传统的 IR 资源保存理念转变为科研人员参与资源共建、共享的理念，拓宽资源建设的渠道，推进高校 IR 建设与服务同步发展。此外，要将用户服务理念从个人扩大到团队、部门和机构，进一步考虑 IR 对学校相关部门的服务，如为管理部门提供重要成果自动检测、论文引证报告，数字资产典藏与评价；为教学科研部门提供学科建设的定位与评估以及学术优势评价等服务。只有提供优质的服务，才能形成学校各部门支持 IR 建设、人人关注 IR 发展的局面。

互动可以吸引用户参与，关联可以引发增值效应。扩展 IR 关联互动服务功能是吸引用户关注的关键，这将使得 IR 具有更多的个性化服务功能，比商业数据库更能满足用户对文献信息的多元化需求。以学术社会网络和专业学术网络[13]为建设理念，通过建立学科团队和协同平台，为用户提供一个信息交流与传播的网络空间，有利于科研人员对特定问题或研究领域开展深入交流；通过关联互动应用工具实现知识的管理和共享[8]，有助于搜集校园灰色文献、动态科研资源，丰富 IR 的内容；通过开辟知识社区，可引导用户与用户、用户与馆员的信息交流互动。唯有如此，才能使 IR 建设逐步被作者认可和广泛应用。

3 基于关联理论的高校 IR 建设策略

在校园信息化工程中，高校各职能部门都建立了自己的计算机管理信息系统，都有各自的服务与管理平台，如教学管理系统、科研管理系统、人事管理系统、财务管理系统等，相比较而言，高校师生关注这些与切身利益直接相关的系统远远超过关注 IR。因此，高校 IR 建设需要本着协同创新的精神，将 IR 建设成校园信息化工程枢纽的大视野，通过 IR 建设，使科研过程中的隐性知识在不同社区里流动起来，让校园信息在不同平台间流动起来。基于关联理论的高校 IR 系统就是将多个数据源的信息管理系统按照一定的方式交流、融合和开放，数据与数据之间有较为稳定的关联关系、指向关系，以实现在机构层面构建一个能够融合本机构的学术研究活动、教学活动、科研管理的开放式系统。关联数据作为语义网的一种轻量级实现方式，能够在对网络资源进行统一标识、深层关联的基础上，运用关联数据技术实现 IR 资源的充分共享，方便用户灵活地利用所需资源。

3.1 系统架构

当前数字校园中存在多个信息管理系统，分布异构的数据源之间缺乏关联或弱关联，为了提高校园信息的利用率，通过高校 IR 系统建立起与其他校园信息系统的关联，进行校园数字资源的聚合是高校数字图书馆功能定位的必然要求。图 1 是基于关联理论的高校 IR 系统架构，主要实现以下 5 个方面的服务功能：①个人文献管理工具——服务于读者个人；②科研协同互动平台——服务于科研团队；③学习交流虚拟社区——服务于教学团队；④成果展示发布窗口——服务于学科建设；⑤机构知识集中仓储——服务于馆藏建设。

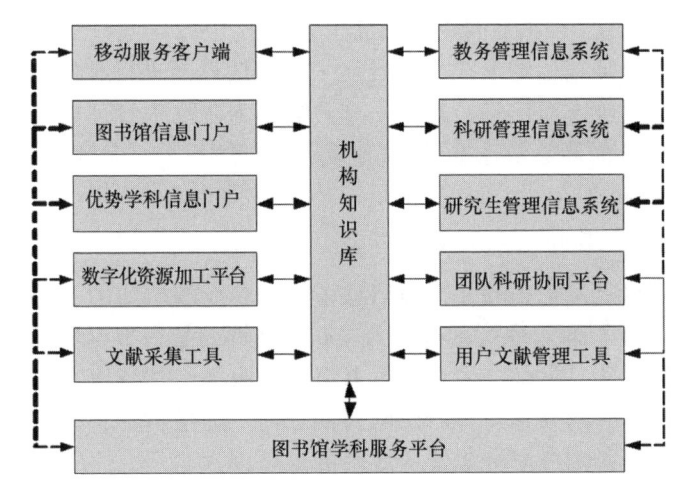

图 1 基于关联理论的高校 IR 系统架构

3.2 与数字图书馆系统关联

文献采集工具、数字化资源加工平台、图书馆信息门户、优势学科信息门户、移动服务客户端等共同构成数字图书馆系统，将 IR 作为高校数字图书馆系统的组成部分，并在它们之间建立互动关联关系是高校 IR 建设的重要策略。这一策略可以将数字图书馆的各种异构平台及其业务流程，以及分散的信息资源进行优化重组，按照统一的检索机制和服务流程形成一站式的检索服务——发现服务。研究表明，基于语义扩展的机构知识库与传统的知识库相比，在内容组织、资源组织方式上能够提供更为丰富的功能支持和语义发现服务[14-15]。此外，通过数字化资源加工平台可以将机构知识库中用户的网络存储空间中汇集的隐性知识和显性知识的内容进行挖掘和重组，形成知识内容的增值信息再提供给用户，并转化为图书馆的数字资产。

3.3 与研究生管理信息系统关联

随着研究生招生数量的迅猛增加，研究生管理信息系统对于提高管理水平、共享信息资源、实施科学管理具有重要的意义。在研究生培养过程中，会产生大量的文献资料，包括课程学习报告、开题报告、外文翻译（原文与译文）、试验方案、实验数据、实验报告、科研笔记、读书报告、调查报告、学术论文、中期报告、学位论文等，因此应按研究生培养环节各时间节点，自动收集研究生开题报告、专题研讨报告、外文翻译、毕业论文等，将这些文献资料集中存储在 IR 中，并以其所有者（学生或导师）作为关联对象在研究生管理信息系统与 IR 之间建立关联关系。IR 中的"我校学者"库可以成为研究生招生导师宣传的窗口，与研究生招生信息网进行有机链接，激励导师完善自身介绍等方面信息。此举一方面能够为研究生管理信息系统提供增值服务，另一方面能够快速推进 IR 建设和可持续发展，是高校 IR 建设的又一个重要策略。

3.4 与其他管理信息系统关联

科研管理信息系统、教务管理信息系统是高校教研活动的重要信息服务平台，IR 与教学科研管理信息系统的关联，强调的是在虚拟环境中的文献信息资源、学科团队、学科馆员以及图书馆相关服务工作流程之间的关联与互动，着力于资源共建共享、科研团队协同创新、师生自主自助学习的有效集成。交互机制是影响目前资源聚合效果的重要因素之一，而多样化的交互机制则是图书馆资源聚合的重要内容[16]。用户与用户之间的直接交互能够有效促进彼引间的沟通与交流，在分享各自经验、资源的同时，能够更好地促进用户知识获取。

基于关联数据的机构知识库通过团队协同平台可以观察大多数用户经常检索的数字资源，也可以直接研究用户对各种数字资源的评价内容，找出用户与用户之间的需求规律，从而发掘用户的实际需要或近期的兴趣爱好，为目标用户主动推荐其感兴趣或可能需要的数据资源。学科馆员可以主动深入参与科研团队，通过学科服务平台嵌入用户学习、科研的环境和全过程，从科研团队的研究方向、研究领域、研究热点以及学科发展前沿等方面加强学科资源建设，跟踪用户的需求变化，不断调整服务方向，开展服务。同时，能通过对用户所利用而积累的丰富平台资源进行分析、评价、组织和管理，形成图书馆的特色资源库、专题信息库和机构知识库，凝聚集体智慧共建共享知识库，促进图书馆数字资源建设的优化性、针对性与集约性。

将 IR 建设成为数字校园的信息枢纽，与教学、科研和管理等信息系统建立互动关联关系，既是高校 IR 建设的重要策略，也是图书馆在网络环境下新的功能定位和服务创新。

4 基于用户互动理念的高校 IR 服务功能拓展设计

随着计算机和网络技术的发展，特别是移动互联技术的广泛应用，图书馆信息生态环境处于新常态（见图 2），需要将开放式、互动式、交流性的理念融入机构知识库的服务平台，利用关联数据技术进行 IR 服务功能的拓展设计，以达到改善图书馆信息交流模式和改进传统科研模式的目的。一方面，通过信息雷达自动收集与本校教学、科研和学科密切相关的信息供读者利用，而读者通过客户端（即文献管理工具），不但可以实现文献的查找、获取、保存、阅读，还可以在科研团队之间分享信息，并通过各类辅助模板撰写试验报告、调查报告、学术论文等文档资料。另一方面，图书馆馆员通过信息资源管理系统，实现对文献信息的标引、整序、典藏和开发，且以专题信息库、特色资源库和机构知识库的形式，使之成为图书馆的数字馆藏，在此基础上对不同的读者开展各类个性化的服务，例如成果展示、科研协同、学科指南、分析评价、开放获取等。

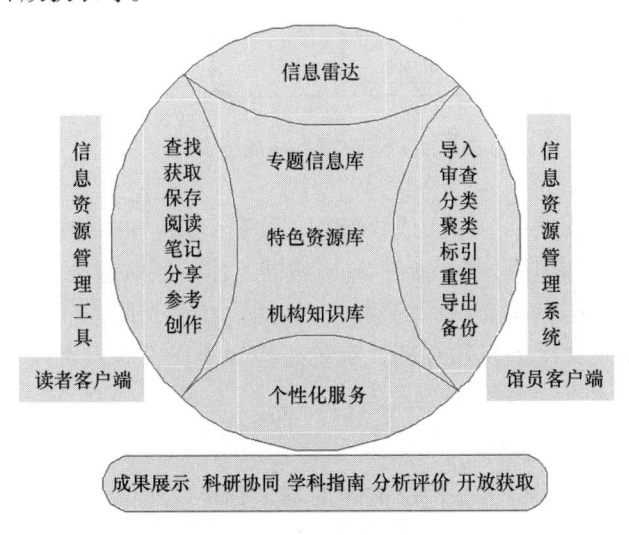

图 2 数字图书馆信息生态环境

机构知识库对促进科技信息开放共享将发挥重要作用，这一点已经被学术界广泛接受并达成共识。然而，用户的接受度、认可度、参与度还比较低，除了认识、理念、政策等问题之外，其服务功能也是问题的一个重要方面，它关系到能否帮助用户便捷地获取和利用信息，能否吸引用户广泛参与建设和利用，能否促成用户积极主动地提交成果，从而形成良性的互动关系，以扩大机构知识库的社会影响。为此，本文以个人科研助理、团队协同平台、机构知识仓储作为机构知识库的3个不同层次的服务功能，构建比较完善的科研协同服务、学科知识服务、个性化服务，如图3所示：

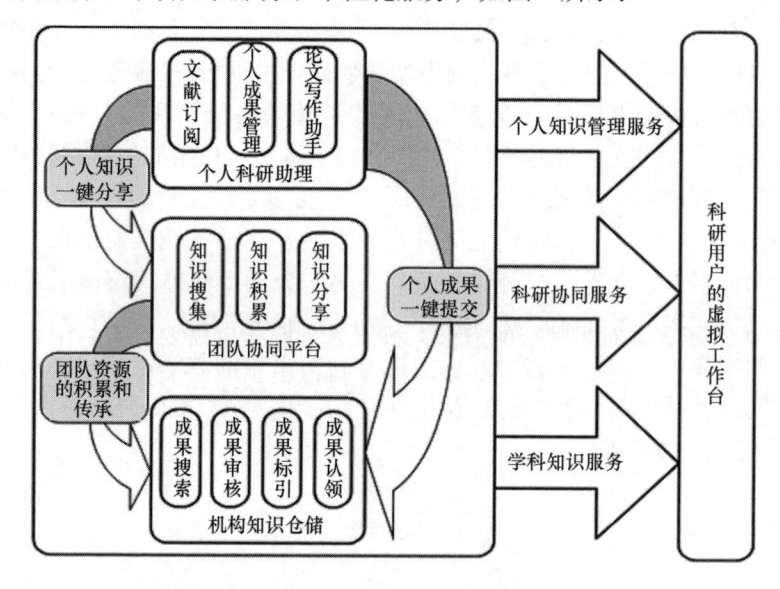

图3 高校IR服务功能拓展设计

通过论文写作助手、个人成果管理、文献订阅、论文被收被引通知等个人知识管理服务和团队分享交流、科研协同工作等团队服务，吸引科研人员、团队成员主动参与机构知识库的建设，让用户在享受服务的同时，实现科研过程成果和灰色文献的自动存档，实现机构知识库资源的自动增长，提升机构知识库的学术影响力和核心竞争力。

4.1 个人科研助理

互联网的发展使得信息传播的速度越来越快，而信息的生命周期越来越短。以NoteFirst为代表的基于互联网的个人科研助理集成了文献与数据管理、文献资料收集、参考文献自动生成、参考文献自动校对等功能，支持多种文件格式和多种语言系统。它将传统的文献管理与写作、科研群组、网络图片与文本（知识卡片）、笔记、实验记录和机构知识仓储结合起来，成为更加灵活的科研辅助工具，帮助科研人员实现个人知识库的管理。因此，个人科研助理可以被看作是科研人员获取信息、管理文献和进行知识共享的科研支撑平台以及知识管理和开放存取、知识交流与共享相结合的服务系统。

目前，江苏大学的读者无须注册就可以直接通过"一卡通认证"登录NoteFirst文献管理软件（团队版）客户端，在进行资源整合与管理的过程中，可以将本人的科研成果归入"自有版权文献"大类中，形成自己的个人科研成果集合，同时可以将个人成果很方便地一键提交给机构知识仓储，实现用户科研成果和灰色文献在机构知识仓储中的自存档和使用，这也是个人科研助理功能支持开放存取的特色之一。

4.2 团队协同平台

随着信息环境的变化和网络技术的发展，科研人员单方向从机构知识库中获取资源、独立完成科研创作的传统科研模式已经不适应时代的需求，科研人员需要一种全新的科研与服务模式。正如目前流行的社会网络服务（SNS）体现了人类对于社交的需求，科研人员同样也需要有交流平台来结交同行、讨论沟通，实现信息与数据、任务与报告等内容的及时共享，进而实现科研人员之间的协作。因此，应引入社会网络服务的用户参与机制，弘扬科研团队协作理念，提供及时性、互动性、参与性的科研创作与服务，以保证知识的流动性和科研的科学性、效率性、准确性和可持续性。

团队协同平台就是一种开放式的科研交流平台，每个团队成员随时可以把科研活动中产生的个人文献、文稿、实验记录、设计文档、项目报告等各类知识资源特别是产生的知识成果一键分享到团队中，成员也可主动订阅团队最新分享的资源。这样散存在个人手中的很多有价值的文献、设计文档、笔记、实验记录等知识资源就自动积累起来，日积月累，自动沉淀为团队知识库，使得知识、经验得到传承和高效利用。而团队知识库作为机构知识仓储的一部分，提供开放式检索与下载，使得团队成员的知识资源得到便捷的分享，提高团队科研资源的利用率。同时，科研人员在资源建设和科研过程中，从被动地接受者变为主动的提供者，积极参与到机构知识库的建设中，分享自己的资源，共享他人的资源，共同促进科学研究的发展。

4.3 机构知识仓储

机构知识仓储扩大了机构知识库的资源收集范围，涵盖了本机构内所有成员创造的一切智力产品，还包括组织成员或团队在科研过程中一切活动的记录与数据，即静态的科研成果（包括学术论文、工作报告、实验数据及相关资料、各种观点、看法）和动态的科研过程，以及对上述资源的分析和深度标引、揭示蕴含在知识与知识元之间的潜在关系，挖掘出各种隐性知识。机构知识仓储与个人科研助理、团队协同平台相关联，可解决当今图书馆知识服务与科研用户学术交流之间的矛盾，构建起以实现科研成果开放获取和学术交流为目的的服务模式，提供实现科研成果收集、组织、传播、保存、交流与利用的新途径，提高机构内隐性科研成果的显性化程度，达到展示机构科研实力和学术影响力的效果。

目前，江苏大学机构知识库实现了多种检索功能且实现本校公开发表的7万多篇论文的自动发现保存，保存了各种类型的约4万条灰色文献。可以提供许多增值服务：如本校学者主页、论文收录或引用通知、论文引证报告、学者科研产出报告、影响力（如浏览、下载、引用）分析报告等。因此，通过对科研产出数据进行快速、准确的提取、统计、分析，形成各学院、各学科科研产出统计分析报告，可以有效解决长期以来人工统计科研产出繁琐、易错的问题。

5 结语

网络环境下，互动关联理念是任何服务性系统平台的核心理念。唯有互动，才有人气，才有吸引力；唯有关联，才具规模，才有影响力。IR 的互动关联发展是对机构知识管理的需求，也是通过知识再组织来实现机构成果的自动积累、分享和传承的重要途径。以个人科研助理、团队协同平台和机构知识仓储为支撑 IR 互动平台，以与教学、科研、管理等信息系统关联起来的系统架构共同形成完整的高校 IR 服务系统，才能促进机构知识库的可持续发展，实现机构知识库的真正价值。

参考文献：

[1] 张旺强,祝忠明,卢利农.几种典型新型开源机构知识库软件的比较分析[J].现代图书情报技术,2014(2):17-24.

[2] CALIS 机构知识库[EB/OL].[2014-11-25].http://ir.calis.edu.cn/about.jsp.

[3] 何燕,初景利,张冬荣.我国科研人员自存储态度调查——以中国科学院科研人员为例[J].图书情报工作,2008,52(5):121-124.

[4] 徐红玉,李爱国.中国科学院系统与高等学校机构知识库建设比较研究[J].图书情报工作,2014,58(12):78-83,77.

[5] 聂华.中国高校开放机构知识库发展趋势[EB/OL].[2014-11-25].http://ir.las.ac.cn/handle/12502/7349.

[6] 中国签署《柏林宣言》推动网络科学资源全球共享[EB/OL].[2014-11-25].http://

www.chinanews.com/news/2004year/2004-05-25/26/440325.shtml.
[7] 两部委牵头推进公共资助科研项目论文开放获取[EB/OL].[2014-11-25].http://scitech.people.com.cn/n/2014/0516/c1007-25024469.html.
[8] 郎庆华.机构知识库服务:现状、问题及发展策略[J].图书馆论坛,2011(2):101-103.
[9] Palmer D T.香港大学科研信息管理系统——大学资产的协作管理平台[EB/OL].[2014-11-25].http://ir.las.ac.cn/handle/12502/7323.
[10] 刘雅静,王衍喜,郝丹,等.机构知识库支撑科研服务方法研究[J].现代图书情报技术,2014(3):1-7.
[11] 曾婷,董丽.校园学术搜索——清华大学机构知识库的创新实践[EB/OL].[2014-11-25].http://ir.las.ac.cn/handle/12502/7326.
[12] 公共资金资助的科研成果应实行开放存取[EB/OL].[2014-11-25].http://epaper.gmw.cn/gmrb/html/2014-06/23/nw.D110000gmrb_20140623_3-11.htm.
[13] 程波.2004-2008年我国机构库研究与建设综述[J].图书馆论坛,2009(4):84-86.
[14] 王思丽,祝忠明.利用关联数据实现机构知识库的语义扩展研究[J].现代图书情报技术,2011(11):17-23.
[15] 王思丽,祝忠明,姚晓娜.机构知识库语义知识获取方法分析及实验研究[J].现代图书情报技术,2014(4):7-13.
[16] 由天宇.网络化制造环境下的物流信息管理系统研究[D].沈阳:东北大学,2009.

作者简介

　　傅俏,江苏大学图书馆馆员,E-mail:fuqiao@ujs.edu.cn;卢章平,江苏大学图书馆馆长,教授,博士生导师;盈江燕,江苏大学科技信息研究所硕士研究生;袁润,江苏大学科技信息研究所教授。

以用户需求为导向的高校机构知识库自存储服务机制研究

胡海燕

杭州电子科技大学图书馆

1 前言

机构知识库（institutional repository，简称 IR）由高校、科研机构或几个机构联合建设，通过网络来收集、保存、管理、检索和共享本机构成员在科研、教学过程中产生的数字化学术资源，主要包括期刊论文、会议论文、学位论文、预印本、工作底稿、技术报告、图书、科研数据、电脑软件、可视化模型、仿真模型及其他类型的模型、多媒体出版物、教学课件、书目数据、影像资料、音频文件、视频文件、学习资料、各类网页等。它具有传播学术资源、促进电子出版、实现长期保存、方便科研评价、集中式知识管理等诸多功能，从而使本机构科研成果得到广泛共享并由此提高本机构的知名度。机构知识库也译为"机构库"、"机构典藏"、"机构仓储"等，是随着开放存取运动的展开而产生的。

机构知识库的功能主要包括学位论文提交、科研成果管理、科学数据共享、部门数字信息中心、个人信息空间、信息推送、教学课件的管理与共享、作业与学习资料的管理等，基本上囊括了数字化科研成果管理所需的各项功能。机构知识库的建设具有重要的意义：①对全体教员及研究人员个人来说，可提供永久 URL，避免他人在引用作者研究成果时出现死链接，可以确保数据安全，确保在 Google 的检索结果中排名靠前，达到世界范围的能见度，并且可以快速发表研究成果；②对各院系、研究所来说，可以实现对院系或研究所的研究成果进行开放存取，可以看到本机构研究成果被引情况，减少机构网站维护，不再有死链接，并享受图书馆对机构研究资料提供的专业管理；③对高校来说，可以产生世界范围内的能见度，并且可以对本校文献、科研数据、影像、课程资料等进行稳定的、长期的保存，有助于知识传承。

2004 年初，我国学者开始将国外机构知识库的研究成果及成功案例引入国内。目前我国高校机构知识库数量少，资源存储不足已成机构知识库可持续发展的瓶颈。高校用户的机构知识库自存储需求真实存在，而同时又不愿或不放心将自己的科研成果提交到机构库。本文从这一矛盾现象入手，从用户需求的角度出发，提出将机构知识库首先定位为一个服务性机构，其次才是管理性机构，给用户提供全方位的存储与管理服务，增强用户体验，解除他们的后顾之忧，以提高其自存储积极性。

2 我国高校机构知识库建设现状

虽然机构知识库无论是对高校还是对个人，都具有不可替代的功能，但实践中无论是国外还是我国机构知识库的建设都在不同程度上面临资源存储不足、用户积极性不高的尴尬局面。截至2013年5月初，在ROAR网站上注册的556家美国机构知识库中，大约有84%的机构库数据存储量不足1万份[2]。

在ROAR网站上，目前已有113个国家注册了3 340个机构知识库；各机构知识库使用的软件多达30多种，其中DSpace使用量最大，有1 320个机构使用，其次为EPrints，有481个机构使用；机构知识库类型主要有各类研究机构或综合性、交叉研究机构2 444个，电子学位论文259篇，电子期刊或电子出版物119篇，其他机构知识库类型还有科研数据、开放存取数据、教学资源等。在ROAR网站检索到我国已注册机构知识库85个，其中绝大部分为中国科学院各研究机构所建，高校机构知识库仅有厦门大学建立的一个[2]。DOAR网站中我国注册机构知识库只有33个，除香港大学、香港科技大学、香港理工大学、香港城市大学、澳门大学、厦门大学建立的外，其他均为中国科学院各研究所的机构知识库[3]。

我国高校机构知识库不仅数量少，而且在建设过程中还遭遇诸多问题。如科研人员对开放存取和机构知识库不理解、不认同，参与度不高，导致机构知识库资源获取困难；高校图书馆经费短缺，资金来源渠道较单一，缺乏国家层面的政策指导；另外机构知识库版权问题复杂，标准化及资源共享等也存在相应的问题。

高校机构知识库资源主要来自于用户自存储，因而自存储需求是机构知识库发展的最初源动力，直接决定了机构知识库是否有存在的必要。而科研人员自存储意识不强，对机构知识库建设参与度不高，大大影响了机构知识库的可持续发展，使得我国机构知识库建设陷入"无米之炊"的窘迫境地。若能解决机构知识库资源建设问题，则其他问题也会慢慢迎刃而解。

3 高校科研与教学过程中用户的机构知识库自存储需求

高校机构知识库建设的宗旨是保存、共享和检索本校教职员工、研究人员及学生的数字化学术、学习资源，它收集、索引、保存和发表机构成员的智力成果，为高校数字化科研提供稳定、长期的存储环境。主要体现在：①保存。将数字化科研成果及信息如论文、科研数据集、图片、课程资料等存储在有组织的、安全的、可供检索的机构知识库中，让图书馆员来长期管理，而工作人员则可以节省时间，无须再管理自己的个人网页。②共享。科研人员可以在机构知识库中迅速发布研究成果，并且在全世界范围内都永久地享有能见度。③检索。存储在机构知识库中的数字化科研成果可以被 Google 等搜索引擎检索，并且排名靠前，增加了个人研究工作的可访问性，同时科研人员也可以在机构知识库中浏览其他人的研究成果。高校科研与教学过程的机构知识库自存储需求主要包括以下几个方面。

3.1 科研成果及教学资源的云存储与长期保存需求

科研人员在工作过程中产生的科研数据和未完成的工作文档以及教学资源等经常需要中转，以方便在实验室、办公室和家里甚至是在出差的旅途中随时开展工作。在一个教学周期内，教师的课件、供学生自学的课程资料、学生所做的实验、未完成的作业等都需要妥善存档，以便随时查阅和共享。目前经常使用的中转设备有 U 盘、移动硬盘或笔记本电脑等，或者使用网盘、个人网站、商业性云存储甚至是电子邮件等方式。已完成的科研成果及其没有发表的副产品如科研数据等，则需要进行归档和长期存储。目前常用方法是保存在个人计算机硬盘、移动硬盘等设备上。

个人主页、博客、网盘甚至是电子邮件等保存方式一定程度上都具有动态性特点，存在诸多不确定因素。商业性云存储中的数据也不甚可靠，可能毫无保密性可言。如目前常用的 Dropbox 就存在可能会泄露用户账户这一严重问题，并且 Dropbox 还保管着数据加密的钥匙，如果其愿意或被迫交出那些钥匙，其他任何人都可以看到用户的数据内容。这些都可能会导致存储数据处于极大的变数之中，随时都可能会丢失。硬盘、移动硬盘等设备的稳定性都是有限度的，并且无法异地读取所存数据。

Google CEO 埃里克·施密特说[4]：人们对计算机的使用正在从以 PC 桌面系统为中心转向以网络为中心。过去人们把所有东西都放在计算机里面，计算机丢了，所有信息也随之丢失了。而云存储是以网络为中心的新模式，所有的服务和应用都是通过在线提供。他打了一个形象的比喻，就像把自己的所有数据"存进了一个银行","银行给你存钱并提供自动取款机,而你就可以无需把所有的钱都带在身上"。因此他说未来企业将不再需要自己的数据中心或是桌面软件,而是将数据处理和存储服务托管给 Google 一类的公司,企业只需付费即可使用。机构知识库就是这样的一个"智力资产银行",科研人员和师生将自己的个人智力资产存储进去,就可以拥有稳定的、永久的、安全的存储链接,并可以随时取用。

3.2 用户对于已发表科研成果的专业管理需求

为了实现对教职员工的考核与激励,大部分高校的数字化校园管理系统都有专门的科研管理模块,主要用于个人科研项目管理。但是目前的科研量化考核要求教职员工在科研系统中提交了论文信息之后,还要到图书馆或查新机构开具 SCI、EI、CSSCI 等的收录证明以及论文被他人引用情况的证明。因此,每到年底高校图书馆和科技处都是一片繁忙景象,而每年的职称评审期间又是新一轮查收查引的重复劳动。类似的场景还出现在学位点申报、各类评奖之时。高校为此花费了大量的人力、物力,却收效甚微,其根源在于科研管理系统功能单一,仅仅局限于科研成果题录信息的收集,而没有专业人员对科研成果进行专业管理与维护,不提供被引、收录等信息的跟踪服务,也不能进行全文检索与下载,更无法提高所收录科研成果在世界范围内的能见度。

在机构知识库建立后,提交到机构知识库中的文献经审核后由图情专业人员进行管理维护,具有稳定性、可靠性和权威性的特点,学校各职能部门需要相关佐证材料时就可以直接从机构库中检索或下载,这样可以避免许多重复的劳动。科研人员也可以省却诸多繁琐的程序,只需专心于科学研究活动的过程,可大大节省时间与精力,提高科研工作效率。机构知识库中的文献可被他人检索到,提高作者个人和所在机构在该科研领域的威望,校方可以节省大量人力和财力,图书馆则可以融入科研一线,提升服务层次,可谓一举多得。

3.3 用户对于科研过程中产生的灰色文献的开放存取需求

在科研过程中,除了公开发表的论文、公开出版的图书等文献之外,还产生了大量非公开出版的灰色文献。麻省理工学院机构知识库 DSpace@ MIT 收录的数字化资源范围包括:各类论文,比如期刊论文、预印本、工作底稿、技术报告、会议论文、图书、学位论文、科研数据、电脑软件、可视化模型、仿真模型及其他类型的模型;书评、书目数据、影像资料、音频文件、学习资料、各类网页[5]。灰色文献种类繁多,上述文献中大部分都属灰色文献的范畴，如未正式发表的工作底稿、技术报告、会议论文、学位论文、科研数据等。灰色文献所涉及的信息广泛，内容新颖，见解独到，具有特殊的参考价值。科研人员也希望这些灰色文献能通过某种方式在自己的学术圈内得到交流，而机构知识库就是最好的选择，它所倡导的开放存取理念能让这些灰色文献在世界范围内被检索到，从而通过学术交流、达到被学术界认可的目的。

4 以用户需求为导向，建立全方位机构知识库服务机制

4.1 强制性自存储存在诸多弊端

目前机构知识库资源存储方式常用的有自存储、强制性自存储、协议性代存储等方式。因自存储资源较少，许多机构为了扩大规模，增加机构知识库资源数量，纷纷制定了相关的强制性自存储政策。如英国南安普顿电子与计算机学院等16所高校或学院制定了自存储强制性政策；英国研究委员会（RCUK）的8个委员会中已有4个委员会采取了强制自存储措施；瑞士国家科学基金会（SNF）宣布实施强制性自存储政策；美国国家卫生研究院NIH于2005年5月实施强制性自存储政策。

强制性自存储政策虽然会取得一时的成效，但实际上是在回避关键问题：为何自愿存储率如此之低？用户原本需要机构知识库来对自己的个性化智力资产进行长期存储与管理，但若是被要求强制性自存储，用户会感觉很被动，从而会产生逆反与应付心理，导致用户提交内容不完全、所提交内容质量不高等，何况大量没受任何机构资助的小科学研究成果，若作者不愿意也根本无法通过强制性自存储政策来实现。杨鹤林在《从数据监护看美国高校图书馆的机构库建设新思路》一文中说："一味强硬不可能使机构库成功发展下去，重要的是认真研究用户需求，灵活调整存储策略，使机构库成为整个学术环境中的一份子，而不是一个被边缘化的孤立实体"[6]。

当然强制性与非强制性自存储政策孰是孰非，还是各有利弊，本文不作赘述，而是探讨通过建立有效的服务机制，提供增值服务，将外在的压力变为用户内在的自存储原动力。

4.2 建立有效的服务机制，提高用户自存储积极性

自机构知识库开始建设以来，因机构知识库定位模糊、服务缺失而导致用户参与度不高的问题就始终困扰着建设者。影响学者参与机构知识库建设的积极性的因素有多个方面。韩国梨花女子大学图书与信息管理系教授J. Kim进行了详细的调查研究，认为主要有以下4个因素影响了学者的自存储积极

性[7]：①成本因素。包括版本顾虑和自存储过程中付出的额外的时间、精力。②环境因素。包括自存储文化、信任感、认同感和外部环境影响。③个人特征。包括在全体职员中的等级、出版物数量、专业技术技能和年龄。④利益因素。在所有的影响因素中最最重要的就是利益因素，利益因素又分为外在利益因素和内在利益因素。外在利益因素主要包括5个方面，即可访问性、能见度、可信度、学术奖励机制和职业认同，内在利益因素则是完全的利他行为。可访问性就是要看存储在机构知识库中的文献是否能够被长期保存，获取永久的、安全的URL。能见度越高的文献被他人引用和参考的概率就越高。可信度意味着所存储文献是基于一个社团的普遍标准之上，而且经过专家评审的。若机构知识库中供开放存取的文献也能被纳入学术奖励机制的话，则学者的自存储积极性会大大提高。文献能在著名的学术期刊上发表、自己的研究工作能被其他科学家引用、对他人的研究工作贡献出自己的思想和观念属于职业认同范畴。除上述5种外部利益因素之外，有些学者纯粹是对开放存取感兴趣，有着完全的利他主义精神，主动将自己的文献提交到机构知识库供他人分享。

中国科学院机构知识库建设就遵循了用户需求驱动的功能演进路径，明确提出"重要的不是技术平台搭建与数据的存储，而是服务建设"，因此在推进机构知识库建设之时，就将之定位于知识服务能力建设，并采用了学科服务的工作模式，逐步将其建设成为一个"支持知识内容多类型扩展管理、知识成果多渠道采集集成、知识资产多维度统计分析、个人学术履历管理、开放互操作服务等的综合知识资产管理服务平台"[8]。

4.2.1 提供用户宣传培训、统一身份认证、在线咨询等便利服务措施

有些用户可能会觉得机构知识库只是存储一些发表不了的论文，因此如果把自己的论文存储在机构知识库中会显得论文质量不高。而且还有的用户认为存储到机构知识库的论文会被他人剽窃因而不愿将论文共享。因用户对机构知识库不了解、对开放存储不理解、对知识产权问题有顾虑、觉得自存储浪费时间和精力等问题，图书馆和机构知识库相关建设部门应该采取相应措施，加强宣传和用户培训机制建设，消除用户的种种误解，并明确提示可能存在的问题，让科研人员自己权衡利弊，做到心中有数，以此激发科研人员的自存储积极性。

机构知识库的宣传推广是一项自上而下的工作，只有学校领导和相关负责人充分认识到了机构知识库的重要性，机构知识库建设才能获得充裕的经费支持，各项建设工作才能顺利进行。在机构库已经立项建设的情况下，图书馆可以将宣传资料以电子邮件群发的形式发给每位老师，也可以深入学院、

研究所进行宣讲，还可以在图书馆开展连续的专题讲座，确保机构知识库的各项功能、建设目的和宗旨准确无误地传达给每位用户。

针对用户觉得自存储会耗费其大量的时间和精力的顾虑，在机构知识库建设之初就应考虑简化用户提交程序，尽量使用户管理的界面简洁、一目了然。数字化校园和数字图书馆的实践给了机构知识库建设很好的参考和借鉴，实际建设中可以采用用户统一身份认证，省却用户注册及身份权限认证的步骤。统一身份认证使每个用户自动拥有同数字校园一样的账号和密码，用工号或学号直接登录系统。另外很重要的一点，就是要提供在线咨询，使用户有问题能随时咨询，否则就会陷入无助的境地，慢慢地就会感觉麻烦而弃之不用。

4.2.2 提供一站式数字信息共享空间 在用户接触机构知识库最初，就要让用户体验到，这是一个一站式数字信息共享空间，是一个综合性服务平台，只要登录系统就可以拥有一个只属于自己的、完全私密的个人空间。用户可以放心地将自己的教学课件、科研成果以及正在研究中的课题等资源存储到机构知识库进行长期保存或进行中转。机构知识库能为这些信息的长期保存和传播提供一个稳定的平台，承担着机构记忆的功能。对于所存储资源用户可自由选择是否共享，若建立一个临时群组，将本期课程的相关课件进行共享，供学生下载或学习，则机构知识库就成了课堂的延伸。若用户选择将自己的科研成果公开，则这些文献又多了一个途径被别人检索到，增加了被别人引用的概率，机构知识库就成了用户展示自己的一个平台，同时还可以借助这个平台和同行进行交流。若用户在机构知识库撰写论文、存储数据，则机构知识库完全可以代替 U 盘、网盘、移动硬盘等设备，用户可以随时随地打开电脑，登录系统进行工作。

4.2.3 建立基于机构知识库的个人科研绩效管理体系 在机构知识库中建立基于单篇文献的存储与管理服务，由图书馆工作人员一次性从现有数据库为用户导入，定期更新论文的点击量、下载次数、引用情况等，以实现一次输入、多次利用的功能，并请用户审核，确保数据准确无误。这样在有需要的情况下，机构知识库随时可以给出单篇论文的文献计量学综合评价指标，避免许多重复劳动。

机构知识库主管部门可和学校相关部门如人事处、科技处、高教研究所等部门协商，在教师课题申报、评奖、晋升职称以及业绩考核时，均以机构知识库出具的数据为准，并将年终业绩考核评价与个人的存储情况挂钩，此举可有效激励用户进行自存储，并主动维护存储在机构知识库的科研成果。若能形成良性循环，科研人员也就更能放心地把科研成果提交到机构知识库中，由专业人员进行管理，而自己则可以节省时间和精力，专心于科研。

中国科学院的机构知识库建设就实现了"科研成果管理、产出分析和科研评价"的目标，还具有"作者自动制作学术履历，提供作者、课题组或机构科研成果浏览下载的统计宣传"功能，并采取了"从科研成果管理系统自动转入数据，由机构授权图书馆存缴，或者要求出版社将论文自动推送"到机构知识库等措施，提供集中揭示与集成检索服务，一定程度上减轻了用户自存储负担。另外，中国科学院还制定了《机构知识库建设管理办法》、《机构知识库运行管理办法》等，明确了机构知识库建设过程中有关存缴责任人与存缴内容界定、内容传播与管理、考核与激励、权益管理等内容，从制度保障的角度解除了用户自存储的后顾之忧[8]。

4.2.4 提供科研数据等灰色文献的管理与监护服务 科研过程往往会产生大量灰色文献。这些灰色文献没有公开发表的渠道，尘封在作者的硬盘上十分可惜，而上传到个人网站上不够安全、没有永久 URL，在别人看来也不够权威，即使要引用也不甚方便，因为那个链接或许哪天就不存在了。如果由机构知识库进行开发利用，则可以避免上述问题的出现。机构知识库应通过与学校各部门的协商，促使所存储的灰色文献也能够被纳入到学校成果评价体系中，并妥善解决灰色文献的知识产权问题，提供反剽窃软件，追踪灰色文献的浏览次数、下载次数、被引频次等，提高灰色文献在世界范围内的可检索性，逐步提高机构库在学术界的影响力，从而促进机构知识库的良性发展。

科研活动中产生的科研数据主要包括：①观测数据。实时捕捉的数据具有不可替代的作用，比如传感器数据、遥感勘测数据、观察数据、样本数据、神经影像数据等。②实验数据。通过实验设备获取的数据，比如基因序列、色谱数据等，是可再生的数据，但重复这样的实验会造成很大的人力和物力浪费。③模拟数据。通过实验模型获取的数据、模型和元数据本身比所获得的数据要重要得多，如气象数据、经济模型等。④汇编数据。如汇编数据库、3D 模型、从文献中收集的数据等。

科研数据若没有公开的渠道出版，将会逐渐失去生命力，因此科研数据管理与监护服务越来越受到图书情报界的重视，成为当前的研究热点之一。麻省理工学院图书馆提供了"Data Management and Publishing"专题服务，康奈尔大学机构知识库 DataStaR 也提供科研数据管理服务。科研数据对于科技创新具有显著的支撑作用，机构知识库提供的数据监护服务"不是单纯对这些数据进行存储，而是在数据供学术、科学及教育所用的生命周期内对其进行持续管理的活动，通过评价、筛选、重现及组织数据以供当前科研活动获取,并能用于未来再发现及再利用"[6]。

4.2.5 制定富有弹性的自存储政策,逐步实现开放存取 若机构知识库采取富有弹性的自存储政策,对提交到机构知识库中的文献与数据进行分级分步的开放存取管理,逐步实现开放存取,给予用户更大的选择权,由用户自行决定哪部分只是暂时保存,哪部分可以开放存取,反而会赢得用户的信任,提高他们自存储的积极性。康奈尔的 DataStaR 采取的就是这样一种存储政策[6],它没有强制学者提交数据,而是首先给用户提供实实在在的服务。用户对上传的初始数据集可以自行调整甚至删除,也可以根据个人需要和意愿自行设定共享范围,从对课题组成员、本校用户开放到对公众公开。虽然没有强制性自存储,但学者都乐意将自己的科研成果发布在机构知识库中[9]。

5 结语

综上所述,机构知识库首先要明确定位为一个服务性机构,其次才是一个管理性机构。如果一开始就以高高在上的管理姿态来建库,给用户的感觉会比较生硬,他们会认为机构知识库不过是像其他数字校园系统一样,又是一个繁锁的管理平台而已。因而要从用户的角度考虑他们可能会遇到哪些问题,可能需要哪些便利条件,从细节处为用户提供贴心的服务,以节省他们的时间,消除他们的诸多顾虑。就像目前图书馆广泛所使用的文献传递与馆际互借系统一样,推广伊始用户出于对便捷性、文献可获得率、收费标准等方面的疑惑存在一定的抵触,但只要享受过服务,用户就会体验到其便利与强大,因而一再使用。只有用户体验到了细致的服务,对机构知识库产生了信任感和依赖感,他们才会放心地把自己的科研成果提供给机构知识库,机构知识库才能够获得可持续发展。

参考文献:

[1] 肖可以.高校图书馆机构知识库建设存在的问题及其对策[J].情报资料工作,2010(6):90-93.

[2] Registry of Open Access Repositories[EB/OL].[2012-12-28].http://roar.eprints.org/.

[3] Directory of Open Access Repositories[EB/OL].[2012-12-28].http://www.opendoar.org/.

[4] 樊兰.谷歌的云梦想[J].互联网周刊,2008(7):32-39.

[5] DSpace@ MIT[EB/OL].[2012-11-30].http://dspace.mit.edu/.

[6] 杨鹤林.从数据监护看美国高校图书馆的机构库建设新思路——来自 DataStar 的启示

[J]. 大学图书馆学报,2012(2):23-28,73.

[7] Kim J. Motivations of faculty self-archiving in institutional repositories[J]. The Journal of Academic Librarianship, 2011,37(3):246-254.

[8] 张冬荣,祝忠明,李麟,等.中国科学院机构知识库建设推广与服务[J].图书情报工作,2013,57(1):20-25.

[9] 沈婷婷,卢志国.数据监管在我国高校图书馆的应用展望[J].图书情报工作,2012,56(7):54-57,87.

作者简介

胡海燕,杭州电子科技大学图书馆馆员,硕士,E-mail:emmahhy@hdu.edu.cn。

基于文献数据规律的机构知识库数据转换模型研究

侯瑞芳　李玲　陈嘉勇　肖明

北京邮电大学图书馆

1 引言

近年来，机构知识库因具有资源保障和服务支撑的潜力，成为高校图书馆的重点研究和实践对象。然而，目前机构知识库的理论研究仍不够扎实，并且尚不存在统一的标准和成熟的解决方案，图书馆主要凭借馆员自身的经验和技术积累，借助 DSpace 等开源软件[1]进行二次开发，或与公司合作研发，进行一些探索性的工作，在此过程中凸显出了政策和技术层面的问题[2-3]。

机构知识库发展瓶颈中最主要的技术问题是数据的来源与组织，它需要运用到自然语言处理、文献计量学的相关方法，馆员在面对不同数据来源的题录格式以及大数据级别的题录数据时，往往无从下手，有的则采取了人工处理的方式，在一定程度上破坏了文献数据中蕴含的规律。针对以上问题，本文通过研究和设计机构知识库的数据模型来对文献题录数据进行完整无损转换，保留科研成果的文献数据原貌，并且实现文献与机构、学者、学科和主题等实体的精准关联，灵活地支持机构知识库可扩展的分析、挖掘与社交功能。

2 数据来源与预处理

机构知识库中收录的是高校科研人员创造的数字知识，数据来源的获取与组织是机构知识库构建的基础，需要在建设初期获得历年来学术成果的元数据，并且在后期可持续地将新的成果添加进来。聂华等在 2013 年的中国机构知识库建设调查分析报告中指出，大部分高校更倾向于从其他专业平台批量导入数据[4]，同济大学图书馆提出了由集中式向分布式转变的数据收集方式[5]。Web of Science（WOS）、EI、CSCD、CSSCI 等数据库中收录的文献是高校认可的科研成果的主要来源，这些数据库由专业机构把控数据的质量，更新频繁，每篇题录数据的增补都伴随着与文献实体关联的作者、出版物、关键词等大量题录实体数据的增加与关联。将这些科学评价数据库作为数据来源，可以保证数据质量和权威性，但同时也会因为其符合大数据所具备的大量、高速、多样和真实性四大特点[6]而让馆员望而却步。

本文以北京邮电大学的科研成果为例，探索文献题录中的数据规律。截至 2014 年 4 月 15 日，北京邮电大学被 Web of Science、EI、CSCD、CSSCI 等收录的文献数据量见表 1。北京邮电大学是一所以信息科技为特色、以工学门类为主体的"211"高校，其科研成果被 EI 工程索引收录的较多，其他领域的文献数量和质量也有了一定的积累。

表 1　北京邮电大学文献数据量统计（截至 2014 年 4 月 15 日）

数据库	SCI	SSCI	A&HCI	CPCI–S	CPCI–SSH	EI	CSCD	CSSCI	合计
文献量（篇）	4 625	63	4	7 576	297	18 633	6 625	900	38 723

从不同来源批量导出的题录数据一般是用不同结构的文档记录的，字段标识有所区别，字段值也可能用了不同的表达或分割方式。一些高校图书馆进行了数据预处理的尝试，如北京科技大学图书馆将 SCI、EI 等题录数据转换为 DSpace 要求的 XML 格式，再导入到 DSpace 中[7]；北京工业大学图书馆选择了高校图书馆已有的科研管理系统、学位论文库的数据，并借助 NoteExpress 提交到机构知识库中[8]；中国农业大学图书馆则使用 CDICM 系统让馆员代替作者集中采集[9]。虽然集中采集数据是各馆普遍的做法，但是数据来源的选择以及数据预处理的方法好坏直接影响了机构知识库的数据质量和运营难度。

在文献计量和可视化领域，美国科学信息研究所 E. Garfield 研发的 HistCite[10]工具能很好地结构化展示和分析 Web of Science 数据库中的题录格式，德雷塞尔大学陈超美研发的 CiteSpace[11]也能智能地识别来自 Web of Science、CSSCI 等题录数据，并进行共现分析与可视化，国内爱琴海公司的 NoteExpress 可以从不同来源导入题录，这些工具都拥有对文献题录数据的预处理功能。本文借鉴文献计量工具的技术思路，针对不同数据库的题录标准，分别设计出适用于 Web of Science 和 CSCD[12]、EI、CSSCI 这 3 类题录标准的正则表达式，以及自动识别和匹配的方法，该方法用于抽取半结构化的纯文本、Excel、EndNote 等多种格式的题录中各字段的数据，不需要生成中间格式或借助其他工具，降低了数据来源定期获取与导入的难度，如图 1 所示：

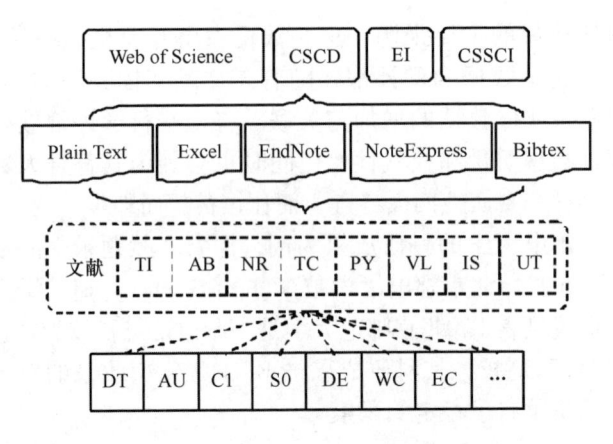

图1 不同数据来源的通用题录数据预处理方式

机构知识库在建设初期需要进行最大规模的预处理工作，在图1中，如果预处理破坏了文献题录数据的原貌，或只从某个角度人工提取或替换出文献数据中的部分信息，那么在后续的机构知识库运营过程中则无法将后续的来源数据按照既定的规则导入到机构知识库的数据模型中，这既定的规则就是从海量文献题录的训练数据中得出的数据规律。只有保留文献题录数据的原貌，遵循由高校科研成果在科学评价数据库中自然形成的规律，才能让新的科研成果题录按照训练集得出的自然规则生成文献与相关实体的关联。

3 数据模型设计

机构知识库除了需要一步到位的通用题录数据预处理工具之外，还需要设计灵活的元数据模型来融合不同的数据来源，以将半结构化的题录数据向结构化的关系数据库格式进行完整转换。

虽然不同数据库导出的题录数据有着不同的格式标准，但是都能从文献数据中提取出隐藏着的文献与学者、机构、学科和主题等关联实体的直接关系，进而获得实体间的间接关系以及深层次的网络关系。本研究对题录格式做过深入分析，并提出了文献实体关系的通用模型[12]，实现了从半结构化纯文本文献数据向结构化关系数据库格式的完整无损转换。该模型在处理作者同名问题时，以相同机构一般不存在同名作者为前提假设，从题录数据中识别出作者与作者地址之间的关系，将作者与作者地址的组合视为作者实体。该模型为机构知识库融合不同来源格式的文献数据提供了保障，也为数据的深层次分析挖掘奠定了基础。

表1中的北京邮电大学文献总数为38 723篇，但其中存在论文被多个数据库收录的情况，使用文献实体关系模型融合来自各数据源的题录数据并进行自动去重后，实际的论文总数为31 244篇，关联的作者、机构、出版物、主题词、学科类别等实体数如图2所示：

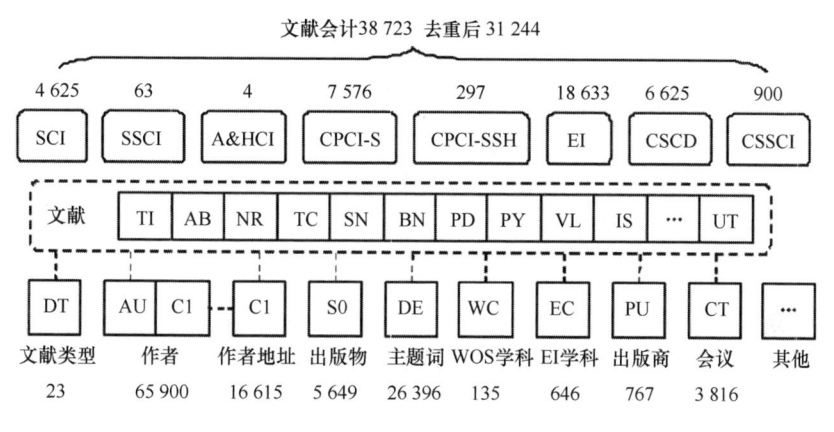

```
                    文献会计38 723  去重后31 244
   4 625    63      4     7 576     297     18 633   6 625     900
   ┌───┐ ┌────┐ ┌─────┐ ┌──────┐ ┌───────┐ ┌────┐ ┌─────┐ ┌─────┐
   │SCI│ │SSCI│ │A&HCI│ │CPCI-S│ │CPCI-SSH│ │ EI │ │CSCD │ │CSSCI│
   └───┘ └────┘ └─────┘ └──────┘ └───────┘ └────┘ └─────┘ └─────┘

   文献   │ TI │ AB │ NR │ TC │ SN │ BN │ PD │ PY │ VL │ IS │ … │ UT │

   ┌──┐  ┌──┐┌──┐  ┌──┐  ┌──┐  ┌──┐ ┌──┐  ┌──┐  ┌──┐  ┌──┐
   │DT│  │AU││C1│  │C1│  │SO│  │DE│ │WC│  │EC│  │PU│  │CT│   …
   └──┘  └──┘└──┘  └──┘  └──┘  └──┘ └──┘  └──┘  └──┘  └──┘
   文献类型 作者  作者地址 出版物 主题词 WOS学科 EI学科 出版商  会议   其他
    23   65 900  16 615  5 649 26 396  135    646   767   3 816
```

图2　文献实体关系模型融合不同数据来源（单位：篇）

文献实体关系模型实现了题录数据的完整转换，但从图2中能看出各实体的数量远高于实际数量，因为文献实体关系模型没有解决实体在不同数据库中不同表达的问题。在题录数据中，作者和机构根据不同期刊和数据库的要求呈现了不同的表达方式，如中英文写法以及简称，不同甚至出现拼写错误；不同数据库中使用了不同的学科分类体系，如英文数据库普遍使用的Web of Science学科类别、Web of Science研究方向、EI学科类别，以及中文数据库普遍使用的中华人民共和国学科分类与代码国家标准（GB/T13745－2009）、中国学位授予和人才培养学科目录和《中国图书馆分类法》（《中图法》）等体系；不同数据库的主题词与标引词等关键词字段也有所不同。这些有多种表达的数据导入机构知识库后会被识别成不同的实体存在，文献与真实唯一的机构、学者、学科、主题等高校实体的精准关联是机构知识库构建所面临的又一难点。

文献实体关系模型虽然完整地保存了文献和题录中各实体的数据和关联，但无法做到与高校规范实体的精准关联，因此有必要对其进行扩展，设计出更灵活的数据模型来融合不同的数据来源，即在这些来源数据的外部关联高校自身的机构、学者、学科、主题等真实数据的高校实体，将题录实体和高校实体相关联。如图3所示：

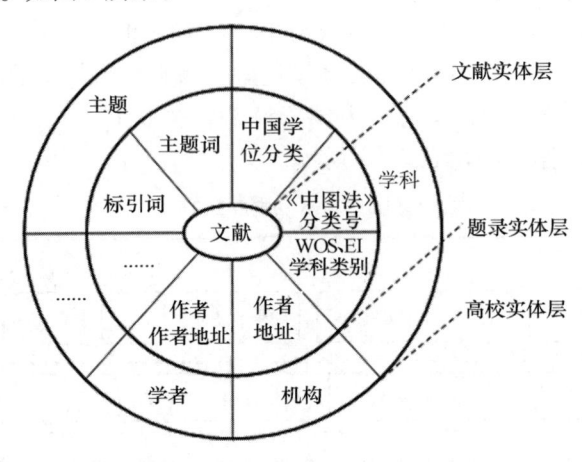

图3　扩展高校实体后的文献实体关系模型
注：中国学位分类是指"中国学科分类与代码国家标准"、"中国学位授予和人才培养学科目录"等中国学位分类的标准

从图3可以看出，扩展后的文献实体关系模型由文献实体、题录实体与高校实体3层组成。图2所示的文献实体关系模型在图3中简化为文献实体层与题录实体层，它们的数据与关系来源于对题录数据的预处理。高校实体层来源于高校信息网络中心的统一标准或接口数据，题录实体层与高校实体层之间的关系由学者、科研秘书的主动认领来确定（如确定学者和作者地址之间的对应关系），或由学科馆员人工关联（如确定主题和主题词、各种学科分类体系和高校自身学科分类之间的对应关系）。

以机构为例，北京邮电大学的研究机构在不同的数据库中有若干种不同写法（见图4），题录实体层中的3条作者地址应该关联到高校实体层中的理学院。同样，可能会有上百条类似但不同格式的作者与机构的组合实际上是同一位学者，某个学科在不同学科体系中可能以不同的名称存在。

扩展高校实体后的文献实体关系模型具有扩展性和灵活性，文献实体层与题录实体层的关系完全由科学评价数据库提供的题录数据完整无损地转换而成，而题录实体层与高校实体层的关系由学科馆员灵活地设置。如果学者调整了所在机构或者高校进行了机构重组，则只在高校实体层内部调整，不会影响到文献实体层与题录实体层。用户在机构知识库中看到的机构与学者等信息来自于高校实体层，不会受到题录实体层中有着多种表达的实体数据的干扰，机构和学者关联的论文则是根据高校实体层、题录实体层与文献实

```
文献实体层        题录实体层（作者地址）         高校实体层（机构）
 CSSCI论文  →  北京邮电大学理学院, 北京 100876, 中国.  ↘
                                                        
  SCI论文   →  Beijing Univ Posts &Telecommun, SchSci,  → 理学院
               Beijing 100876, Peoples R China.        ↗
                                                        
              School of Science, Beijing University of Posts ↗
              and Telecommunications, Beijing 100876, China.
  EI论文  
              School of Electronic Engineering, Beijing    → 电子工程
              University of Posts and Telecommunications,    学院
              Beijing 100876, China.
```

图4　论文与机构的关联，其中有多个机构均为理学院

体层逐级关联的结果。

虽然理论上有更强大的预处理技术将题录实体进行批量转换或替换，或进行人工干预，让文献实体与高校实体直接精准关联，从而免去题录实体层，然而本研究强调题录数据的完整无损转换，不推荐使用批量替换或其他任何方法破坏科学评价数据库所提供的题录数据，目的在于记录高校科研成果在科学评价数据库中的原貌，探索海量文献题录中的数据规律，促使新的题录数据按照自然形成的规律对应到学科馆员所关联的高校实体中。

4　文献数据规律探析

文献实体关系模型使得机构知识库保存了文献数据的原貌，经过扩展后能实现精准关联，但面对图2中的题录实体数量，科研秘书认领或学科馆员人工关联的工作量仍然较大，而且运营过程中的机构知识库将面临不断导入的科研成果数据，因此有必要探索隐藏在文献数据中的规律来帮助实现文献实体与高校实体的精准关联。

本研究通过对题录实体关联的文献数量进行统计分析，发现作者、作者地址、来源出版物、主题词、学科类别等实体均分别关联了上千或上万条文献，各类实体关联的文献数量分布不均匀，存在小部分文献高频关联的实体和大部分文献低频关联的实体，其关联的文献数量趋向于"二八"定律，且较规范的题录实体还存在20%的高频题录实体关联了超过80%的文献的现象，如表2所示：

表 2 高频题录实体关联的文献数量百分比

题录实体	实体数量（个）	所有题录实体关联的文献数量总计（篇）	实体关联文献平均数量（篇/个）	前20%高频题录实体关联的文献数量总计（篇）	前20%高频题录实体关联的文献数量占所有文献量的百分比
作者	65 900	104 357	1.6	64 075	61.4%
作者地址	16 615	42 987	2.6	32 079	74.6%
来源出版物	5 649	37 382	6.6	29 179	78.1%
主题词	26 396	147 145	5.6	122 992	83.6%
EI 学科类别	646	108 455	167.9	98 132	90.5%
WC 学科类别	135	27 661	204.9	25 491	92.2%
SC 研究方向	80	24 148	301.9	23 194	96.0%

图 5 以作者地址为例，横轴从左至右为按关联文献的数量将题录实体进行的降序排列，纵轴为横轴上的题录实体从左至右不断累计关联文献的数量，可以发现将 20% 的高频作者地址实体关联文献的数量累计以后，就达到了所有实体关联文献数量总和的近 80%，其分布较符合"二八"定律，即：约 80% 关联文献数量来自于约 20% 的高频作者地址中，另外约 20% 的关联文献数量来自于约 80% 的低频作者地址中。

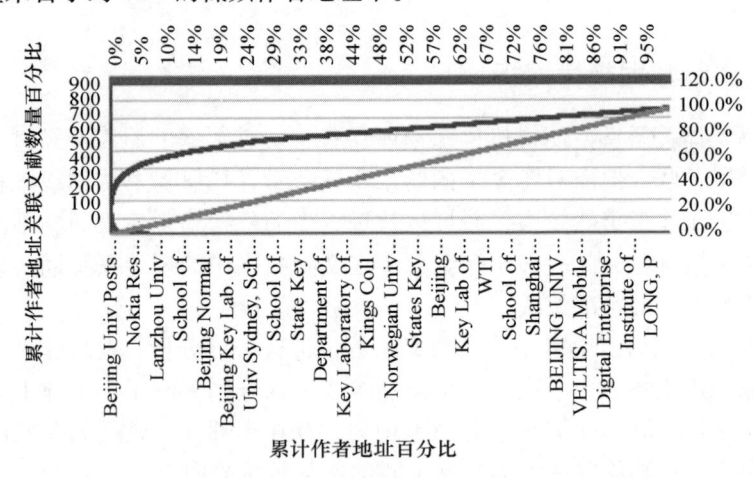

图 5 作者地址实体关联文献数量的"二八"定律分布

根据文献数据规律中存在于各实体的"二八"定律现象，在面对机构知识库中的海量题录实体数量时，只需重点关注 20% 的高频题录实体与高校实体的关联,就可以基本上展现文献题录数据的全貌。换句话说,机构知识库在建设初期导入的高校历年来学术成果相当于是训练集,通过训练集建立起机构知识库的数据模型后,在后期不断导入的测试集将会遵循训练集的规律被高校实体关联。高频作者地址是训练集中产生的,一般是正确的书写形式,未来新收录文献的题录实体也很可能落入到学科馆员已经关联过的高频作者地址中,低频作者地址则一般来自于科研秘书不推荐的书写形式或其他院校的实体数据。但是由规范体系中生成的题录实体(如学科类别),不论高频还是低频,都是不可忽略的,低频的学科类别可能是一个高校需要扶持或新兴的学科分支。

为了辅助人事、科研部门的相关工作,实现文献与学者的精准关联,目前高校图书馆普遍采用学者自行认领文献的模式,让学者自行识别哪些文献归入自己名下。然而,这种被动等待学者来认领的模式需要相关部门的制度推动,而且机构知识库在新论文入库时须有自动推送给学者请其进行认领确认的功能,否则很难落实。

科研成果的产生是动态的,每天都可能会有学者的论文被数据库收录,但学者和所属机构是相对静态的。本研究主张采用"以不变应万变"的思路来应对未来不断导入的文献题录数据,基于文献实体关系模型,让题录实体作为文献实体与高校实体的桥梁,让学者自行认领作者与作者地址的组合,让科研秘书对机构认领作者地址,或者让学科馆员主动关联作者实体与学者、作者地址实体与机构,这种方式能持续有效地解决文献实体与高校实体的关联,实现文献与学者、机构等实体之间可持续的间接精准关联机制。

5 结语

机构知识库的构建是高校图书馆的一项长期工作,本文研究与设计了机构知识库的文献数据预处理技术和数据模型,以面对未来海量数据级别的科研成果数据的管理和运营;并基于模型继续探索文献数据规律,发现题录数据中的"二八"定律现象对今后机构知识库中海量、动态科研成果数据的管理和运营具有重要参考价值。在后续的机构知识库运营过程中,本研究将结合图书馆的实际工作,发挥学科服务团队中学科馆员的作用,深入各院系开展高校实体的认领和关联工作,并且基于文献数据深入开展学科服务,为人事科研部门提供数据支持。

参考文献:

[1] Smith M. DSpace: An institutional repository from the MIT Libraries and Hewlett Packard

Laboratories[C/OL]//Proceedings of the 6th European Conference on Digital Libraries(ECDL 2002). [2014 - 05 - 01]. http://dspace.mit.edu/bitstream/handle/1721.1/26706/Smith_2002_DSpace.pdf? sequence = 1.

[2] 王学勤. 机构知识库建设相关政策研究[J]. 中国图书馆学报,2007,33(3):44 - 47.

[3] 张巧娜. 我国大陆机构库实践的"冷现象"研究[J]. 大学图书馆学报,2010(6):48 - 52.

[4] 聂华,韦成府,崔海媛. CALIS 机构知识库:建设与推广、反思与展望[J]. 中国图书馆学报,2013(2):46 - 52.

[5] 史艳芬,刘玉红. 高校机构库可行性方案研究——以同济大学为例[J]. 图书馆杂志,2010(9):47 - 50,41.

[6] Big data – Wikipedia[C/OL]. [2014 - 05 - 01]. http://en.wikipedia.org/wiki/Big_data.

[7] 李国俊,王瑜,王李梅,等. 基于元数据的高校机构知识库建设研究——以北京科技大学机构知识库为例[J]. 大学图书馆学报,2012,30(4):55 - 60.

[8] 邓红. 高校机构知识库建设实践与探索——以北京工业大学图书馆为例[J]. 现代情报,2013,33(7):80 - 83,129.

[9] 李晨英,韩明杰,洪重阳,等. 建立服务可扩展型机构知识库方法探索——中国农业大学机构知识库构建与服务实践[J]. 现代图书情报技术,2014,30(3):19 - 25.

[10] Garfield E. Paris S, Stock W G. HistCite: A software tool for informetric analysis of citation linkage[J]. Information Wissenschaft und Praxis, 2006, 57(8): 391 - 400.

[11] Chen Chaomei. CiteSpace II: Detecting and visualizing emerging trends and transient patterns in scientific literature[J]. Journal of the American Society for Information Science and Technology, 2006, 57(3): 359 - 377.

[12] 肖明,陈嘉勇,李国俊. 文献计量系统的文献实体关系通用模型研究[J]. 图书情报工作,2012,56(22):129 - 134.

作者简介

侯瑞芳,北京邮电大学图书馆馆员;李玲,北京邮电大学图书馆馆员;陈嘉勇,北京邮电大学图书馆馆员,通讯作者,E-mail: chenjiayong@bupt.edu.cn;肖明,北京师范大学政府管理学院教授。

基于本体知识库的模糊信息检索研究[*]

俞扬信

淮阴工学院计算机工程学院　淮安 223003

1　引言

传统的文本检索方法主要是基于关键词或目录分类的,检索到的信息一般都是语法信息。然而,人们要检索的往往是这种信息的语义或语用信息,而不仅仅是字面的意思,这就造成传统的信息检索系统检索的结果中含有大量毫不相关的信息,无法检索出用户真实需要的重要信息。目前,人们进行 Web 语义和本体论技术的信息检索集成,运用知识结构进行过滤和搜索用户需要的有关信息[1]。基于本体的信息检索系统的相关研究主要体现在通过领域知识库自构本体,扩大系统检索的正确性和覆盖面。领域本体被领域关键词和关系代替,定义中文段落的扩展规则,且依靠这些规则领域本体也能收集领域知识关键词并发现关键词之间的关系。由于词汇语义相关性,在系统中使用概念析取语义具体指标,表明所代表的文档的语义内容。当与具体领域知识一起使用时,每个域可选一轻量级本体作为一个概念结构代表,域概念间的关系可转化为轻量级本体概念间的关系,并产生一个由多相关轻量级本体组成的知识库[2]。为了弥补已有方法在信息检索领域留下的空白,满足实际应用中对信息检索系统的准确率和召回率的精度要求,本文提出了本体知识库的模糊信息检索模型,分析了模糊相关轻量级本体知识库组成,并进一步探讨了模型独立表示本体以及概念间的关系和基于本体的知识系统进行自动模糊查询扩展。

2　本体知识库的信息检索模型

图 1 为本文提出的本体知识库的信息检索模型。该模型中的知识库是关

---

[*] 本文系淮阴工学院自然科学基金项目"基于语义的三维模型检索技术研究"（项目编号：HGB0907）研究成果之一。

联的，通过多个轻量级本体来实现，每个本体对应于不同的知识域且是一概念集 $D_k = \{c_{k1}, c_{k2}, \cdots, c_{ky}\}$（$1 \leq k \leq K$，$K$ 是域的个数，是每个域中概念的个数）。

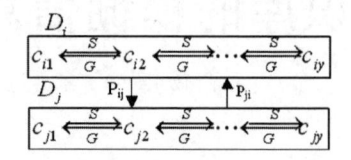

图 1　本体知识库的信息检索模型

图 1 中的 D_i 和 D_j 是两个不同的概念域集。在概念域集中，两概念间的关联度用一真实值 $u \in [0,1]$ 表示，来自相同域中的两概念间的隐含关系可通过模糊泛化（G）和模糊专业化（S）的传递闭包给出[3]，关系 R_i^G 和 R_i^S 的传递闭包分别产生关系 R_{Gi}^* 和 R_{Si}^*。

模糊关系 R 和传递闭包 R^* 可由以下的迭代算法确定：

Step 1：计算 $R' = R \cup [\omega e_t(R \circ R)]$，$\omega e_t \in [0,1]$，$t = \{G,S\}$；

Step 2：如果 $R' \neq R$，那么使 $R' = R$，返回 SteP1；否则 $R^* = R'$，算法结束。

$(R \circ R)$ 表示两模糊关系间的合成。两模糊关系 $P:X \times Y$ 和 $Q:Y \times Z$ 间的合成为模糊关系 $R:X \times Z：R(x,z) = (P \circ Q)(x,z) = max_{y \in Y} min[P(x,y), Q(y,z)]$。

概念域集中的文档 d_i 可用 DOC 集表示，$1 \leq l \leq \|DOC\|$。每个域都有一个从 DOC 集到域中相关文档的模糊联系，其值可按 $tf - idf$ 方法计算[4]。

假设 N 是信息检索系统中的文档总数，c_{jy} 是域 D_j 中的一个概念，$1 \leq y \leq \|D_j\|$，n_y 是概念 c_{jy} 在文档 d_i 中出现的次数，$freq_{ly}$ 是概念 c_{jy} 在文档 d_i 中的初始次数，概念 c_{jy} 在文档中的正常次数 f_{ly} 为：$f_{ly} = \dfrac{freq_{ly}}{max_t freq_{lt}}$，所有出现在文档 d_i 中的关键词都被统计，是最大值。如果概念 c_{jy} 并不在文档中出现，那么 $f_{ly} = 0$。

概念 c_{jy} 在文档中的 $tf - idf$ 的权重 u_{ly} 为：$u_{ly} = f_{ly} \times log \dfrac{N}{n_y}$。模糊关系 $u_j(d_l, c_{jy}) = u_{ly} \in [0,1]$ 表明概念 $c_{jy} \in D_j$ 与文档 $d_l \in DOC$ 的关联度，用矩阵 $p \times m$ 表示，其中，$1 \leq j \leq K$，$1 \leq y \leq \|D_j\|$，$p = \|DOC\|$，$m = \|D_j\|$。假设域 $D_1 = \{c_{11}, c_{12}, c_{13}\}$、域 $D_2 = \{c_{21}, c_{22}, c_{23}, c_{24}\}$ 和一个有效的查询形式

$q=(c_{11} \vee c_{22}) \wedge (c_{13} \vee c_{24})$。每个子查询将独立地完成并检索文档集,相交的文档便是最后的查询结果。由于文档与使用不同知识域的概念关联,可单独从每个域中获取分区查询的概念,用1表示概念存在或用0表示概念不存。子查询q是q_i集中的一个分区($1 \leq i \leq K$),子查询$q=(c_{11} \vee c_{22})$就被分成$q_1=[100]$和$q_2=[0100]$。

3 信息检索处理过程

3.1 扩展初始子查询q的每个分区

对每个分区q_i来说,产生$K-1$个新集合,每个集合都包含来自其他域D_j与D_i相关的、在q_i中出现过的概念,且$i \neq j$,$1 \leq i,j \leq K$。用qent表示扩展查询:$qent = \bigcup_{i=1}^{K} \bigcup_{j=1}^{K} \begin{cases} q_i & j=i \\ \omega p(q_i \circ R_{ij}^p) & j \neq i \end{cases}$。$i$是分区$q_i$的知识域个数,$j$是知识库中剩余的知识域个数,$R_{ij}^p$是域$D_i$和域$D_j$间的概念模糊正相协,$\omega p$为模糊关系类型的权重。在信息检索处理过程中,当$i=j$时,查询分区不可扩展自己的域,但可扩展其他域;$i \neq j$时,计算子查询集$q_i$的模糊关系。

假设D_1、D_2为两个域且用集合表示,两个域划分的子查询为,扩展子查询处理过程如图2所示:

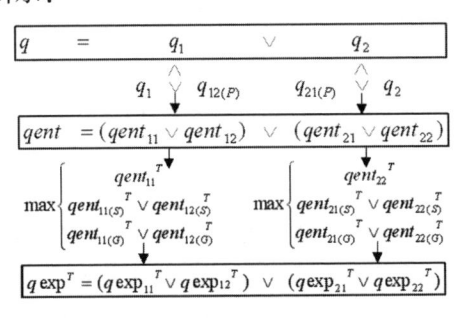

$$q = q_1 \vee q_2$$
$$q_1 \curlyvee q_{12(F)} \quad q_{21(F)} \curlyvee q_2$$
$$qent = (qent_{11} \vee qent_{12}) \vee (qent_{21} \vee qent_{22})$$
$$\max \begin{cases} qent_{11}^T \\ qent_{11(S)}^T \vee qent_{12(S)}^T \\ qent_{11(G)}^T \vee qent_{12(G)}^T \end{cases} \max \begin{cases} qent_{22}^T \\ qent_{21(S)}^T \vee qent_{22(S)}^T \\ qent_{21(G)}^T \vee qent_{22(G)}^T \end{cases}$$
$$q\exp^T = (q\exp_{11}^T \vee q\exp_{12}^T) \vee (q\exp_{21}^T \vee q\exp_{22}^T)$$

图2 扩展子查询处理过程

每个初始子查询q_i的分区在其他域中产生了由扩展子查询qent组成的$qent_{ij}$分区,$1 \leq i \leq 2$,$1 \leq j \leq 2$。在扩展子查询qent时,使用模糊专业化的传递闭包和模糊泛化的传递闭包去考虑本体内的知识,这种扩展方法产生最后

的扩展查询 $qexp^T$。$qexp^T = \bigcup_{i=1}^{K} \bigcup_{j=1}^{K} max \begin{cases} qent_{ij}^T \\ w_r(R_{rj}^* \circ qent_{ij}^T) & j = i \\ w_r(R_{rj}^* \circ qent_{ij}^T) & j \neq i \end{cases}$。模型给定关联值 $w_r \in [0,1]$，$r = \{S,G\}$。当域不同时，即 $i \neq j$，分区 $qent_{ij}^T$ 的模糊泛化和模糊专业化由与关联类型相一致的模糊联系组成的传递闭包 R_{rj}^* 和扩展过的分区 $qent_{ij}^T$ 来完成，最后的传递闭包矩阵仅保持最强的相关概念，查询扩展增加最相关的概念到查询中去。当域相同时，即 $i=j$ 时，扩展需考虑分区 $qent_{ij}^T$ 集和给定关系间的最大值。分区 $qent_{ij}^T$ 是初始用户查询的分区，集合 $\{0,1\}$ 中的值分别表示概念在初始查询中存在或不存在。当权重 $w_r \in [0,1]$ 应用于公式 $w_r(R_{rj}^* \circ qent_{ij}^T)$ 时，出现在初始查询中的概念可能由它们的初始值 1 变为较小的一个值，但这不改变用户的初始查询，公式 $max(qent_{ij}^T, w_r(R_{rj}^* \circ qent_{ij}^T))$ 保持同一域中与用户相关的初始值。

3.2 本体选择和映射

在本体选择和映射阶段，合适的子本体必须先从本体知识库中选出，被选择的本体应与用户或专家提供的权重序列 $S = \{s_1, s_2, \cdots, s_n\}$ 相一致，权重是代表第 n 个本体的权重。当查询文档处理初始化时，查询请求将被映射成选择的本体 H 的最相似的概念 C_j^i。从概念 C_j^i 映射的子本体被用来建立新的查询本体。本体映射算法如下：

输入：$\vec{q} = (k_1, k_2, \cdots, k_m)$ 和选择的本体 H。
输出：查询 H_q 的本体。
Step 1：设 $i = 1$
Step 2：设 $l = 1$，MR $= 0$，其中 MR 是关系的最大值。
Step 3：用词汇 k_i 和所有的 C_j^i（比较，找出最高关系 $R(k_i, C_j^i)$ 的最好节点，如果 MR $< R(k_i, C_j^i)$，那么 MR $= R(k_i, C_j^i)$ 且 MC $= C_j^i$。
Step 4：$l = l + 1$ 且如果 $\in H$，那么转 Step 3。
Step 5：从 MC 中增加子本体的头到，$i = i + 1$ 且如果 k_i 在 $\vec{q}$ 中，那么转 Step 3。
Step 6：输出查询 H_q 的本体。

3.3 相似性度量

在相似性度量阶段，首先，调整文档的权重。调整 H_q 的权重的公式如下：

$$\vec{d_i}' = \sum_{k_d \in \vec{d_i}} max(\sum_{k_q \in H_q} R(k_q, k_d)) \times w_{i,d}$$，$w_{i,d}$ 是文档在词汇 k_d 中出现的权重，k_q 是的词汇。最后，使用下面的公式来测量相似性[5]：

$$sim(\vec{d_i}', \vec{q}) = max(\sum_{s_r \in S} Cos(\vec{d_i}', \vec{q}) \times s_r)$$，这里 s_r 是选择的本体权重，$Cos(\vec{d_i}', \vec{q})$ 是余弦相似度。

3.4 将检索结果按照相关度进行排序

由于用户查询的模糊性和现有技术对文档理解的局限性，因此需要按照相关度对检出的结果进行排序。

4 性能评价

本文进行实验的文档集仅涉及中国气象领域，该查询本体集由一个中国领土的轻量级的模糊本体和一个中国领土气候分布气象学领域的轻量级的模糊本体组成。

4.1 本体知识库的构建

构造两轻量级的本体需要考虑图3的中国地图，图3包含整个中国的气候分布。对两个本体来说，模糊泛化和模糊专业化都涉及它们的实体所指的空间关系。

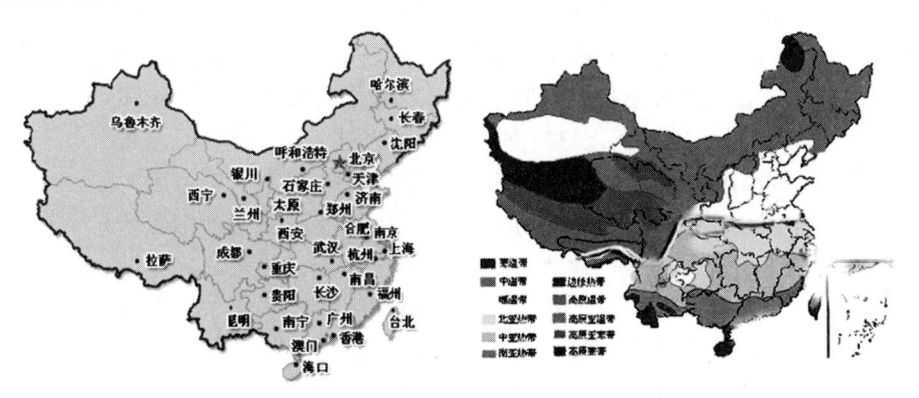

图3 中国地图与中国各地的气候分布

首先，假设中国领土本体域 D_1，分3层。根节点标注"中国"，子节点标注中国地区，孙节点标注各自的省（直辖市）名，图4显示了一个简单的中国领土模糊本体和中国气候模糊本体：

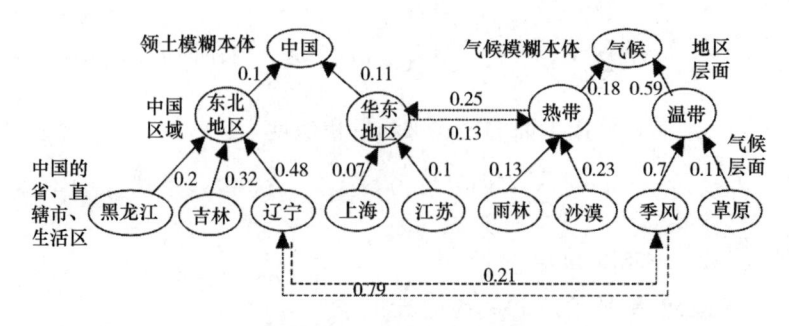

图4 中国领土和中国气候模糊本体及关联

对中国领土模糊本体来说，空间关系表示每个实体领土扩展的领土分布。例如，中国的总领土约为960万平方公里，华东地区的总领土约为110万平方公里，因此可确定模糊专业化的值 $R_1^S=0.11$，这就意味着华东地区是中国专业化的概念，关联度相当于0.11。由于模糊泛化与模糊专业化是两对立面，那么 R_1^G 也为0.11，这就意味着中国是华东地区的泛化概念，关联度也相当于0.11。

其次，假设全国气候分布本体域 D_2，也分3层。根节点标注"气候"，子节点标注气候类型（粗分），如"热带"等，孙节点标注气候类型（细分）。图4也显示了一个简单的中国气候分布本体。对全国气候本体来说，空间关系表示在中国领土上每种气候实体扩展的气候分布。例如，温带区的气候分布占中国领土的0.59，而季风温带区气候占整个中国领土的0.41，这样的话，季风温带概念和温带概念间的模糊专业化的值就是 R_2^S（季风温带，温带） = 0.70。由于模糊泛化与模糊专业化是两对立面，同样，温带概念和季风温带概念间的模糊泛化的值就是 R_2^G（温带，季风温带） = 0.70。

根据中国领土和气候分布建立两本体之间的关系，也如图4所示。这种关系可分两个层次：第一层次存在于中国地区和地区气候之间，第二层次存在于中国各省、直辖市、自治地区和气候类型之间。图4中的虚线说明双方关系的层次，该关系值由映射扫描所得。设中国的季风气候总额为33 000像素，辽宁省的季风气候总额为6 900像素，那么辽宁省季风气候和中国的季风气候之间的模糊正相协可由关系值 R_{12}^P（辽宁，季风）= 0.21 得出。根据模糊正相协，意味着辽宁省概念隐藏着季风气候概念，其强度值为0.21。另一方面，如设辽宁省的气候总额为8 700像素，那么辽宁省的气候和辽宁省季风气候之间的模糊正相协可由关系值 R_2^P（季风，辽宁）= 0.79 得出，同样意味着季风气候概念隐藏着辽宁省概念，强度值为0.79。

如用户先用季风概念构建一查询，接着进行基于 R_2^p 的查询扩展处理，与辽宁省概念相关的季风概念的强度值为 0.79，这样辽宁省概念将增加到查询中去。考虑到文档集是关于农业气象域，检索到的结果可能是一组与辽宁概念相关的文档，即使文档不符合季风概念。同样季风气候概念和辽宁省概念之间存在关联，与辽宁省概念关联的文档可包含季风气候方面的文档，有可能在该文档中季风概念自己并不出现。

4.2 实验分析

本实验的目的是将本文提出的模型与 S. M. Chen 等人提出的多关系模糊概念网信息检索模型[6]进行性能比较。本体知识库由中国领土的模糊本体和中国领土气候分布气象学领域的模糊本体组成，含有 17 256 个简单文档，不但考虑了包含在文档中每个本体的概念，而且考虑了两本体中的概念结合。查询集含有 35 个查询，每个查询只考虑来自一个本体的一个概念或来自用"与"、"或"逻辑运算符连接两个本体的子查询表示的两个概念。

实验时考虑权重 we_t 和 w_r 的多个组合，其中 $t = \{S, G\}$，$r = \{S, G, P\}$。两个模型都显示了有关精确率（Precision）和召回率（Recall）的特征趋势。"召回率"和"准确率"定义为：Recall $= \frac{N_r}{N_t}$，Precision $= \frac{N_r}{N}$，其中 N_r 是检出的相关文档数，N_t 是实际相关文档数，N 是检出文档数。如果用户检索到所希望得到的全部相关文档，用户就会停止检索，此时的召回率为 1。由于一般概念的附属物往往会给搜索结果增加更多的噪音，因而象 $w_G = 0.3$ 这样小的权重值就分配给模糊泛化，$w_S = 0.7$ 这样大的权重值就分配给模糊专业化。对于传递关闭演算来说，分配的权重是 $we_S = 0.8$ 和 $we_G = 0.2$。图 5 表示了基于本体知识库的模糊信息检索模型（MO 实线）和多关系模糊概念网模型（CN 虚线）的性能结果。第一条曲线（MO KW）考虑到提出的模型性能，查询时只使用输入的关键字，而不执行查询扩展。其他曲线分别考虑了四个不同权重的模糊正相协，如 $w_P = 0.0$、$w_P = 0.1$、$w_P = 0.5$ 和 $w_P = 1.0$。$w_P = 0.0$ 表示不考虑的模糊正相协。

当 $w_P > 0$，基于本体知识库的模糊信息检索模型显示出高准确率、低召回率。当召回率为 100% 时，准确率却维持在 50% 左右。因此，最好的结果是给 w_P 分配一个小值，如 $w_P = 0.1$。当 $w_P = 0.0$ 时，曲线（MO 0.0）的准确率降幅快。当召回率增长时，模糊正相协对准确率增长负责。当只使用输入的关键字查询时，曲线（MO KW）表现为最糟糕。

当 $w_P = 1.0$，多关系模糊概念网信息检索模型表现为最好（虚线 CN

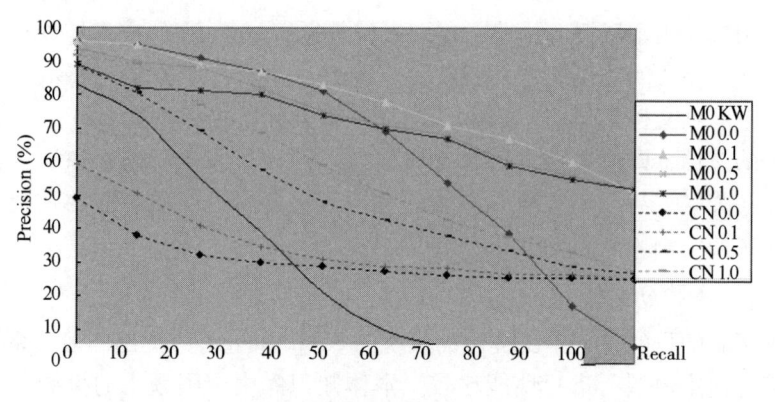

图 5　模型的准确率和召回率

1.0）。对所有的 w_P 值，准确率都维持在 25% 左右。当 w_P 值减少时，准确率和召回率同时减少。该模型根据文档集中协同出现的词之间的概念正相协构建一个网，因而，较大的 w_P 值可从构造的正相协中检索出更好的知识。

取两个模型的最佳的结果，即曲线（MO 0.1）和（CN 1.0）。对所有的召回率，基于本体知识库的模糊信息检索模型都能保持较高的准确率。当 $w_P > 0$ 时，本文提出的模型能保持 50% 以上的准确率，而模糊概念网信息检索模型的准确率却维持在 25% 以上。

5　结语

本文提出了一种提高文档检索的处理方法，本方法考虑了用多本体组成知识库，提出的模型探索了用本体表示知识，模糊关系表示本体的联系，这种知识组织可用于彼此关联的概念代表域。实现了本体知识描述及领域本体知识库的构建及其推理，在知识表示、处理及其推理、数据挖掘、多用户协同工作等应用领域具有很好应用价值，在软件开发与应用方面可节约大量经费，具有广阔的应用前景和经济效益。

参考文献：

［1］俞扬信.基于自建模糊本体的智能信息检索研究.兰州理工大学学报,2009,35(6)：105－109.

［2］智慧来,智东杰,刘宗田.知识库中的概念网络构造研究.计算机工程,2009,45(14)：133－135.

［3］Pereira R,Ricarte I,Gomide F. Fuzzy relational ontological model in information search systems. Fuzzy Logic and The Semantic Web,2006:395－412.

［4］ Cock M D, Cornelis C. Fuzzy rough set based web query expansion//Proceedings of Rough Sets and Soft Computing in Intelligent Agent and Web Technology. International Worksho Pat WI-IA, 2005:9 – 16.
［5］ 俞扬信. 基于语义相似度的信息检索研究. 情报杂志,2009, 28(9):172 – 175.
［6］ Chen S M, Horng Y J, Lee C H. Fuzzy information retrieval based on multi-relationship fuzzy concept networks. FuzzySets and Systems, 2008,148(1):183 – 205.

作者简介

俞扬信,男,1970年生,副教授,硕士,发表论文20余篇,主编或参编教材4部。

科研人员对 OA 知识库的认知程度和使用现状分析

李 武[1]　卢振波[2]

[1]上海交通大学媒体与设计学院　上海 200240　[2]浙江工业大学图书馆　杭州 310032

1 引言

作为实现开放存取的两大主要途径（OA 期刊和 OA 知识库）之一，OA 知识库在数量方面有了很大的发展。据 OpenDOAR 统计，截至 2009 年 5 月底，该名录收录的 OA 知识库数量已经达到 1 400 个[1]。但是，与 OA 知识库的倡导者和建设者的热情形成鲜明对比的是，科研人员本身的不使用行为现象非常突出[2]。Shearer K 明确指出，OA 知识库的资源利用率和资源提供者的资源输入行为是决定 OA 知识库是否成功的两个重要因素[3]。本文旨在考察科研人员对 OA 知识库的认知程度和实际使用行为。

本文界定的"科研人员"主要为在中国高等院校和研究机构从事教学和/或研究工作的人员。需要说明的是，本文认为博士生教学致力于研究型人才的培养，况且目前在读博士研究生和博士后是未来科研人员的中坚力量，而目前大部分学科的硕士研究生教育是以技能培养为导向的，所以界定的"科研人员"排除了在读硕士研究生，但包括在读博士研究生和博士后。在本文中，OA 知识库则被界定为"存储学术研究成果、并为用户提供全文免费阅读和使用的数字文档库"，包括开放的机构知识库和学科知识库。在中国大陆，前者以奇迹文库、中国预印本服务器和中国科技论文在线为代表；后者典型的有厦门大学学术典藏库和中国科学院力学研究所机构知识库等。

2 研究方法

针对来自教育网和公共网的用户，本研究分别采用 Websurvey 系统和 OQSS 系统设计了两份内容完全相同的在线问卷。然后在相关网站上张贴邀请函，邀请科研人员参与本项调研。张贴邀请函的网站包括四大类型：①OA 知识库网站，如奇迹文库和厦门大学学术典藏库；②研究型图书馆网站，如北京大学图书馆和中国社会科学院图书馆网站；③与科学有关的大众网站，如新浪网科技频道和中国科学院科学文化传播中心的科学之友主题博客；④与科学有关的公共综合论坛或者专业论坛，如科学网论坛和丁香园专业论坛。

问卷于 2008 年 12 月 15 日发布，截至 2008 年 1 月 25 日，共收到 510 份完整问卷，其中 328 份来自 Websurvey 服务器，182 份来自 OQSS 服务器。由于在设计问卷时从技术上规定了题目是否必答的要求，因此这 510 份问卷在题项上均无缺失值。通过对无效问卷的判断和剔除（比如重复提交的问卷和答案有悖逻辑的问卷），最终保留有效问卷 447 份。

在研究样本人口统计变量方面，就性别而言，男性 319 人，女性 128 人。在年龄方面，25-29 岁是其最为主要的构成部分，占 27.6%，60 岁以上的只占 2.9%。在身份/职称方面，在读博士研究生、讲师/助理研究员、副教授/副研究员和教授/研究员的比例分别为 36.0%、28.9%、22.6% 和 12.5%，其中讲师/助理研究员中包含了 9 位博士后。在学科方面，社会科学（不含图书馆学和情报学）和人文艺术分别占 17.7% 和 3.6%，图书馆学和情报学单独占 13.9%。在自然科学中，来自物理学科的科研人员共有 84 人，占 18.8%，其次分别是计算机科学（9.2%）、数学（8.9%）、材料学（8.3%）、工程学（8.3%）、化学（5.6%）、医学和生物学（5.4%）。

为获得对科研人员对 OA 知识库的认知程度和实际使用情况的大致认识，采用基本的描述性分析，尤以频数分析为主。为进一步探索科研人员对 OA 知识库的认知程度和实际使用情况是否受到诸如性别、年龄、身份/职称和学科等控制变量的影响，采取方差分析法。在具体操作方面，使用独立样本 T 检验来考察控制变量中诸如性别等属于两个母群体的资料；使用单因素方差分析来检验控制变量中诸如年龄等属于三个母群体以上的资料，如果检验结果达到显著水平，则进一步用 LSD（最小显著性差异）检验法进行两两群体比较，以确定组别之间的差异。

3 调查结果分析

3.1 认知程度和使用情况的总体分析

3.1.1 对"开放存取"概念的认知程度　根据本研究的调研结果，目前 28.9% 的科研人员认为自己对开放存取"完全不了解"；63.3% 的科研人员认为自己对开放存取"有一定的了解"，7.8% 的科研人员认为自己对开放存取"有深入的了解"；表示对开放存取有所了解的科研人员共有 283 人，比例超过 70%。对于同样的问题，2005 年中国科学院文献情报中心的调研数据是[4]：43%对开放存取概念"一无所知",48%表示"有点了解",只有8%表示"非常了解",另外1%未回答;而王应宽博士2006年的调研数据是[5]：42.0%表示"不知道",52.5%表示"知道一点",5.5%表示"很熟悉"。图1对这三次的调研数据进行了对比,其中2005年代表中国科学院文献情报中心的调研项目,2006年代表王应宽博士的调研项目,2008年代表本研究项目。可见,开放存取概念在科研人员当中有所普及,对于多数科研人员而言已经不是一个陌生的概念。

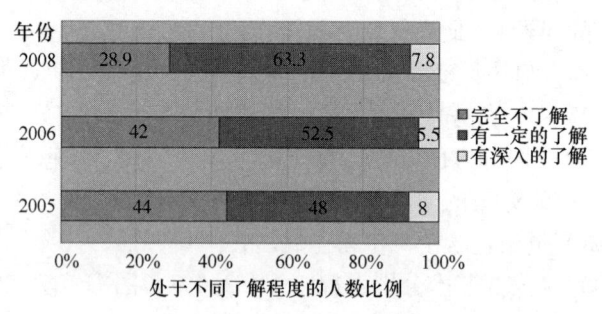

图1 对开放存取认知程度的三次调研数据的对比

3.1.2 对科研人员通过网络公布论文行为的认知程度 开放存取和OA知识库都是比较专业的术语,用最通俗的话来说,其本质就是指科研人员通过网络公开自己的学术研究成果,包括论文的后印本和预印本。早在开放存取这一概念提出之前,已经有科研人员利用网络公布自己的学术论文,供他人免费获取;同时,也有可能部分科研人员了解甚至已经在网络上开放自己的学术论文,但并不知道"开放存取"这个概念。为了避免由于不熟悉术语带来的关于认知方面的调查误差,本题采用直接询问的方式。据调查,只有38位科研人员（8.5%）认为自己对"有些科研人员通过网络公布自己的学术论文"的现象"完全不了解",352人（78.7%）表示"有一定的了解",而57人（12.8%）则表示"有深入的了解"（见图2）。显然,相对于对"开放存取"的认知程度,目前科研人员认为自己对其他科研人员通过网络公布论文这一行为更为熟悉。

3.1.3 对国内三大OA知识库和arXiv.org的认知程度 国内三大OA知识库都是综合性知识库,囊括多个学科,建设比较成熟,在国内也已经具有一定的知名度。arXiv.org是全球最早建设也最具影响力的OA知识库,目前覆盖物理学、数学、非线性科学、计算机科学和量化生物5个学科领域[6],在中国科学院建有中国镜像。国内许多高校图书馆和研究所图书馆在资源揭

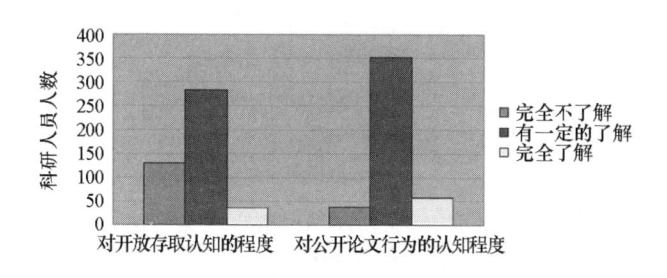

图 2　对开放存取和科研人员公开论文行为
的认知程度的对比分析

示栏目中对这些网站都提供了链接服务。调查研究发现，在这四个网站中，科研人员对"中国科技论文在线"最为熟悉，超过 50% 的科研人员（254 人）都浏览过这个网站；只有 15.9% 的科研人员（71 人）浏览过"中国预印本服务系统"，浏览过"奇迹文库网站"和 arXiv.org 这两个网站的科研人员比例位于其中，分别是 36.7%（164 人）和 31.1%（139 人），如图 3 所示：

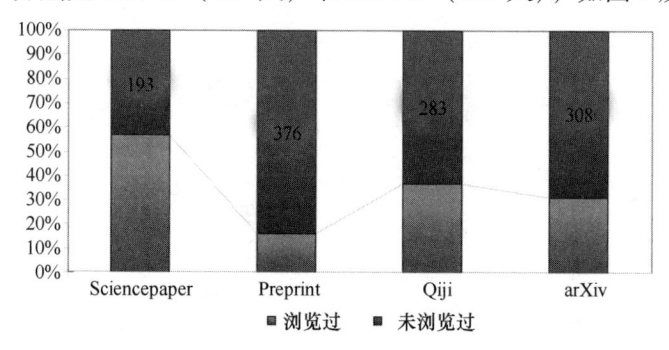

图 3　对国内三大学科 OA 知识库和 arXiv.org 的认知程度

另外，本研究进一步发现，在这 447 位科研人员中，114 人（25.5%）表示尚未浏览过上述任何一个网站，而剩余的 333 人则表示已经至少访问过其中的一个网站。具体来说，在这些 333 人当中，163 人（36.5%）表示已经浏览过其中的一个网站，86 人（19.2%）表示已经浏览过其中的两个网站，46 人（10.3%）表示已经浏览过其中的三个网站，而最后的 38 人（8.5%）则表示已经全部浏览过上述的四个网站，如图 4 所示：

3.1.4　对个人主页或者个人博客的实际使用情况　目前部分科研人员都建有（或曾经建有）自己的个人主页（主要是利用院系网站）或个人博客，并认为科研人员利用个人主页或个人博客公开自己的研究成果在当前并不是

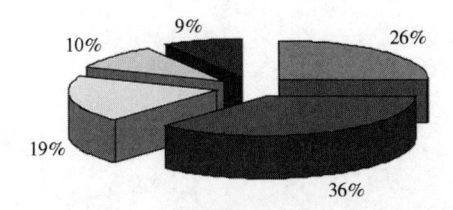

■ 尚未访问任何一个　■ 只访问过其中1个　■ 同时访问过2个
■ 同时访问过3个　■ 同时访问过4个

图4　同时访问过多个OA知识库的科研人员比例

一件新鲜的事情。本研究认为，个人主页和个人博客方式也都是实现开放存取的途径，但相对于OA期刊和OA知识库而言，比较分散，不利于用户发现和获取这些资源。根据调研结果，虽然大多数科研人员从未通过个人主页或个人博客存储过学术论文，共计321人，其比例为71.8%，但利用个人主页或个人博客存储过学术论文的科研人员的比例也将近30%，其中，存储篇数为"1篇"、"2－3篇"、"4－5篇"、"5篇以上"的科研人员数量分别为20、44、10和52，其比例则对应为4.5%、9.8%、2.2%和11.6%，如图5所示：

■ 从未存储过　■ 1-3篇　■ 4-5篇　■ 5篇以上

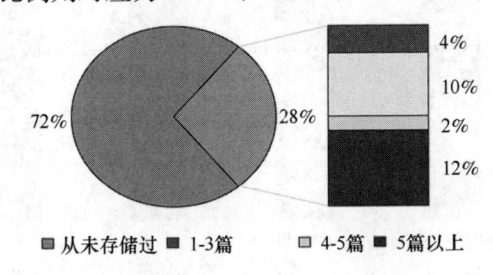

图5　科研人员利用个人主页/博客存储研究论文的使用情况

3.1.5　对OA知识库的实际使用情况　为了避免由于不熟悉术语带来的关于实际使用情况方面的调查误差，本题对OA知识库提供了详细的解释典型罗列（包括国内三大学科知识库和arXiv.org），并进一步说明了OA知识库包括各所在机构单位建设的机构知识库（比如厦门大学学术典藏库和中国科学院力学研究所机构知识库）。根据调查研究，绝大多数科研人员从未通过OA知识库存储过学术论文，其人数和比例分别是256和79.6%。在已经在OA知识库中存储过论文的20%的科研人员当中，存储篇数为"1篇"、"2－3篇"、"4－5篇"和"5篇以上"的比例分别是5.1%、6.9%、1.1%和7.2%，如图6所示：

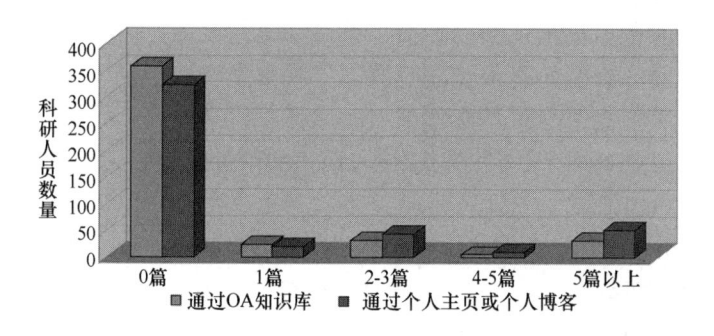

图 6 科研人员利用个人主页/博客和 OA 知识库存储论文的使用情况对比

通过与"是否通过个人主页或个人博客存储过学术论文"反馈数据的对比发现,在目前阶段,科研人员利用 OA 知识库存储论文不如像利用个人主页或个人博客存储学术论文普遍。

3.2 认知程度和使用情况的分组分析

3.2.1 性别与各题项的独立 T 检验 通过分析,本研究发现不同性别的科研人员在对其他科研人员通过网络公布论文行为的认知程度和在对国内三大学科 OA 知识库和 arXiv.org 的认知程度上存在显著差异,而在其他方面则不存在显著差异。具体来说,相对于女性科研人员,男性科研人员更加了解科研人员通过网络公布论文这一行为,同时也更加熟悉中国科技论文在线、中国预印本服务系统、奇迹文库网站和 arXiv.org。但在对开放存取概念的认知程度、利用个人主页/博客或者 OA 知识库存储论文方面,男性科研人员和女性科研人员并没有显著差异,如表 1 所示:

表 1 性别与认知程度的独立 T 检验结果

检验类别		方差齐性 Levene 检验		均值齐性 t 检验				
		F	Sig.	t	df	Sig. (2-tailed)	Mean Difference	Std. Error Difference
PA1	假设方差相等	.376	.540	−.352	445	.725	−.021	.060
	假设方差不等			−.355	238.110	.723	−.021	.059
PA2	假设方差相等	.473	.492	3.089	445	.002**	.147	.048
	假设方差不等			3.118	239.034	.002	.147	.047

267

续表

检验类别		方差齐性 Levene 检验		均值齐性 t 检验				
		F	Sig.	t	df	Sig. (2-tailed)	Mean Difference	Std. Error Difference
PA3	假设方差相等	9.708	.002	1.983	445	.048	.285	.144
	假设方差不等			2.105	267.555	.036 *	.285	.136
PA4	假设方差相等	.426	.514	.947	445	.344	.120	.127
	假设方差不等			.952	236.791	.342	.120	.126
PA5	假设方差相等	.112	.739	.208	445	.835	.025	.120
	假设方差不等			.210	237.652	.834	.025	.119

*** $p < 0.001$ ** $p < 0.01$ * $p < 0.05$

注：PA1 代表"是否了解开放存取概念"，PA2 代表"是否了解科研人员通过网络公开论文行为"，PA3 代表"是否浏览过国内三大学科知识库和 arXiv"，PA4 代表"是否通过个人主页/博客存储过研究论文"，PA5 代表"是否通过 OA 知识库存储过研究论文"。下同。

3.2.2 年龄与各题项的方差分析　通过分析，本研究发现不同年龄的科研人员在对国内三大学科 OA 知识库和 arXiv.org 的认知程度上和自己对 OA 知识库的实际使用行为方面存在显著差异，而在其他方面则不存在显著差异。具体来说，60 岁以上的科研人员比 60 岁以下的任何一个年龄阶段的科研人员都要熟悉国内三大学科 OA 知识库和 arXiv.org。这是以同时访问过这些网站的人数作为衡量指标的，换言之，本研究将尚未访问过这其中的任何一个网站的科研人员视为"不熟悉者"，而将同时访问过所有这四个网站的科研人员视为"非常熟悉者"。另外，相对于比 25 - 34 岁的科研人员（25 - 29 岁和 30 - 34 岁），35 - 49 岁的科研人员（35 - 39 岁和 40 - 49 岁）已经更多地在使用 OA 知识库存储自己的研究论文了（见表2）。

表2　年龄与认知程度的单因素分析结果

检验类别		Sum of Squares	df	Mean Square	F	Sig.
PA1	组内	1.753	6	.292	.902	.493
	组间	142.480	440	.324		
	总量	144.233	446			

续表

检验类别		Sum of Squares	df	Mean Square	F	Sig.
PA2	组内	.596	6	.099	.467	.833
	组间	93.596	440	.213		
	总量	94.192	446			
PA3	组内	34.745	6	5.791	3.125	.005**
	组间	815.434	440	1.853		
	总量	850.179	446			
PA4	组内	5.053	6	.842	.570	.754
	组间	650.065	440	1.477		
	总量	655.119	446			
PA5	组内	22.133	6	3.689	2.870	.009**
	组间	565.572	440	1.285		
	总量	587.705	446			

注：*** $p<0.001$ ** $p<0.01$ * $p<0.05$

3.2.3 身份/职称与各题项的方差分析 通过分析，本研究发现不同身份/职称的科研人员在对国内三大学科 OA 知识库和 arXiv.org 的认知程度上与自己对 OA 知识库的实际使用行为方面存在显著差异，而在其他方面则不存在显著差异。身份/职称和年龄这两个控制变量对这些不同题项的方差分析结果是完全一致的，因为从某种意义上讲，在科研人员当中，年龄段与身份/职称大致是具有一一对应关系的。具体来说，教授/研究员比在读博士研究生、讲师/助理研究员、副教授/副研究员这三个群体都要熟悉国内三大学科 OA 知识库和 arXiv.org。另外，在这四个群体当中，副教授/副研究员是使用 OA 知识库中最为频繁的群体，其实际使用程度高于其他三个群体。教授/研究员比讲师/助理研究员也更多地利用 OA 知识库存储过自己的研究论文，如表 3 所示：

表3 身份/职称与认知程度的单因素方差分析结果

检验类别		Sum of Squares	df	Mean Square	F	Sig.
PA1	组内	.973	3	.324	1.003	.391
	组间	143.259	443	.323		
	总量	144.233	446			
PA2	组内	.162	3	.054	.255	.858
	组间	94.030	443	.212		
	总量	94.192	446			
PA3	组内	25.189	3	8.396	4.509	.004 **
	组间	824.990	443	1.862		
	总量	850.179	446			
PA4	组内	1.286	3	.429	.291	.832
	组间	653.832	443	1.476		
	总量	655.119	446			
PA5	组内	14.333	3	4.778	3.691	.012 *
	组间	573.372	443	1.294		
	总量	587.705	446			

注：*** $p<0.001$　** $p<0.01$　* $p<0.05$

3.2.4　学科与各题项的方差分析　通过分析，本研究发现学科这一控制变量在科研人员对开放存取概念的认知程度、对其他科研人员通过网络公开论文行为的认知程度、对国内三大学科 OA 知识库和 arXiv.org 的认知程度、通过个人主页/博客存储论文的实际使用行为以及通过 OA 知识库存储论文的实际使用行为等方面都存在显著差异。比如说，来自图书情报领域的科研人员比来自其他任何学科的科研人员更加熟悉开放存取。而来自物理领域的科研人员比来自其他任何学科的科研人员更加熟悉科研人员通过网络公开自己论文这一信息发布行为，同时，利用 OA 知识库存储研究论文的行为也较其他任何学科都要普遍。这与物理学科悠久的预印本文化传统也是非常契合的。从大的学科角度来看，除了图书馆学和情报学之外，来自社会科学和人文艺术的科研人员对 OA 知识库的认知程度不如来自自然科学领域的科研人员那么高，其实际使用行为也不如后者普遍。来自图书馆学和情报学的科研人员对 OA 知识库最为熟悉，这是在情理之中的，因为开放存取运动兴起的直接原因就是为了解决图书馆面临的"学术期刊危机",而图书馆又是建设 OA 知识库(尤其是机构知识库)的中坚力量,如表 4 所示:

表4 学科与认知程度的单因素方差分析结果

检验类别		Sum of Squares	df	Mean Square	F	Sig.
PA1	组内	16.807	9	1.867	6.404	.000***
	组间	127.426	437	.292		
	总量	144.233	446			
PA2	组内	4.748	9	.528	2.577	.007**
	组间	89.445	437	.205		
	总量	94.192	446			
PA3	组内	42.680	9	4.742	2.566	.007**
	组间	807.499	437	1.848		
	总量	850.179	446			
PA4	组内	140.725	9	15.636	13.284	.000***
	组间	514.394	437	1.177		
	总量	655.119	446			
PA5	组内	20.737	9	2.304	1.776	.021*
	组间	566.968	437	1.297		
	总量	587.705	446			

注:*** $p<0.001$ ** $p<0.01$ * $p<0.05$

4 结论

通过与 2005 年中国科学院文献情报中心和 2006 年王应宽博士的调研数据的对比分析,本研究发现:了解开放存取的科研人员的人数在逐渐增加。对于国内三大学科 OA 知识库,目前中国科技论文在线在科研人员中的知名度最高,应该说这与中国科技论文在线的建设模式和宣传推广是直接相关的。在实际使用方面,将近 80% 的科研人员从未利用 OA 知识库存储过学术论文,可见利用 OA 知识库存储学术论文还是一件尚未成熟的行为,并未成为多数科研人员的习惯。

通过独立 T 检验和单因素方差分析,本研究进一步发现目前科研人员对 OA 知识库的认知程度和实际使用情况在某种程度上受到诸如性别、年龄、身份/职称和学科等控制变量的影响。以学科为例，来自不同学科的科研人员对OA知识库的认知程度是不同的，对OA知识库的实际使用情况也有显著的差别。其中，来自物理领域的科研人员虽然对OA知识库的熟悉程度不如来自图书馆学和情报学的科研人员，但他们却比后者更多地实际使用过OA知识库。

本研究通过对中国科研人员的在线问卷调研和对447份有效问卷的数据分析，初步揭示了目前科研人员对OA知识库的认知程度和使用现状。这对于OA知识库建设方和其他与OA知识库有着直接或者间接关系的机构（比如研究机构本身、研究资助机构、传统期刊出版机构等）都有一定的现实意义。但从大体上来讲，本研究属于描述性研究，并未对有关现象做出充分的解释。比如说，为什么大多数科研人员尚未使用OA知识库呢？都有哪些影响因素阻碍了科研人员对这种理论上具有创新意义的学术传播渠道的使用呢？这些问题正是本研究的后续工作。

参考文献：

[1] Directory of open access repositories. [2009 – 05 – 29]. http://www.opendoar.org/index.html.

[2] Philip M D, Matthew J L. Institutional repositories: Evaluating the reasons for Non – use of Cornell University's installation of DSpace. D-Lib Magazine. 2007,13(3/4). [2009 – 05 – 02]. http://www.dlib.org/dlib/march07/davis/03davis.html.

[3] Shearer K. Institutional repositories: Towards the identification of critical success factors. [2009 – 05 – 02]. https://dspace.ucalgary.ca/bitstream/1880/43357/6/CAIS – IR.pdf.

[4] Chu Jingli, Li Lin. Chinese scientists' attitudes toward open access. [2009 – 05 – 05]. http://openaccess.eprints.org/beijing/pdfs/Chu_Jingli – OA6 – 3.pdf.

[5] 王应宽. 中国科技学术期刊的开放存取出版研究[学位论文]. 北京:北京大学,2006.

[6] arXiv.org. [2009 – 04 – 02]. http://xxx.arxiv.cornell.edu/.

作者简介

李　武，男，1980年生，助理研究员，发表论文30余篇。

卢振波，女，1973年生，副研究馆员，发表论文20余篇。

评 价 篇

国内外机构库评价研究现状述评[*]

袁顺波[1,2]　华薇娜[2]　马学良[2]

[1]嘉兴学院商学院　嘉兴 314001　　[2]南京大学信息管理系　南京 210093

长期以来，出版商在在传统学术交流体系中占据中心位置，并逐步形成了对学术信息交流的垄断，这在一定程度上阻碍了学术交流的发展。进入 20 世纪 90 年代，开放存取运动（Open Access Movement）在全球兴起并广泛发展。开放存取主要有开放存取期刊（Open Access Journal）和自存储（Self-archiving）两种主要实现途径，而机构库则是科研人员进行自存储时的一个重要选择。

笔者通过对 LISA、Web of Science、Scopus、Google Scholar、CNKI、VIP 等数据库进行文献调研，全面搜集、分析涉及机构库评价的研究文献，并从机构库系统软件评价、机构库数字资源管理评价、机构成员态度评价、综合评价以及实践建设宏观评价 5 个方面对此进行阐述，以勾勒出国内外机构库评价研究的全貌。

1 机构库系统软件评价

机构库的运行与发展必须以系统软件为基础，目前机构库系统软件可以分为免费开源软件和商业软件两大类。出于经费的考虑，学术机构一般都会选择开源软件。因此，目前对系统软件的评价也主要集中在对机构库开源软件的评价。其中最受关注的是麻省理工学院（MIT）与惠普公司（Hewlett-Packard Corporation）合作开发的 DSpace。2003 年，Tansley R. 等对 Dspace 的各项功能和系统架构进行了详细的述评，并指出未来进一步优化的设想[1]；国内多位学者等对 DSpace 进行了多方位的研究，如与其他机构库系统软件进行比较，改进 DSpace 以及基于 DSpace 构建机构库等[2-5]。

目前对机构库系统软件最为全面的评价来自于开放社会研究所（Open So-

---

[*] 本文系 2010 年度《图书情报工作》杂志社出版基金项目"基于成熟度视角的机构库评价模型构建及应用研究"（项目编号：2010CB07）研究成果之一。

ciety Institute)的"A Guide to Institutional Repository Software"的报告，该报告在对 Archimede、ARNO、CDSware、DSpace、Eprints、Fedora、i-Tor、MyCoRe 和 OPUS 等 9 个软件进行介绍的基础之上，从技术特点、软件管理功能、内容管理、信息保存以及信息检索与利用等多个方面进行评价[6]。此外，Kim H. H. 等通过实验测试和用户调查等方法确定了机构库系统软件可用性（Usability）评价框架，该框架包括满意度（Satisfaction）、支持度（Supportiveness）、有用性（Usefulness）和有效性（Effectiveness）等4个方面[7]；洪梅和马建霞对开源机构库系统软件可用性评估方法分成没有用户参与的可用性评估和有用户参与的可用性评估[8]。

机构库系统软件评价是机构库研究中开展得比较早、成果比较多的领域之一。从现有研究来看，大多数机构库系统软件的基本功能大同小异，特别是 DSpace、Eprints 和 Fedora 等几个常见的系统软件，目前应用比较广泛，同时也得到了许多用户的好评，很难说哪个更好。只是不同的机构库系统软件可能在某些细节上独具特色。因此评价与选择时需考虑系统软件的各自独特功能及机构库自身的需要，诸如机构库战略定位、资源及用户特点等，根据机构库的特定需求选择合适的系统软件方是明智之举。

2 机构库数字资源管理评价

机构库中的数字资源是评价一个机构库建设成功与否的关键因素，因此数字资源管理的评价也是学者比较关注的话题，其中最主要的研究即是对机构库中自存储（Self-archiving）的评价。Xia J. F. 和 Sun L. 认为存储信息、存储资源数量、全文可获取性、用户态度、单位存储费用和资源利用信息等是评价自存储的因素[9]；国内学者郭清蓉构建的自存储评价体系也与此类似[10]。此后，Xia J. F. 和 Sun L. 对澳大利亚、意大利、瑞典和英国的 9 个机构库用户自存储比例和全文可获取性进行调研，结果表明作者自存储比例相当低，来自澳大利亚和意大利的机构库的全文可获取性比较高，而其他的机构库提供的大多为文摘信息[11]；Xia J. F. 还对不同学科的自存储情况进行了评价，发现学科差异对自存储没有明显的影响，而强制存储政策等则可促进自存储[12]，同时 Xia J. F. 对学科库和机构库自存储进行比较分析，发现在学科库中的自存储行为与机构库中的自存储行为并不存在着明显的相关性[13]。此外，对于机构库数字资源的检索利用，Markland M. 利用 Google 和 Google Scholar 检索了 26 个英国的机构库资源，结果表明，利用这两个搜索引擎能够比较准确地查找到机构库中的数字资源，但最相关的检索结果并不一定排在首位,因此需要检索者做一定的甄选[14]。

机构库数字资源管理评价无疑是机构库评价中的一个关键问题,可以说数字资源的管理是事关机构库最为核心的影响因素。从目前的研究成果来看,主要集中在资源获取的评价,而对进入机构库中资源的组织、长期保存以及检索利用的评价开展得不多,当然这也与机构库历史较短,相关研究难度较大有关。因此,机构库资源管理评价还是一个有待进一步深入研究的领域。相信随着数字资源管理技术的进一步发展,机构库数字资源管理评价研究深度也会逐步加强。

3 机构成员态度评价

机构库的持续稳定发展离不开机构成员的支持,因此机构成员对机构库是否了解,对其发展是否支持等问题也成为一个比较受关注的课题。Kim J. Y. 基于社会-技术网络模型(Socio-Technical Network Model)和社会交换理论(Social Exchange Theory),构建了一个成员存储成果的影响因素模型,该模型主要包括成本、外在益处、内在益处、个人经历以及环境影响5个因素,作者在对67位教授进行调查后发现,理解、支持开放存取的科研工作者更愿意支持机构库的发展[15];Watson S. 对克兰菲尔德大学(Granfield University)的成员调查发现,不少成员没有听说过该校的机构库QUEprints,并且不清楚建设机构库的目的[16];Davis P. M. 与 Connolly M. J. L. 发现康奈尔大学(Cornell University)的成员对该校机构库DSpace的了解和利用被大大高估,该校成员对DSpace了解很少,使用意愿也很弱,很多成员选择将科研成果存储到其个人网页和学科库。该校成员给出的不利用机构库的原因有很多,其中包括学术信息交流途径的多样性、对版权纠纷的担忧以及担心科研成果被剽窃等[17]。国内学者也对科研人员对于开放存取和机构库的接受情况进行了调查[18-19],与国外调查结果类似,国内科研人员对机构库的接受度不够理想。

从现有的大多数调查研究来看,学术机构成员对机构库的了解和支持不够理想。因此笔者认为,今后对于机构成员态度的研究,调查分析当然有必要进行,但更需要思考的是,应该采取哪些措施,以促使机构成员了解、接受和支持机构库的发展,而这也正是我们应当关注的重点。

4 综合评价

机构库系统软件、资源管理以及用户态度的评价并非对机构库的整体情况进行评价,而只是关注机构库发展的某一个或几个方面。为反映机构库建设的全貌，不少学者着眼于全局，对机构库进行综合评价。2006年，Westell M. 指出了机构库发展的关键成功因素，主要包括强制存储、与机构库发展规划相结合、资助模式、与数字化中心的关系、互操作性、内容评价、机构支持以及长期保持战略8个方面[20]；Kim H. H. 与 Kim Y. H. 针对韩国的机构库构建了一个综合评价模型，该模型包括内容（Content），系统与网络（System and Network）、利用、用户及提交者（Uses, Users and Submitters）以及管理与政策（Management and Policy）等4个方面，随后作者通过德尔菲法对评价模型的指标进行一定的调整，最后形成了如图1所示的机构库综合评价模型[21-22]：

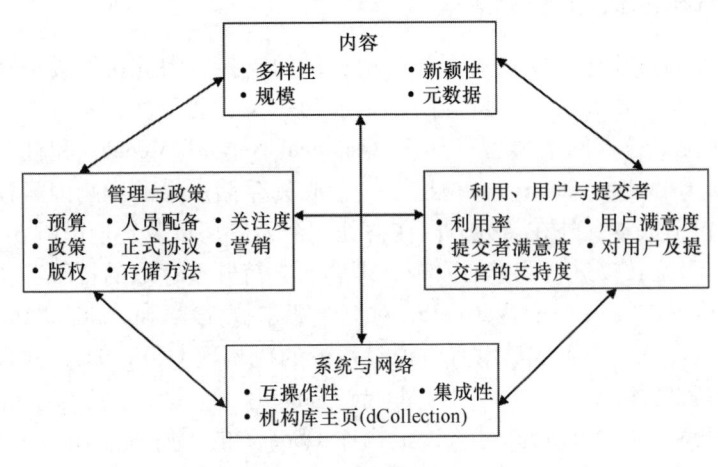

图1 机构库综合评价模型

此外，Proudman V. 从政策、组织、推广机构库的机制与影响、服务、支持与沟通以及法律事务等角度对欧洲的机构库进行了评价。不过 Proudman 也指出，利用这些指标不能给每个机构库打出具体的分数，但可以看出不同机构库的优势与不足[23]；而董文鸳与袁顺波认为知识产权、经费、资源的质量控制、元数据等是机构库发展所面临的问题，也应是评价机构库时考虑的因素[24]。

目前对机构库进行综合评价的研究还不多见，体现在文献量较少、评价样本偏小等方面，并且评价指标数据的可获得性也还有待提高，如 Westell M. 所提出的8个方面更多的是定性评价而非定量评价，Proudman 的评价指标也并非定量评价。因此需要思考的问题是，在部分评价指标为定性评价指标的情况下，如何更好地进行评价？事实上，国外其他行业的评价，如软件评价、知识管理评价等研究表明，成熟度（Maturity Model）可以较好地应对定性与定量评价相结合的评价工作，故笔者将在后续研究中对基于成熟度视角的机构库评价进行探析。

5 实践建设宏观评价

除了对个别机构库进行评价之外，国外不少学者对某一个或多个国家的机构库实践建设进行宏观层面的评价。2005年，网络信息联盟（Coalition for Networked Information，CNI）、英国联合信息系统委员会（UK Joint Information Systems Committee，JISC）以及荷兰SURF基金（SURF Foundation in the Netherlands）联合对美国、英国、澳大利亚等13个国家的机构库建设状况进行了抽样调研，内容涉及机构库数量、资源类型、资源所涉及的学科、使用的软件以及机构参与度等情况。结果表明，机构库正在成为高校基础设施的组成部分，大多数被调查的国家都在大力建设机构库，调查者也相信机构库的建设会越来越受到重视[25-26]；事隔两年后，McDowell C. S. 对此又做了一次类似的调查[27]；袁顺波等则对美国、英国、澳大利亚和日本机构库理论与实践建设的现状进行评述，并据此为国内机构库建设提出了建设性建议[28]。此外，澳大利亚、西班牙以及希腊等国家的研究者均进行了类似的宏观评价。

从现有研究来看，机构库在发达国家，尤其是美国、西欧国家以及日本等国的发展速度比较快，对宏观范围内的实践建设评价研究也开展得比较普遍，应该说取得了不错的成就，但从调查结果来看，机构库中的资源成为了各国机构库发展中的一个难以突破的瓶颈。相比之下，国内机构库的实践建设还处在初步发展阶段，体现在建设机构库的学术机构数量少、机构库资源少、用户关注度有待提高等问题。因此，对我国机构库建设现状进行一个全面的调查，以引起相关学者和用户的关注，是一个值得研究的课题。

6 结语

综上所述，对于机构库评价研究，国外研究比较多，文献量较多，研究角度也比较多样化。相比之下，国内研究还处在初步发展阶段。从关注的内容来看，主要集中在机构库系统软件评价以及机构成员态度评价等方面，而对于机构库综合评价，开展的研究尚显不够。因此，在后续研究中，需要引入科学合理的理论为基础，从宏观入手，通过切实可行的方法，构建一个普适性较强的机构库综合评价体系，并以此为基础开展机构库综合评价的实践研究。

参考文献：

［1］ Tansley R, Bass M, Stuve D, et al. The DSpace institutional digital repository system：Current functionality//Proceedings of the 3rd ACM/IEEE-CS joint conference on digital libraries. Washington, DC：IEEE Computer Society, 2003：87-97.

［2］ 董丽,张蓓,邢春晓.开放源代码的数字资源管理系统 DSpace 和 Fedora 的分析和比较.现代图书情报技术,2005(7)：1-6.

［3］ 祝忠明,马建霞,卢利农,等.机构知识库开源软件 DSpace 的扩展开发与应用.现代图书情报技术,2009(7/8)：11-17.

［4］ 徐震,李超,常晓茹.数字图书馆与开源软件(OSS)——以数字资产管理系统(DSpace)为例.情报资料工作,2009 (1)：37-39.

［5］ 王颖洁.机构知识库建库软件 DSpace、Eprints、Fedora 的比较分析.图书馆学刊,2008(4)：133-137.

［6］ Open society institute, a guide to institutional repository software. ［2010-05-05］. http://www. soros. org/openaccess/pdf/OSI_Guide_to_IR_Software_v3. pdf.

［7］ Kim H H, Kim Y H. Usability study of digital institutional repositories. The Electronic Library, 2008, 26(6)：863-881.

［8］ 洪梅,马建霞.开源机构库软件可用性评估方法的探讨.现代图书情报技术,2007(12)：6-10.

［9］ Xia J F, Sun L. Factors to assess self-archiving in institutional repositories. Serials Review, 2007, 33(2)：73-80.

［10］ 郭清蓉.机构知识库自存储评价体系的构建.情报杂志,2009, 28(7)：74-76, 73.

［11］ Xia J F, Sun L. Assessment of self-archiving in institutional repositories：Depositorship and full-text availability. Serials Review, 2007, 33(1)：14-21.

［12］ Xia J F. Assessment of self-archiving in institutional repositories：Across disciplines. The Journal of Academic Librarianship, 2007, 33(6)：647-654.

［13］ Xia J F. A comparison of subject and institutional repositories in self-archiving practices. The Journal of Academic Librarianship, 2008, 34(6)：489-495.

［14］ Markland M. Institutional repositories in the UK：What can the Google user find there?. Journal of Librarianship and Information Science, 2006, 38(4)：221-228.

［15］ Kim J H. Motivating and impeding factors affecting faculty contribution to institutional repositories. ［2010-05-05］. http://journals. tdl. org/jodi/article/viewArticle/193/177.

［16］ Watson S. Authors' attitudes to, and awareness and use of, a university institutional repository. Serials, 2007, 20(3)：225-230.

［17］ Davis P M, Connolly M J L. Institutional repositories：Evaluating the reasons for non-use of Cornell University's installation of DSpace. ［2010-05-05］. http://www. dlib. org/dlib/march07/davis/03davis. html.

[18] 李麟.我国科研人员对科技信息开放获取的态度——以中国科学院科研人员为例.图书情报工作,2006,50(7):34-38,50.

[19] 王香莲.关于高校科研成果公开保存的意愿研究——基于台州学院教师的调查.现代情报,2009,29(7):33-35.

[20] Westell M. Institutional repositories: Proposed indicators of success. Library Hi Tech, 2006, 24(2): 211-226.

[21] Kim H H, Kim Y H. An evaluation model for the national consortium of institutional repositories of Korean universities//Proceedings of the American Society for Information Science and Technology. USA: American Society for Information Science and Technology, 2007, 43(1): 1-19.

[22] Kim Y H, Kim H H. Development and validation of evaluation indicators for a consortium of institutional repositories: A case study of dCollection. Journal of the American Society for Information Science and Technology, 2008, 59(8): 1282-1294.

[23] Proudman V. The population of repositories//Weenink K, Waaijers L, van Godtsenhoven K. A driver's guide to European repositories. Amsterdam: Amsterdam University Press, 2008: 49-101.

[24] 董文鸳,袁顺波.聚集学术机构知识的中心:机构库(Institutional Repository)探析.图书馆杂志,2005,24(8):51-55,59.

[25] Westrienen G V, Lynch C A. Academic institutional repositories: Deployment status in 13 Nations as of Mid 2005. [2010-05-05]. http://www.dlib.org/dlib/september05/westrienen/09westrienen.html.

[26] Lynch C A, Lippincott J K. Institutional repository deployment in the United States as of early 2005. [2010-05-05]. http://www.dlib.org/dlib/september05/lynch/09lynch.html.

[27] McDowell C S. Evaluating institutional repository deployment in american academe since early 2005: Repositories by the numbers, Part 2. [2010-05-05]. http://www.dlib.org/dlib/september07/mcdowell/09mcdowell.html.

[28] 袁顺波,董文鸳,李宾.西方机构库研究的现状分析及启示.图书馆杂志,2006,25(8):4-8.

作者简介

袁顺波,男,1982年生,讲师,博士研究生,发表论文20余篇。

华薇娜,女,1953年生,教授,博士生导师,发表论文70余篇。

马学良,男,1980年生,博士研究生,发表论文6篇。

机构库评价的关键问题研究[*]

马学良

南京大学信息管理系　南京 210093　　国家图书馆研究院　北京 100081

1 引言

知识的有效管理与高度共享一直是人类追求的梦想，历史上无数学者对此进行了不懈的努力。进入数字科研时代，基于传统出版模式的学术交流体系已经不能完全适应科研活动的要求，在传统出版模式下，出版商取得了对科学信息交流的控制权，其为了追求利润的扩大化，不断提升期刊价格，对电子资源则实行许可控制，导致学者所需求的信息远远大于可以获取到的信息，形成了信息需求与信息获取之间的失衡。为此，自 20 世纪 90 年代开始，开放存取运动（Open Access Movement）在全球兴起并广泛发展，而机构库（Institutional Repository）正是实现开放存取的重要途径之一。

诞生于 21 世纪的机构库至今已有十年历史，在此期间，国内外学者对此展开了较为广泛的研究并取得了不少成绩，据 OpenDOAR 统计[1]，全球已有超过 1 600 个开放存取库，其中主要为机构库。但通过文献调研发现，大多学者关注与机构库发展的基本理论问题、机构库应用技术软件分析、图书馆的应对策略以及机构库实践建设经验总结等问题，而对机构库的评价缺乏系统性的研究，主要的研究成果集中在对机构库中数字资源或软件的评析或某一个具体的机构库进行述评。有鉴于此，本文在阐述机构库评价意义的基础之上，分析机构库评价的影响因素与难点，并提出从成熟度的角度出发，构建机构库的评价模型。

2 机构库评价的意义

在机构库蓬勃发展的今天，开展机构库评价研究，具有较强的理论与实

---

[*] 本文系 2010 年度《图书情报工作》杂志社出版基金项目"基于成熟度视角的机构库评价模型构建及应用研究"（项目编号：2010CB07）研究成果之一。

践意义，具体来说：

- 开展机构库评价研究，有助于拓展国内机构库研究的新视角，推进机构库理论研究的丰富与发展，进而对有效解决数字学术信息资源的长期保存与利用、完善数字信息资源管理理论体系具有重要的理论指导意义。
- 开展机构库评价研究，对国内机构库的建设与发展具有重要的实践指导与参考价值。通过构建数字科研时代机构库综合评价模型，可以明确机构库建设中的关键成功因素，为机构库建设的软件选择、资源共享、成本控制以及数字资源管理等提供重要的参考依据。
- 开展机构库评价研究，有助于进一步丰富国内图书馆的数字信息资源。目前国内图书馆的数字信息资源以购买的商业数据库和自主开发的特色数据库为主，而对网络上大量免费的高质量数字学术信息资源重视不够，通过机构库评价模型的构建与应用，精选优质机构库，将为图书馆对现有数字信息资源与机构库资源进行整合、进一步丰富数字信息资源提供基础。
- 开展机构库评价研究，有助于缓解科学信息获取与信息需求之间的失衡状态，为学者快速、准确地获取免费的高质量数字学术信息资源提供指导，拓展学者在信息搜集中的途径，满足学者对科学信息的需求，从而对弥补当前学术交流体系的缺陷、推动科学知识交流具有实践意义。

3 机构库评价的影响因素

要对机构库的发展进行全面的综合评价，需要确定其影响因素，即评价机构库，需要从哪些方面着手。笔者认为，机构库评价主要考虑机构库系统软件、学术机构成员、机构库资源、机构库管理与政策、机构库建设经费等五大方面：

3.1 机构库系统软件

机构库系统软件评价是对机构库进行全面综合评价必不可少的环节。一般来说，评价机构库的系统软件，主要考虑以下几个方面：①系统软件的功能。如是开源软件还是商业软件、系统是否接受多媒体文件、是否支持搜索引擎或全文搜索功能、用户的认证与管理、系统的可扩展性、速度以及可靠性等；②系统软件技术。如技术特征、元数据标准、系统配置、互操作技术以及用户界面等；③系统软件服务。如技术文档等；④系统软件费用[2]。

3.2 学术机构成员

学术机构成员是影响机构库建设成功与否的关键因素。目前机构库发展的实践表明，机构库能否成功，关键不在于技术因素，而在于人文因素，其中最为重要的就是机构成员对机构库的了解与接受程度。因此，对机构库进行评价，需要考虑学术机构成员对机构库的了解度、接受度、支持度、满意度和利用情况等。

3.3 机构库资源

机构库的价值集中体现在机构库资源之上。故需要对机构库资源进行评价。机构库资源评价一般包括资源的数量、资源的全文可获取性、自我典藏情况、资源的类型、资源的新颖性、资源提交人员信息等。

3.4 机构库管理与政策

这也是影响到机构库能否长期稳定发展的重要因素。评价机构库的管理与政策，主要应考虑机构库管理人员的配备情况，机构库相关政策、尤其是自我典藏强制性政策的制定情况，版权管理，机构库宣传推广与营销等多个方面。

3.5 机构库建设经费

机构库建设首先需要回答的问题便是"建设一个机构库需要花费多少"的问题，当然这也不是一个容易回答的问题。机构库的建设经费受等多种因素的影响，其中最为主要的是人员和设备费用等。

4 机构库评价研究的难点

从文献调研来看，国内外机构库评价研究不多，并且主要是集中在对机构库的某一方面进行研究，如对机构库系统软件、机构库资源等，少有学者对机构库进行全面系统的评价。当然，这主要是因为对机构库进行全面系统评价，存在着不少的难点，具体来说，有以下几个方面：

4.1 评价指标的构建缺乏理论基础

从现有研究来看，目前机构库综合评价指标的构建缺乏相应的理论基础，基本上为作者自行确定。如 Kim H. H. 与 Kim Y. H. 确定的机构库综合评价模型[3]包括内容、系统与网络、用户及提交者、管理与政策四大方面，虽然该评价模型经过了实证，但因缺乏相应的理论基础而使其说服力不够强。事实上，机构库的建设涉及到技术、人员、经费、文化、资源等方方面面的因素，评价时确定选择哪些指标、舍弃哪些指标并非易事，而若没有合适的理论作指导，将会大大降低所构建的评价指标体系的权威性和说服力。

4.2 评价指标权重不易确定

如何合理地确定机构库评价各指标的重要程度，也是对机构库进行综合评价中的一个难点，现有研究一般选择通过德尔菲方法确定评价指标的权重，甚至部分研究只是构建评价指标体系，而回避了权重的确定。这就使得评价指标体系的实用性和科学性都大打折扣。

4.3 评价指标值难以获取

这是机构库评价中最难以解决的问题。因为机构库的发展涉及到多个方面，其中部分指标，如机构库成员态度、机构库对学术交流的影响、机构库的资源管理等多个指标，均难以量化，因而评价指标值也无法获取。

由此可见，要对机构库进行全面系统的评价，需要有相应的理论基础，还需要克服评价指标权重不易确定和评价指标值难以获取的难题。笔者尝试引入成熟度理论，从成熟度的视角构建机构库评价模型。

5 能力成熟度模型

5.1 能力成熟度模型简介

能力成熟度模型（Capability Maturity Model，以下简称CMM）是由美国卡耐基-梅隆大学（Carnegie Mellon University）于20世纪80年代提出，最初主要用于评估软件承包商能力并改善软件质量，同时CMM也是评估软件能力与成熟度的一套标准，它侧重于软件开发过程的管理及能力的提高与评估[4]。

CMM的实质是软件过程改进（Software Process Improvement）的系统方法，它通过履行一系列的关键过程域（Key Process Area，KPA）中的关键实践来达到改进软件过程的目的；CMM建立在好的软件过程是产生好的软件质量的假设前提下，通过改进软件过程达到最终提高软件质量的目的[5]。

CMM分为5个成熟度级别：初始级、可重复级、已定义级、已管理级和优化级。其中除了第一级之外，每个成熟度级别又由一些关键过程域组成，这些关键过程域用来描述欲达到某个成熟度级别需要执行的关键活动和主要工作，如表1所示：

表1 CMM成熟度等级特征及KPA[6]

成熟度等级	特征	KPA
第一级：初始级	软件过程是混乱无序的，对过程几乎没有定义，成功依靠的是个人的才能和经验，管理方式属于反应式	-
第二级：可重复级	建立了基本的项目管理来跟踪进度、费用和功能特性，制定了必要的项目管理，能够利用以前类似的项目应用取得成功	需求管理，项目计划，项目跟踪和监控，软件子合同管理，软件配置管理，软件质量保障

续表

成熟度等级	特征	KPA
第三级： 已确定级	已经将软件管理和过程文档化，标准化，同时综合成该组织的标准软件过程，所有的软件开发都使用该标准软件过程	组织过程定义，组织过程焦点，培训大纲，软件集成管理，软件产品工程，组织协调，专家评审
第四级： 已管理级	收集软件过程和产品质量的详细度量，对软件过程和产品质量有定量的理解和控制	定量的软件过程管理和产品质量管理
第五级： 优化级	软件过程的量化反馈和新的思想与技术促进过程的不断改进	缺陷预防，过程变更管理和技术变更管理

5.2 基于 CMM 构建机构库评价模型的可行性分析

CMM 结合 20 多年来的成功实践，对软件业的成熟和发展起到了巨大的贡献，同时也给其他领域的评估与改进提供了良好的理论框架，最为典型的就是企业知识管理领域，Siemens、Infosys 等不少知名企业均基于 CMM 构建了知识管理评估模型。笔者认为，基于 CMM，从成熟度的角度构建机构库评价模型确为可行：

• CMM 作为一个指导性框架，已是被广泛认可的理论模型。该模型并未明确确定评价指标，而是提供一个包括了等级和 KPA 的指导性框架。该框架为组织提高过程能力而设计，从低到高分成五个等级，尽管上下等级的目标之间存在包容关系，但 CMM 不提倡跨级评估。而从结构模型分析，每个等级都是实现更高等级目标的基础。该模型多年来在不同领域得到了广泛的应用，尤其是知名企业以此为基础构建知识管理评估模型并取得成功，让 CMM 更是被广泛认可与接受。以此为基础，构建机构库评价模型，可较为准确地传递信号，使学术机构可以有意识的不断提高机构库建设的过程能力。

• 基于 CMM 构建机构库评价模型，有助于明确机构库建设的现状，做到有的放矢。基于 CMM 的机构库评价模型可以很好地发现机构库建设的实际情况，对于对机构库进行管理的学术机构来说，没有比知道机构库建设所处阶段更为重要的事了。有了该评价模型，学术机构可以了解自己所建设的机构库与优秀的机构库相比差距在哪里，该如何改进。通过比较可以及时纠正路径，少走弯路。

通过应用基于 CMM 的机构库评价模型对已有的机构库建设水平进行评估，找到机构库存在的薄弱环节，找准切入点，克服这些弱项，这是解决目前机构库在建设过程中所面临的主要问题的最好途径。

• 基于 CMM 构建机构库评价模型,可为机构库建设指引方向,确立发展目标。基于 CMM 构建机构库评价模型,不仅可以作为机构库建设成熟度的评估手段,为机构库建设项目提供切入的工具,还可以为提升机构库成熟度明确道路和方向,为实现机构库建设的持续改善提供参考,使学术机构在建设机构库时真正做到有的放矢。

机构库建设是一项持续完善的过程,基于 CMM 的机构库评价模型并不只是将学术机构定位在哪里,还要给学术机构指引一条提升机构库建设水平的道路,不断进步和完善。通过评估,学术机构可以从与标杆的比较中发现自身的不足,及时调整机构库的建设策略并确立下一步发展的目标。

• 基于 CMM 构建机构库评价模型,有助于解决现有机构库评价的难点问题。现有的机构库评价面临着指标权重不易确定,指标值难以获取等多方面的难点。基于 CMM,构建机构库评价模型,可以有效地解决这些问题,因为所构建的评价模型并非一个完全定量化,而是一个介于定性与定量之间的评价模型,该模型主要通过 KPA 的方式来评估机构库建设所处的现状,并且为机构库的发展指引方向,这就可以有效地解决指标数值难以获取的问题。

6 结语

根据上述分析,基于 CMM 构建机构库评价模型可有效解决机构库评价当中现存的问题。因此本项研究将以成熟度理论为基础,并借助知识管理成熟度模型的研究成果,构建基于 CMM 的机构库评价模型。该模型机构库建设中所面临的共同问题、发展阶段进行明确定义、管理以及控制的一个完整的框架体系。基于 CMM 的评价模型在结构上分成初始级、可重复级、已定义级、已管理级和优化级等 5 个成熟度等级,前面的成熟等级是之后成熟度等级的基础,要实现从低等级往高等级发展,就需要关注每一个等级当中的 KPA。而本项研究所构建的评价模型包括学术机构高层领导、学术机构战略与知识共享、信息基础设施、建设资金、学术机构成员和团队合作与组织文化等 6 个 KPA。成熟度等级与 KPA 有机结合,形成了一个完整的机构库评价模型。

参考文献:

[1] OpenDOAR. [2010 – 05 – 25]. http://www.opendoar.org/.
[2] Barton M R, Waters M M. Creating an institutional repository: LEADIRS workbook. [2010 – 05 – 25] http://hdl.handle.net/1721.1/26698.
[3] Kim H H, Kim Y H. An evaluation model for the national consortium of institutional repositories of Korean universities. American Society for Information Science and Technology,

2007,43(1):1-19.
[4] Wikipedia. Capability maturity model. [2010-05-05] http://en.wikipedia.org/wiki/Capability_Maturity_Model.
[5] 邓景毅,叶世绮,郑欣.软件成熟度模型(CMM)发展综述.计算机应用研究,2002(07):6-9.
[6] 中科永联高级技术培训中心.CMM.[2010-05-25] http://www.itisedu.com/phrase/200603051508215.html.

作者简介

马学良,男,1980年生,博士研究生,发表论文6篇。

基于成熟度视角的机构库评价研究[*]

袁顺波

嘉兴学院商学院　嘉兴 314001　南京大学信息管理系　南京 210093

1　引言

诞生于上世纪 80 年代的能力成熟度理论构建了软件能力的评价框架，提供了软件开发的等级演化机制，对软件开发的评价实践、软件开发质量的改进等都具有重要的指导作用。经过 20 多年的发展，能力成熟度理论不仅在软件行业得到了普遍应用，在其他领域也受到了广泛的关注，尤其是在知识管理领域的成功应用，显示出能力成熟度理论应用于非软件评价领域的价值。本项目尝试基于成熟度理论，通过专家调查，并借鉴知识管理成熟度模型构建与应用的经验，构建机构库的综合评价模型。本次专家调查以访谈为主要形式，选择南京大学信息管理系、南京大学图书馆、国家图书馆、嘉兴学院商学院信息管理与信息系统专业、嘉兴学院图书馆、嘉兴学院科技处的负责人、教师以及部分博士研究生共 25 位作为调查对象，访谈的主要内容是听取调查对象对于机构库评价模型等级划分以及评价影响因素等方面的意见，然后结合成熟度理论，得出机构库综合评价模型中的成熟度等级和关键过程域（Key Process Areas，KPA）。

2　机构库评价模型结构

虽然不同学术机构对机构库开发与管理的理解有所差别，在机构库项目实施过程中的侧重点也会有所不同，但在建设过程中，会面临一些共同的问题，需经过相类似的阶段。本项目所要构建的基于成熟度视角的机构库评价模型可以看作是学术机构对机构库建设中所面临的普遍问题、所经历的阶段进行明确定义、管理以及控制的框架体系。

---

[*] 本文系 2010 年度《图书情报工作》杂志社出版基金项目"基于成熟度视角的机构库评价模型构建及应用研究"（项目编号：2010CB07）研究成果之一。

机构库的建设过程中会面临一些共同的关键问题，也会经历相似的建设阶段，而这些关键问题和阶段分别成为了评价模型中的关键过程域和成熟度级别。本项目所构建的机构库评价模型以软件能力成熟度为基础，因此评价模型中成熟度等级的划分和级别名称可以与软件能力成熟度相同，专家调查的结果也支持沿用原有名称。据此确定基于成熟度视角的机构库评价模型的级别分别为初始级、可重复级、已定义级、已管理级和优化级[1]，如图1所示：

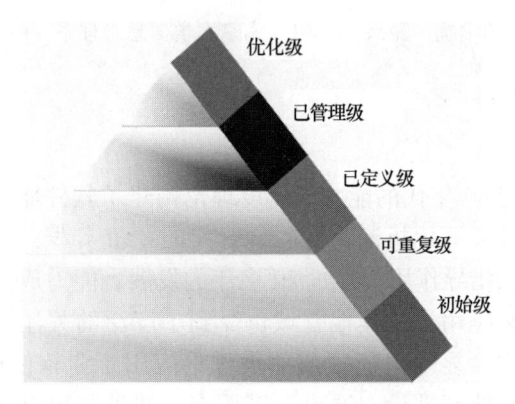

图1 机构库评价模型的5个成熟度级别

当然在机构库评价领域，各个级别已有了不同于软件能力成熟度模型的全新内涵，不同成熟度级别反映的是学术机构建设机构库进程中开展的各项活动。

2.1 初始级

在数字化科研时代，任何一个学术机构中都会有成员进行或多或少的开放存取活动，如通过个人网页、博客、BBS等途径将其教学科研成果公开。但处于初始级的学术机构最常见的表现就是这些开放存取活动并没有引起相关管理部门的关注，学术机构也没有对这些活动进行有意识地控制；某些"成功"的开放存取、知识共享活动仅仅是凭借运气，而不是学术机构既定目标和规划实施的结果；部分成员自发的开放存取、学术机构对某些数字资源进行管理等活动并不是有意识地为建设机构库服务；学术机构的绝大部分成员尤其是管理人员尚未清楚认识到机构库对于反映其教学和科研成果、衡量现有研究水平与明确今后发展方向以及对外提高学术机构影响力和知名度的意义。

2.2 可重复级

一旦学术机构已经认识到开放存取与知识共享对于学术机构、机构成员的重要性，就可以确定机构库的建设已从初始级发展到了可重复级。虽然此时学术机构并没有明确提出构建机构库，但是部分业务的开展已经可以看作是机构库建设的准备工作。在个别成员的引导下，个别部门或者部分学术团体已经开始了小规模的知识共享活动，可称为"雏形"的机构库建设。这些小规模的部门或者学术团体所进行的开放存取与知识共享活动可以为以后整个学术机构层面的全面机构库建设活动奠定一定的基础，并且部门和学术团体的开放存取活动是可以重复进行的。

2.3 已定义级

当学术机构不仅认识到了机构库的意义，而且已经采取了一定的措施和实际行动对部门与学术团体的开放存取活动提供支持，同时已着手从全局进行机构库建设项目的调研、规划以及系统建设等工作，则表明机构库的建设进入了已定义级。从该成熟度级别开始，学术机构对部门和学术团体的开放存取活动与组织层面的整体机构库建设活动进行整合，相应的活动也均有信息技术提供支持与保障。因此，对处于已定义级的机构库建设项目来说，其相关活动已经被学术机构清楚地识别与定义。处于已定义级的机构库建设活动将成为今后学术机构开放存取与知识共享战略的重要组成部分。

2.4 已管理级

完成已定义级中的调研、规划以及系统建设工作之后，机构库即可开始投入使用，通过一定时间的运行，得益于学术机构相关政策的制定以及宣传推广工作的开展，更多的机构成员已经认识到了机构库对于学术机构、机构成员学术研究的重要意义，成为了机构库的资源提交者和用户，以实际行动支持机构库的建设。此时，机构库的建设已进入到已管理级。在这一阶段中，学术机构已安排相应的工作人员对机构库的运转采取了较为标准和规范的管理；机构库的建设已经进入了平稳期，在机构库建设总体目标的指导下，与机构库有关的部门已经开始设立机构库建设的阶段性目标，并进行有计划的测评和宣传推广工作。上述这些活动也能得到学术机构领导及成员的长期支持（包括关键的经费及人员支持），机构库的建设逐步实现了系统－资源－成员等多方面的协调发展。

2.5 优化级

当经过一定时间的系统－资源－成员等多方面协调发展之后，机构库逐渐能够面对学术机构成员等多方不断变化的知识共享要求，而学术机构也在机构库的管理实践中不断积累了经验，并逐步具备了不断适应环境和自身调整的能力，使得机构库的建设一直能够较为平稳地保持现状，机构库建设进入到了平稳发展的成熟期，这个时候即可称机构库建设进入到了优化级。在这一级别中，已经将前一个成熟度级别进行的机构库测评和宣传推广工作与机构的其他战略控制工具进行了有机地结合。进入优化级以后，机构库建设需要注意的问题就是，要尽可能地使机构库建设保持在优化级中，并想法设法使学术机构及机构成员可充分享受机构库建设与开放存取所带来的各项益处。

根据成熟度理论和知识管理成熟度模型的构建经验[2-4]，同时听取部分专家所提出的意见，笔者认为，学术机构在最初开始机构库建设时，应该以当前所处的级别为基础，并以下一个更高级别的成熟度为目标。而要使机构库建设能够从一个成熟度级别往更高地级别发展，就需要关注每一个级别中的所有KPA。因此，学术机构在从整体上建设机构库之前，应该把重点放在改善相对落后的KPA上，待其改进之后，再考虑机构库的整体建设，然后沿着评价模型中各个级别的顺序逐步推进。

3　机构库评价模型中的KPA分析

与软件能力成熟度模型相类似，除了初始级以外，基于成熟度视角的机构库评价模型中每一个级别都包含了若干个KPA，每个KPA又包含了若干个关键活动。关键活动是对KPA起重要作用的基础工作，只有完成了这些关键活动，才能实现KPA的目标，进而推动机构库的建设进入下一个成熟度级别。

目前不少基于成熟度理论的评价模型都提出了各自的KPA[5]，在借鉴前人研究的基础之上，笔者列出了若干个基于成熟度视角的机构库评价模型的备选KPA，然后在访谈中咨询专家意见，最终确定了机构库评价模型的六大KPA，分别是学术机构高层领导、学术机构战略与知识共享、信息基础设施、建设资金、学术机构成员、团队合作与组织文化。

- 学术机构高层领导。此KPA主要指的是学术机构高层领导对于机构库建设的理解与支持，包括学术机构的管理模式以及管理者对机构库的认同感。在机构库的建设活动中，高层领导及管理者除了应该要求机构成员积极参与，并提供必要的支持与激励之外，本身也应该在机构库建设中发挥重要作用。

- 学术机构战略与知识共享。此KPA要求的是学术机构能够将机构库的建设与学术机构的长期发展战略相联系，确定机构库的建设有助于保存学术机构的知识产品、促进学术机构教学科研的发展，更为重要的是可以提高学术机构的知名度和影响力，在此基础之上，依据学术机构战略对机构库的发展进行规划，并明确机构库在学术机构中的地位。

- 信息基础设施。此 KPA 涵盖了机构库系统的数字资源管理所涉及的多个方面，也包括与机构库管理相关的其他信息基础设施。机构库系统的建设以及数字资源管理流程的设计都应该以学术机构的组织结构、业务流程和数据流程等现有条件为基础，并与之相适应。尤其是数字资源管理流程的设计，应以方便用户提交资源、保存资源和利用资源作为指导思想，从用户出发进行设计。

- 建设资金。此 KPA 要求学术机构能对机构库的建设给予足够的资金支持，除了为开发机构库系统提供必要的资金支持外，还应对机构库管理以及日常维护提供长期的资金支持。该 KPA 与"学术机构高层领导"KPA 有着密切的联系，一般来说，如果机构库的建设能够得到学术机构高层领导的支持，那么建设资金一般能得到保障。而这也是机构库长期稳定发展的基础。

- 学术机构成员。学术机构成员对机构库的接受度与支持度是机构库发展的决定性因素。此 KPA 要求学术机构成员能够充分认识和理解建设机构库的意义，能切身感受到机构库给机构成员本人所带来的益处；要求成员能够主动将自己的教学科研成果提交给机构库进行资源共享，同时也作为用户享用其他成员所提交的学术资源。

- 团队合作与组织文化。此 KPA 关注的是学术机构在机构库建设中机构层面上的一些"软因素"，如组织文化、成员交流渠道、学术团队结构以及关系结构等。需要注意的是，学术机构的团队合作和组织文化在一定程度上受学术机构高层领导影响，因为学术机构内的不少行为准则与规范或多或少是由管理层所制定，而正是这些准则与规范形成了各具特色的组织文化。

4 机构库评价模型实施和评价流程

一般来说，应用基于成熟度视角的评价模型对机构库建设进行评价，其流程如图 2 所示：

具体来说，在机构库建设定位与规划阶段，学术机构应该按照机构库评价模型的要求，确定机构库建设的总目标，并对机构库建设中的各项实践活动进行准确定位与规划；在激励机制与数据收集阶段，需要采取适当的激励机制，促使机构库建设的相关员工大力宣传机构库，尽可能使学术机构成员能认识到机构库建设项目的重要性；然后对各相关部门的成员进行调查，收集必要的数据；数据收集完成后便进入信息处理阶段，在此阶段，需要对机构库建设活动的成熟度等级进行评价，得出初步的评价结果，并为信息的反

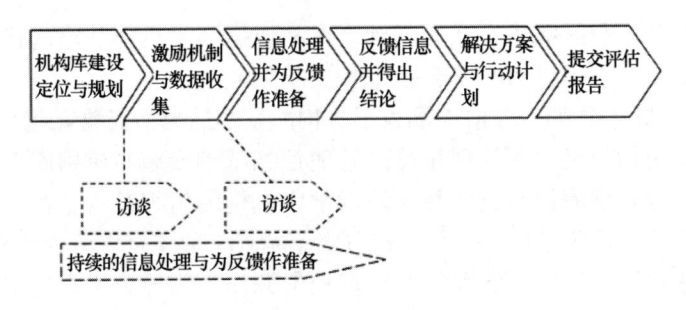

图 2 机构库评价模型的实施与评价流程[6]

馈作准备；进入反馈信息阶段，需要机构成员以及部分专家对初步得出的评价结果进行讨论，以取得一致意见，必要时可对评价结果进行调整，并得出机构库建设现状以及需要优先考虑的 KPA 等方面的结论；针对机构库建设中所存在的问题与不足，提出具体的解决方案与行动计划，最终提交机构库评估报告。

5 机构库评价模型的应用研究

基于本文所构建的机构库评价模型，笔者于 2010 年 8–9 月对嘉兴学院机构库的建设现状进行了调查与评价研究。调查主要采用访谈的方式，访谈的重点是与评价模型中 KPA 相关的问题，整个调查共分为两个阶段进行，在第一阶段调查时，通过对科技处、教务处和图书馆相关负责人的访谈，首先明确嘉兴学院机构库建设的重要目的是为了长期保存嘉兴学院教师所创造的教学和科研成果，同时也为提升嘉兴学院教学科研管理水平、提高学校学术影响力创造条件。同时调查表明，嘉兴学院科研管理部门已经认识到了机构库对于学校的重要意义，已委托嘉兴学院图书馆资源建设部的相关人员着手进行机构库系统的建设，并提供了必要的资金和技术支持；然后在图书馆、商学院、机电学院、文法学院、医学院、外国语学院中抽取 50 位教师，调查他们对机构库的认知、理解和支持程度。结果表明，有接近 6 成的教师已在网络上通过个人主页、博客等方式进行过资源共享，并且图书馆、商学院、机电学院、医学院等部门中，已有 30% 以上的成员了解开放存取的理念。在第二阶段，将之前所得到的调查结果进行反馈，由调查对象对第一阶段的调查结果进行讨论与评价。最终确定嘉兴学院机构库的建设已经处在已定义级的成熟度。并确定建设资金、学术机构成员以及信息基础设施是应该优先考虑的 KPA。同时也证明了基于成熟度视角的机构库评价模型的科学性与可行性。

参考文献：

[1] Ehms K, Langen M. Holistic Development of Knowledge Management with KMMM. [2010 – 08 – 25]. http://kmmm.org/objects/kmmm_article_siemens_2002.pdf.

[2] Kochikar V P. The Knowledge Management Maturity Model – A Staged Framework for Leveraging Knowledge. [2010 – 08 – 25]. http://www.infy.com/knowledge_capital/knowledge/KMWorld00_B304.pdf.

[3] Timbrell G, Koller S, Stefanie N, et al. A knowledge infrastructure hierarchy model for call centre peocesses. Proceedings of I – KNOW, Graz, Austria. 2004:440 – 448.

[4] Feng Junwen. A knowledge management maturity model and application. PICMET 2006 Proceedings, Turkey, 2006:1251 – 1255.

[5] Pee L G, Teah H Y, Kankanhalli A. Development of a general knowledge management maturity model. [2010 – 08 – 25]. http://citeseerx.ist.psu.edu/viewdoc/download?doi = 10.1.1.111.1581&rep = rep1&type = pdf.

[6] Langen M. Knowledge management maturity model-KMMM: Methodology for assessing and developing maturity in knowledge management. [2010 – 08 – 25]. http://www.kmmm.org/objects/KMMM_Flyer.pdf.

作者简介

袁顺波，男，1982年生，讲师，博士研究生，发表论文20余篇。

Altmetrics 指标在机构知识库中的应用研究[*]

邱均平[1]　张心源[2]　董克[2]

[1]武汉大学中国科学评价研究中心　武汉 430072
[2]武汉大学信息管理学院　武汉 430072

在学术信息开放获取运动的推动下，传统的学术信息交流体系在当今泛在化数字科研环境中已无法适应全部科研活动的需要。机构知识库[1]（Institutional Repository，以下简称 IR），作为一种新的学术交流模式，为数字资源的存储、交流与共享提供更快捷、方便的平台。国内有"机构存储"、"机构库"、"机构典藏"之称，本文采用机构知识库的译法。IR 是指将一个机构内部分或全部成员的知识成果（包括文本和非文本资源，已发表和未发表等多种形式）聚合起来应用于各种学术交流活动。IR 管理的数字资源形式丰富，不仅局限于文本格式，还可以提供音频、视频等数字资源。正因为机构知识库包含如此丰富的科研成果，单纯采用传统计量方法已经无法对它及其存储的资源进行全面的评价，并且机构知识库中数字资源的质量控制工作也变得十分繁琐。而 Altmetrics 是产生在 Web2.0 环境下的新兴计量方法，主要通过补充性指标对论文的影响力进行评价。将 Altmetrics 应用到机构知识库的质量控制和评价工作中，可以为机构知识库的资源评价工作带来更为适应的评价方法，帮助其管理人员更好地提供相关服务。

1　在机构知识库中引入 Altmetrics

Altmetrics 的产生和提出与机构知识库的产生和提出有着共同的时代背景，前者致力于解决传统计量学计量对象的滞后性，后者则是为了提供一种新的学术交流平台，加快学术交流进程。因此，在 IR 的建设与维护中引入 Altmetrics 思想指导，具有良好的契合度和适用性。

---

[*] 本文系中国博士后基金资助面上项目"基于引文的科研关系组织及其服务研究"（项目编号：2014M561026）研究成果之一。

1.1 Altmetrics 的发展

目前国内学者对于 Altmetrics 的中文译名存在多种意见,有"选择计量学"、"补充计量学"和"替代计量学"等多种译法,本文为避免分歧,采用 Altmetrics 名称。Altmetrics 的概念自 2010 年至今已发展近 4 年时间,目前国内外关于它的研究主要围绕在概念、标准、涵盖的指标、研究进展、特定工具等方面[2-5]。Altmetrics 是在"科学计量学 2.0(Scientometrics 2.0)"、"论文层面评价(article-level metrics)"等的基础上产生的,主要是为了克服引文分析和影响因子评价方法的局限性。使用这种计量方法能够快速收集基于社交网络产生的指标数据,通过书签、链接、博客等在线测量指标快速反映科研成果产生的影响力。Altmetrics 相关理论、指标体系和工具的发展为其在 IR 中的应用提供了良好的保障。

1.2 机构知识库(IR)

关于 IR 的研究始于 20 世纪 90 年代末期开放存取运动的兴起。目前国内外对 IR 理论和具体实践问题、开发工具都进行了系统研究,而在 IR 内容管理与质量控制方面的研究尚有不足。在 Web2.0 环境下,知识交流过程中产生了一些无法用传统计量手段进行统计、分析和展现的指标,如点击量、浏览量、下载量、点赞量、转发量等。此外,越来越多的 IR 开始与社交网络结合在一起,形成知识交流圈或者学者交流圈,在社交网络中产生的指标也很难用常规手段进行计量,这在一定程度上影响了 IR 的使用效果和宣传效果。

1.3 引入原因

之所以在 IR 中引入 Altmetrics 指标,与 IR 本身的内容构成、建设需求以及利用 IR 平台的科研用户自身需求有着密切的关系。

1.3.1 传统计量方法无法满足 IR 评价的需要 IR 中存储的资源种类和资源格式是多种多样的,尽管目前对于 IR 应该收录的资源类型没有统一的标准,但综合国内现有 IR 中收录资源的状况,发现其基本限于会议论文、论文预印本、研究报告、学位论文、技术报告、学术单位的新闻通讯和快报及档案、项目申请报告、图片声音视频文件、数据集、课件、学习对象、学术和学位论文、工作报告、实验数据及实验结果、软件产品及相关资料、各种观点、看法、思想、经验、诀窍的总结等范围[6]。面对如此繁多的数据,传统计量方法单是对其中的文献资源就已经显得很乏力。而 IR 为了加速学术信息交流,克服传统出版方式的时滞性特点,往往允许资源提供者上传预印本文献。而这些预印本文献并不能通过引文分析及影响因子来评价,而且 IR 中占据一定比例的非文本资源,如视频、音频格式的资源也不能通过被引频次评价其影响力。

1.3.2 Altmetrics 可以帮助 IR 管理者维护提升 IR 系统的质量 传统学术期刊在长期的发展过程中形成了一整套的质量控制与评价机制，如专家评审或同行评议制度，这些机制对 IR 内容质量的控制与评价有一定的参考价值。可是，IR 不仅包括已在传统学术期刊上发表的学术性论文还包括大量未发表的预印本、学习资料、工作文件等，不同类型的资源有不同的质量评定方法。故完全借鉴传统学术期刊的做法是行不通的，必须针对不同类型的资源拟定与之相适应的质量控制和评价体制[7]。目前关于 IR 的研究主要集中在理论与系统构造阶段，尚未形成成熟的质量监管体制，因此对于管理者来说，需要一些指标帮助他们剔除 IR 中没有价值的资源，使得 IR 更好地发挥促进学术信息交流的功能。但 IR 多以涉及多学科内容的综合性知识库为主，想要单凭 IR 管理者个人的知识储备控制 IR 的质量将会是一项十分繁重的工作。通过引入 Altmetrics 指标，借助用户反馈进行质量监控将会简化工作任务，也使得质量控制结果更贴近用户原始需求。

此外，引入 Altmetrics 的 IR 能够通过其内容被使用、被分享等数据来吸引更多的科研用户关注到 IR 作为一个开放存取平台的价值，Altmetrics 作为传统计量指标的补充可以更好地为馆藏建设、资源分配和市场推广提供支撑[8]。

1.3.3 Altmetrics 可以彰显 IR 资源发布者的学术影响力 Altmetrics 作为学术影响力评价的一个补充，一方面可以帮助科研工作者及时了解自己学术成果的影响力，如科研访问的统计情况；另一方面，可以作为个人简历中的新指标以彰显个人能力，即除了一位科研工作者通过传统学术交流方式产生的影响因子外，其创作预印本资源、多媒体资源在 IR 上的影响力也能反映该科研工作者的学术水平。

2 IR 中的 Altmetrics 指标

Altmetrics 有别于传统的计量学指标，如 H 指数、被引频次等，其最早被提出时，是为了捕捉分布在科学博客、Twitter、Facebook 等社交网络上的科学研究成果的影响力。因此，采用评论数、转载量、粉丝数等 Web2.0 环境下产生的信息传播交流数字表，对社交网络平台上科研成果的影响力进行计量，可以弥补现有计量指标的不足。笔者依据 IR 自身特点，结合 Altmetrics 指标思想，设计了一套适用于 IR 的指标体系。

2.1 指标设计

Altmetrics 的概念被提出之后，国内外相继产生了关于 Altmetrics 指标研究的成果。国内学者刘春丽提出了标签密度、知名度、热点、合作注释作为替代计量指标及相关用法[4]。2007 年，M. Jenson 提出了学术"Authority3.0"，并指出标签、博客、讨论、评论等指标对评价学术权威有重要作用[9]。2008 年，D. Taraborelli 认为传统学术期刊中采用的同行评议存在很大局限性，建议实行软同行评议（soft peer peview），并指出社会书签、CiteULike 和 Connotea 中的评价指标是弥补同行评议不足的重要参考指标[10]。2009 年，K. Rson 认为用期刊影响因子（JIF）来评价论文并不全面，提出利用 Twitter、博客、维基百科或其他百科中的讨论和引用去补充 JIF 评价体系[11]。C. Neylon 和 Shirley Wu 提出利用网络指标解决文献过载问题[12]。J. F. Cheverie 认为网络评价更有说服力，并提出学校书签、标签、出版奖励和学术网络等指标可以成为学者评定职称的重要依据[13]。M. Patterson 认为文章应该利用自身的特点进行评价，并指出书签、评论和"星级"等指标应该成为基本评价指标[14]。2011 年 J. Priem 等总结了"科学计量学 2.0"的评价指标来源，包括书签、文献管理工具、推荐系统、评论、微博、博客、维基百科、社交网络和开放数据平台[15]。Plum-Analytics 综合所有的指标研究成果，将替代计量指标划分成 5 类，分别是被使用情况、被获取情况、被提及情况、社交媒介和引用情况[16]。

目前，Altmetrics 的评价研究多集中在论文层面计量及相关指标体系。论文层面的评价方法是在线出版商 PLoS 提出的。PLoS ONE[17] 从科研文献自身功绩角度进行评判，而不是以它所发表的刊物为基础。因此，PLoS ONE 于 2009 年 3 月针对其所有期刊中所发表的文章开展了"论文层面计量（article-level metrics，ALM）"工程。ALM 包括以下指标：浏览量（viewed）、引用量（cited）、保存量（saved）、讨论量（discussed）、推荐量（recommoned）。

结合 IR 的特点及 Altmetrics 指标的研究情况，发现 Altmetrics 区分与传统计量学的特有指标主要为具有基于社交网络产生的能够证明其在网络环境下的影响力的指标。笔者认为 IR 中适用的 Altmetrics 指标可划分为以下几大类，如表 1 所示：

表 1　IR 中 Altermetrics 的期望应用指标

对　象	指　标
IR	累计访问量/今日访问量
	资源种类数和学科数
	累计上传数/本周上传数

续表

对　象	指　标
IR 资源	浏览量（访问量）
	转载量（下载量）
	推荐量
	评论数
IR 资源发布者	粉丝数
	标签（数）
	资源数

2.1.1　针对 IR 平台整体的指标

（1）累计访问量。累计访问量也称为历史访问量，是一个 IR 自开放以来被访问过的总次数，反映了一个机构知识库的被关注程度。累计访问量越高说明该 IR 提供的资源对学术交流活动的价值越大。今日访问量是 00：00—24：00 时间段内的访问次数，可以绘制为访问曲线，进而协助管理者对一定时期内的 IR 运行情况进行监控，从而及时调整资源部署情况。类似于今日访问量还可以设置月访问量，实质上就是以月为时间区间内的累计访问量，用来呈现长期动态访问量变化趋势，具体实践中可根据用户量的多少调整这一时间区间。与访问量类似的还有在线人数指标，即一天内访问 IR 的 IP 数量，通过分析 24 小时内的在线人数变化曲线可以得到系统一天的忙时和闲时，以便维护者对 IR 系统进行资源和人力调控，例如在忙时增派在线提供咨询服务的工作人员数量。

（2）资源种类数和学科数。资源种类数也可以称为数据类型，即一个 IR 平台所有资源的种类数量。例如一个 IR 提供其所在机构的学术和学位论文、实验数据、项目申请书、研究报告、课程视频，则它的资源种类数就是 5 个。学科数通常用来在综合性 IR 之间衡量，一个 IR 中资源涉及的学科种类越多，其服务的用户范围也就越广。但是学科数并不作为必要指标参与 IR 的评价，因为有些 IR 是单一学科科研机构建立的，如中国科学院生态环境研究中心机构知识库。

（3）累计上传数。累计上传数即自 IR 开放之日起所上传的资源总数，类似于一位学者自己的科研博客的博文数量，可以反映 IR 的内容丰富程度。累计上传数的多少反映了 IR 提供内容的充实程度，其越高，说明有更多的科研工作者参与到这一新型的学术交流平台中来。而本周上传数等某段时间内的指标数据则可以看出一段时间内 IR 的运行情况，反映用户近期对 IR 的兴趣变化态势。若本周上传数呈现走低趋势，则说明科研用户对将自己的成果放在该开放获取平台上获得的收益欠佳，导致分享意愿削弱。

2.1.2 针对 IR 中特定资源的指标

（1）浏览量或访问量。在引文分析中，只有被明确引用过的文章才会被纳入计量范围，然而一篇文章被阅读、讨论，即使未被引用也可能会对浏览者产生思路启迪等作用。此外，非文本形式的多媒体资源虽无法以参考文献的格式被引用，但依然对学术创作有着一定的辅助作用。此时可以用浏览量来表示 IR 中资源的受关注程度。浏览量，即 IR 中某一资源被点击浏览的次数，可以按照统计的时间区间分为累计浏览量和今日浏览量等。累计浏览量反映了资源发布以来的影响力或被关注程度，今日浏览量可以辅助资源发布者或 IR 管理者判断该资源的情报老化趋势，今日浏览量曲线的下降说明该资源出现了老化现象。

（2）转载量或下载量。转载即某一资源被用户在知识产权规定的使用方式下在非原作品发表网站重新发表该作品。转载量即 IR 中的文本、图片、视频等资源被转载到 Twitter、blog 等媒介上的总次数，一个资源的转载量越高，产生的影响范围就越广泛。下载量同传统电子期刊中的下载量相同，不过对于非文本资源依然可采用下载量的指标。下载量同传统电子期刊中的下载量相同，对 IR 中的资源设置转载量和下载量的指标主要在于弥补单纯依靠下载量无法全面评估 IR 中所有形式资源的缺陷。并且 IR 作为参与社交网络中学术交流的有力工具，其资源被使用的方式不再局限于下载引用，可以被博客、微博、微信等工具直接转载，这些指标能够显示出资源的影响力。

（3）推荐量。单纯的浏览并不能说明所浏览的文章对访问者产生的影响，通过 IR 为用户提供推荐所访问或浏览资源的功能，记录下用户的真实反馈，从这些用户反馈发掘比较受欢迎的资源。然后对被推荐的资源进行排序，能够对资源的总体质量、影响力、受欢迎程度等有一个直观的评价。推荐量的设置理念类似于社交网站所提供的推荐或点赞功能，用于让用户支持或推荐精品资源。

（4）评论数。评论数的基础是 IR 为每一资源开放自由评论系统，从而采集用户在浏览过资源后的评论数量。资源发布者可以从评论中得到实时反馈，进而改进自己的科研工作。同时，资源使用者可以利用评论及时获得答疑。此外，资源的评论数量也在一定程度上反映了该资源的受关注程度和影响力。

2.1.3 针对资源发布者的指标

（1）粉丝数。即支持并经常关注某位资源发布者的人数，类似于微博粉丝数。在 IR 中如果某位资源发布者发布的一系列研究成果对某些资源访问者有很大的价值，则 IR 可以为这些资源访问者提供关注这一发布者的服务，即成为其粉丝，从而获得 IR 提供的 RSS 推送服务，使得粉丝群体可以获得被关注者的最新动态。结合粉丝数和评论数可以得到活跃粉丝率，即：活跃粉丝率＝参与讨论的粉丝数/总粉丝数＊100%

（2）标签。IR 为每个资源都添加标签。IR 资源发布者发布的所有资源的标签中标注频率最高的前几项将成为 IR 资源发布者的标签。标签可以反映资源发布者近期的研究方向。

（3）资源数。即 IR 发布资源的总数。目前市面上有些 IR 还提供库中全文文献占总资源的比率，这对那些纯文本 IR 很有参考意义。

2.2 国内机构知识库的 Altmetrics 指标统计情况

笔者统计了国内现有可访问的所有 IR，并汇总了每个 IR 所使用的平台、可采集的指标数据。由于篇幅限制不在此详细列出统计图表。笔者以国内可访问 IR 的现有指标进行统计，并依据本文设计的指标方案，选择数据相对完善的3个指标，即：每个 IR 的累计访问量、资源种类数和累计上传数的数据进行统计，并详细统计了这些指标数据下可访问的24所机构知识库的建设情况。数据统计时间截止于2014年10月30日。统计情况如表2所示：

表2 机构知识库统计情况

机构知识库名称	累计访问量（次）	资源种类（种）数	累计上传数（个）
香港机构知识库	未知	49	349 239
香港科技大学机构知识库	未知	15	69 495
重庆大学文库	未知	8	13 276
中国科学院机构知识库服务网络	75 473 117	20	593 114
浙江大学机构知识库与数字出版	12 238 175	10	未知
台湾大学机构典藏	10 579 427	10	200 111
北京大学机构知识库	8 726 758	10	27 756
上海交通大学机构知识库	7 751 549	3	2 597
深圳大学城机构知识库	5 279 233	3	3 652
中国科学院文献情报中心机构知识库	4 234 451	9	6 164
沈阳师范大学机构知识库	2 222 865	6	12 196

续表

机构知识库名称	累计访问量（次）	资源种类（种）数	累计上传数（个）
中国人民大学机构知识库	1 230 878	2	2 328
闽南师范大学机构知识库	988 444	4	6 944
北京科技大学机构知识库	969 297	6	12 625
深圳大学机构知识库	712 514	3	1 940
北京邮电大学机构知识库	540 217	10	65 718
北京工业大学机构知识库	394 985	6	20 226
厦门大学学术典藏库	346 625	6	76 811
海口经济学院机构知识库	250 344	2	866
清华大学机构知识库	204 737	2	114 677
集美大学机构典藏库	190 977	4	16 804
广西民族大学机构知识库	160 251	8	613
西南政法大学机构知识库	25 212	未知	未知
贵州民族大学机构知识库	9 731	8	2 337

结合此表和被统计的所有机构知识库可以看出：目前国内 IR 的建设情况以北京、香港和台湾地区的高校机构知识库建设较为突出，其在数量和内容丰盈程度上都高于其他地区。值得一提的是，香港 8 所高校不仅具有自己的独立 IR，而且还组建了一个覆盖 8 个 IR 全部内容的元搜索引擎，构成一个总机构知识库——HKIR。HKIR 相对于内地 IR 的一个最显著的特点就是收录了种类丰富的资源——除了学术论文、会议论文、工作总结等，HKIR 亦将演讲、网站、软件、书评等资源也收录进 IR 系统。而目前大陆地区只有中国科学院机构知识库具有总机构知识库和下属研究所的分机构知识库，这与中国科学院由众多研究所组建而成有关，说明大陆地区还未形成跨校联合机构知识库的知识共享交流模式。排除不可获得的部分数据，根据表 2 不难看出，中国科学院、浙江大学及台湾大学 3 所高校或科研机构的 IR 的访问量较领先。在资源种类数量方面，HKIR、香港科技大学 IR 及中国科学院 IR 收录了较多的资源种类。在累积上传的资源数量方面，清华大学、中国科学院及香港大学 3 个 IR 在资源发布量上比较领先。通过此表和数据收集过程中对各机构知识库的使用体验还可以发现：大陆地区机构知识库建设完善程度相比香港、台湾地区仍有改进空间，如大陆地区机构知识库建设分布不均，北京地区建设密度较高、其他地区较为稀少，部分地区没有机构知识库。在资源公

开方面，由于 IR 的性质即为机构内的成员提供服务，因此除部分已发表文献附带有收录数据库链接外，多数资源不对机构外 IP 开放。

2.3 现有 IR 对本指标体系的支持情况

笔者统计了国内现有可访问 IR 的可计量指标情况，并对统计结果进行精简，统计出可访问且具有指标支持的 IR，在统计 IR 具有的指标时，笔者按照本文指标设计的划分标准将这些指标分为 3 类，即 IR 整体、IR 资源和 IR 中的资源发布者。如表 3 所示：

表 3　机构知识库指标统计

机构知识库	IR 整体				IR 中的资源				IR 资源发布者
	资源种类数	累积访问量	在线人数（实时访问量）	累积上传量	资源浏览量	资源评论量	资源推荐量	资源收藏量	作者资源量
北京邮电大学	✓	✓	✓	✓	✓	✓	✓	✓	✓
中国人民大学	✓	✓	✓	✓	✓	✓	✓	✓	✓
北京工业大学	✓	✓	○	✓	○	○	○	○	✓
清华大学	✓	✓	○	✓	○	○	○	○	✓
北京大学	✓	✓	✓	✓	✓	✓	✓	✓	✓
中国科学院	✓	✓	○	✓	✓	✓	✓	✓	✓
闽南师范大学	✓	✓	✓	✓	✓	✓	✓	✓	✓
集美大学	✓	✓	✓	✓	✓	✓	✓	✓	✓
厦门大学	○	✓	○	✓	○	○	○	○	✓
深圳大学	✓	✓	✓	✓	✓	✓	✓	✓	✓
深圳大学城	✓	✓	✓	✓	✓	✓	✓	✓	✓
广西民族大学	✓	✓	✓	✓	✓	✓	✓	✓	✓
贵州民族大学	✓	✓	✓	✓	✓	✓	✓	○	✓
海口经济学院	✓	✓	✓	✓	✓	✓	✓	✓	✓
沈阳师范大学	✓	✓	✓	✓	✓	✓	✓	✓	✓
上海交通大学	✓	✓	✓	✓	✓	✓	✓	○	✓
台湾大学	✓	✓	✓	✓	○	○	○	○	✓
香港科技大学	✓	○	○	✓	✓	○	○	○	✓

在表3中，√表示对应机构知识库存在此项指标，○表示不存在。除上述指标外，中国科学院还设有院外浏览量、国外浏览量、累计下载量等、院外下载量、国外下载量和平均下载量等指标，并且中国科学院的资源总量包括数据、全文、英文和全文开发总量几类；贵州民族大学除累积访问量和实时访问量外，还提供今日访问人数；台湾大学提供全文量和资源下载量；香港科技大学提供有资源下载量指标。

根据表3以及统计过程可以得出，目前国内可搜索到的IR共有35个，其中可外网访问查看的有18个，从这18个IR统计出的指标来看，目前国内IR对本文设计的指标体系具有很好的支持。除中国科学院提供的个别指标外，其余现有IR指标均可被纳入3类指标体系当中。这18个机构知识库对IR整体指标的支持情况最好，除厦门大学学术典藏库缺少资源种类指标、香港科技大学机构知识库缺少访问人数指标外，其余IR均具有3类IR整体指标，但在指标表述和细分上稍有区别，如对资源种类数的表述有文献类型、内容类型、资源类型等；对累计访问量指标有站点总访问量、在线人数、造访人次、线上人数、累积浏览量、院外浏览量等表述方式，并且多数IR还具备实时访问量指标，这对于IR运营情况的监测与分析能够带来更准确的指导，如可以发现一天中IR系统使用高峰时段等；对累积上传量指标有资源总量、数据总量、全文量等表述。其次，还可以看出18个IR对IR资源的指标支持情况次于对IR整体指标的支持情况。表3显示除北京工业大学、清华大学、厦门大学、香港科技大学的机构知识库缺少该分类下的指标外，其余IR中都能找到相应的IR资源指标，并且该分类下的指标与本文设计的指标也较为统一。但目前IR对针对IR资源发布者的指标支持情况并不理想，多数IR在该类指标下仅具有作者资源量单一指标，但资源发布者的粉丝数和个人标签对于衡量资源发布者学术影响力和提供检索入口具有一定意义，所以IR的Altmetrics指标设计还有待进一步完善。

3 结论

目前国内机构知识库的建设在地区分布上虽呈现出分布不均衡的现象，但从IR产生数量和研究现状来看，IR作为一种新的学术交流模式已经受到理论研究者和IR机构管理者的重视，并且关于IR的平台建设和组织模式已经有了相对完善的研究成果，而在IR评价和质量管控方面的研究相对薄弱。Altmetrics作为IR同时期的产物，对机构知识库评价和质量控制有着很好的切合度和适用性，并且目前国外已经有很多成熟的Altmetrics工具和理论研究网站,如:Altmetrics. org[18]、Impactstory[19]、PLoS Impact Explorer[20]、PLoS Article-Level Metrics[21]、Plum Metrics[22-23]、Altmetrics. com[24]等,这些工具和网站对于国内学者在机构知识库中应用 Altmetrics 提供了理论与技术支持。本文应用 Altmetrics 指标对 IR 进行评价设计,为 IR 管理者管理维护 IR 建设运营情况提供了依据,也为 IR 访问者便捷定位所需资源和资源发布者从新途径衡量自身学术影响力提供了便利。总体而言,本文探索了 Altermetrics 在 IR 中的应用进行了探索,期望研究人员共同关注该领域并推动其发展。

参考文献:

[1] 柯平,王颖洁. 机构知识库的发展研究[J]. 图书馆论坛,2006(6):243-248.

[2] Scholars seek better ways to track impact online[EB/OL]. [2014-09-20]. http://chronicle. com/article/As-Scholarship-Goes-Digital/130482/?sid=wc&utm_source=wc&utm_medium=en.

[3] Galligan F,Dyas-Correia S. Altmetrics:Rethinking the way we measure[J]. Serials Review,2013,39(1):56-61.

[4] 刘春丽. Web2.0 环境下的科学计量学:选择性计量学[J]. 图书情报工作,2012,56(14):52-56.

[5] 邱均平,余厚强. 替代计量学的提出过程与研究进展[J]. 图书情报工作,2013,57(19):5-12.

[6] 邓君,毕强. 国内机构知识库研究进展[J]. 图书与情报,2007(5):37-42.

[7] 董文鸳,袁顺波. 聚集学术机构知识的中心:机构库探析[J]. 图书馆杂志,2005(8):51-55.

[8] 刘丹,赵玉峰,曾文. 机构知识库的新机遇:替代计量学[J]. 中国教育网络,2014(6):74-76.

[9] Jensen M. The new metrics of scholarly authority[J]. Chronicle of Higher Education,2007,53(41):6.

[10] Taraborelli D. Soft peer review:Social software and distributed scientific evaluation[EB/OL]. [2014-09-20]. http://nitens. org/docs/spr-coop08. pdf.

[11] Anderson K. The impact factor:A tool from a bygone era[EB/OL]. [2014-09-20]. http://scholarlykichen. sspnet. org/2009/06/29/is-the-impact-factor-from-a-bygone-era.

[12] Neylon C,Shirley Wu. Article-level metrics and the evolution of scientific impact[J]. PLoS Biology,2009,7(11):1-6.

[13] Cheverie J F,Boettcher J,Buschman J. Digital scholarship in the university tenure and promotion process:A reporton the sixth scholarly communication symposium at George Town University library[J]. Journal of Scholarly Publishing,2009,40(3):219-230.

[14] Patterson M. Article-level metrics at PLoS-addition of usagedata[EB/OL]. [2014-09-23]. http://blogs.plos.org/plos/2009/09/article-level-metrics-at-plos-addition-of-usage-data/.

[15] Priem J, Hemminger B H. Scientometrics 2.0: New metrics of scholarly impact on the social Web[EB/OL]. [2014-09-20]. http://ojphi.org/ojs/index.php/fm/article/view/2874/2570.

[16] Plum analytics[OL]. [2014-09-15]. http://www.plumanalytics.com/about.html.

[17] Aticle-level metrics information[EB/OL]. [2014-09-25]. http://www.plosone.org/static/almInfo.

[18] Altmetrics.org[OL]. [2014-09-25]. http://altmetrics.org/manifesto/.

[19] ImpactStory[OL]. [2014-09-15]. http://impactstory.org/.

[20] Altmetrics.org[OL]. [2014-09-25]. http://altmetrics.org/tools/.

[21] PLoS Article-level metrics[OL]. [2014-09-25]. http://www.plosone.org/static/almInfo.

[22] Plum metrics[OL]. [2014-09-28]. http://www.plumanalytics.com/metrics.html.

[23] 许培扬. Altmetrics 的价值[EB/OL]. [2014-09-03]. http://blog.sciencenet.cn/blog-280034-825239.html.

[24] Altmetric.com[OL]. [2014-09-25]. http://altmetric.com/.

作者贡献说明：

邱均平：选题指导、文章体系结构确定以及整体内容确定；

张心源：数据收集、主体内容撰写与格式调整；

董克：内容结构组织与数据处理。

作者简介

邱均平（ORCID：0000-0001-8660-3491），中心主任，教授，博士生导师；张心源（ORCID：0000-0001-6084-6321），硕士研究生，通讯作者，E-mail：littlecircleer@163.com；董克（ORCID：0000-0003-3414-4240），讲师。

开放存取知识库的网络计量排名和评价研究

崔宇红

北京理工大学图书馆 北京 100081

1 简介

进入 21 世纪，随着互联网技术的发展和开放存取理念的推广，开放存取知识库（Open Access Repositories）逐渐成为一种新型的学术资源交流、获取和共享的模式，越来越多的大学、政府、基金组织和学术团体等开始建立各自的机构知识库和学科知识库。据统计，目前在开放存取知识库目录 OpenDOAR（The Directory of Open Access Repositories）[1]和 ROAR（The Registry of Open Access Repositories）[2]中的注册数量已经达到 1 650 个和 1 813 个，涵盖期刊论文、会议论文、预印本、学位论文、科技报告等多种资源类型，并通过互联网提供元数据检索和全文获取服务。

开放存取知识库有效提高了研究机构和科研人员的学术成果被发现和引用的机会。Lawrance 的研究表明，在计算机科学领域，免费在线论文平均被引次数为 7.03，比离线论文增加了 157%[3]；Hajjem 等人的研究发现在不同学科领域，开放存取可增加 36%－172% 的论文引用率[4]。由此，为了进一步推动开放存取知识库的影响力，西班牙科学研究理事会（Consejo Superior de Investigaciones Científicas，CSIC）的网络计量实验室从 2008 年起开始发布 "网络计量：世界知识库互联网排名（Webometrics：Ranking Web of World Repositories）"[5]，用网络计量学方法对近千个开放知识库的学术影响力进行排名和评价研究。

2 世界知识库排名的网络计量方法[6]

与传统分析引文数据库（如 WEB of Science，Scopus）中期刊论文的文献计量学方法不同，CSIC 的世界知识库排名将评价对象的网站及其组成的网络体系看成是学术影响力最快速最有效对外传播的渠道，下面重点从评价对象的选择、评价指标的确定、指标权重分配和计算方法上介绍其在排名中所采用的网络计量方法。

2.1 评价对象的选择

在 OpenDOAR 和 ROAR 中登记的知识库网站类型各异，按照信息提供者可以分为个人网站、机构知识库、学科知识库、电子期刊门户等；按照信息内容可以分为仅有元数据、预印本或印本、学位论文、正式和非正式资料、数字化档案；按照元存储方式可以分为目录型和收割型。

为了保证数据库间的同质性，世界知识库排名的评价对象选择了 OpenDOAR 和 ROAR 网站列表中的机构知识库和学科知识库两种类型，知识库信息内容限定为预印本或印本、学位论文、正式和非正式资料，并且文件格式为 PDF、PPS、DOC 等全文文档。

2.2 评价指标和权重

网络计量指标模型是基于文献计量学和影响因子的思想，将文献计量学模型中文献数量和引用数量转换为网络计量模型中的网页数量和外部网页链接数量，从互联网活动力和能见度两个角度来评测目标知识库的影响力，并在模型中各占50%权重。为了体现学术资源比重，活动力变量又分解成三个指标：网页数量，全文文档数量和在 Google Scholar 中的学术文献数量。四个指标定义为：①网页数量（Size）：从 Google、Yahoo、Live Search（BING）、Exalead 四个主要搜索引擎中检索到的目标知识库的网页数量，指标权重为20%；②全文文档数量（Rich Files）：从 Google 和 Yahoo 两个搜索引擎中检索到的 PDF、DOC、PPT、PS 和 XLS 格式的文档数量，指标权重为15%；③学术论文数量（Scholar）：从 Google Scholar 检索到的所有条目数与2001年以来检索到的条目数的平均值，指标权重占15%；④能见度（Visibility）：目标知识库从 Yahoo 和 Exalead 检索所得的其他网页对本网页外部链接总数。在实际计算时对来自于顶级域名（.com，.org，.net）的外部链接给予了更多关注，指标权重占50%。如表1所示：

表1 网络计量排名评价指标模型

评价指标		互联网数据来源	指标权重
活动力 （activity）	网页数（Size）	Google、Yahoo、Live Search、Exalead	20%
	全文文档数（Rich Files）	Google、Yahoo	15%
	学术文档数（Scholar）	Google Scholar	15%
能见度 （Visibility）	外部链接数（External Inlink）	Yahoo、Exalead	50%

2.3 计算方法

由于四项评价指标的数据来自于不同的搜索引擎，首先要对其数值进行对数计算并进行标准化归一，其计算公式为

$$N_a = \frac{log(n_a + 1)}{log(max(n_i) + 1)}$$

其中，N 代表不同搜索引擎 Google、Yahoo、Live、Exalead；a 代表评测的互联网站点。对网页数量指标（Size）取中位数，即：

$$S_a = \frac{((G_a + Y_a + L_a + E_a) - max(G_a, Y_a, L_a, E_a) - min(G_a, Y_a, L_a, E_a))}{2}$$

将各分项指标的标准化值进行加权求和计算，计算公式如下：

$$WR = 0.5 \times V + 0.2 \times S + 0.15 \times R + 0.15 \times Sc$$

最后将每个指标按照顺序排列后得到总名次和分项名次，数字越小的代表排名名次越高。

3 结果分析

3.1 地域分布

2010 年 7 月发布的新一期排名公布了排名前 800 位的知识库列表（包括机构知识库和学科知识库）[7]，居于前十位的国家和地区的知识库数量统计分布如表 2 所示：

表 2　知识库国家分布情况

排名	国家	前50	前100	前200	前400	排名	国家	前50	前100	前200	前400
1	美国	16	30	53	98	6	挪威	2	4	5	9
2	德国	7	14	24	42	7	加拿大	2	3	9	18
3	法国	7	11	14	23	8	澳大利亚	2	2	7	15
4	瑞士	4	5	5	5	9	西班牙	1	4	7	17
5	英国	3	4	13	34	10	日本	1	3	11	29

可以看到，美国无论是知识库的数量和影响力都处于世界领先位置，在前 50 和 100 名知识库中美国分别有 16 和 30 个，占总数的 30% 以上，在前 200 和前 400 位中美国占总数的比例也在 25% 左右；欧洲各国在机构知识库建设中体现出联盟发展的态势，有 6 个国家进入前 10 名，并在前 50 名知识库

中占据24席，德国、法国、瑞士和英国分列2到4位，加拿大、澳大利亚、挪威、西班牙和日本分列5到10位。亚洲进入前100名的有日本京都大学（38位）、沙特阿拉伯法赫德国王石油矿产大学（48位）、台湾大学（66位）、日本九州大学（88位）和日本早稻田大学（98位）。

3.2 知识库类型分析

表3是排名前20位的知识库列表及其分项指标排名情况，可以看到，总排名和分项指标排名第一的大多为建设时间长、在领域内规模较大、认可度较高的学科知识库，如总排名和能见度排名首位的CiteSeerX数据库是于1997年创建的第一个面向计算机科学领域的科学文献开放知识库，现拥有162万篇全文文献和3 146万篇引文信息。表3中的7个学科知识库涵盖了物理、航空航天、有机农业、心理学、神经科学、统计学、人文与社会科学、经济、密码学等多个学科领域。在排名前20位的知识库中有13个是由大学和研究机构建设的机构知识库，在数量和影响力发展很快，内容包括机构学术论文、会议论文、报告和学位论文等。

表3 排名前20位知识库（S：网页数量；V：能见度；R：全文文档数量；Sc：学术文档数量）

排名	知识库	S	V	R	Sc	机构库
1	CiteSeerX	2	1	528	2	
2	HAL Hyper Article en Ligne CNRS	9	5	1	7	√
3	Research Papers in Economics	1	7	86	4	
4	Social Science Research Network	5	4	41	5	
5	Arxiv. org e-Print Archive	19	2	231	3	
6	CERN Document Server	3	12	4	9	√
7	Smithsonian/NASA Astrophysics Data System	11	3	739	1	
8	HAL Institut National de Recherche en Informatique et en Automatique Archive Ouverte	10	11	5	21	√
9	Digital Library and Archives Virginia Tech University	13	10	3	33	√
10	HAL Hyper Article en Ligne Sciences de l' Homme et de la Soci 闰?/a>	16	9	7	39	
11	蓳ole Polytechnique Federale de Lausanne Infoscience	4	13	11	137	√
12	MIT Dspace	15	27	6	11	√
13	Ressources documentaires Institut de recherche pour le d 関 eloppement	8	23	2	304	√

续表

排名	知识库	分项指标排名 S	V	R	Sc	机构库
14	Online Archive of California	7	15	8	683	√
15	Depot Erudit	119	8	153	347	√
16	Organic ePrints	22	38	22	30	
17	University of Southampton Dpt Electronics & Computer Science	24	22	37	98	√
18	Humboldt Universitat zu Berlin Publikationsserver	26	30	24	123	√
19	Tufts University Perseus Digital Library	6	6	477	809	√
20	Universitat Stuttgart Elektronische Hochschulschriften	77	14	43	292	√

3.3 中国开放存取知识库建设情况

中国（包括台湾、香港地区）进入前400位的知识库有12个，其中台湾地区有7个，分别是台湾大学、台湾"清华"大学、台湾政治大学、台湾"中央"大学、台湾交通大学和台湾科技大学；香港地区3个，分别是香港科技大学、香港大学和香港理工大学；中国内地仅有中国西部环境与生态科学数据中心和厦门大学两家。台湾大学的机构典藏库排名第66位，在整个亚洲地区排名第3，排名前200位的均为台湾的4所高校，由此可见台湾在知识库建设和影响力上要高于香港和中国内地，如表4所示：

表4 排名前400位的台湾、香港和内地知识库

排名	知识库	分项指标排名 S	V	R	Sc
66	台湾大学机构典藏	266	94	131	8
162	台湾"清华"大学机构典藏	184	300	171	44
189	台湾"政治"大学机构典藏	106	416	39	438
200	台湾"中央"大学学位论文库①	149	239	714	16
201	香港科技大学机构知识库	82	439	172	107
232	香港大学学术网关	17	465	200	578
285	台湾交通大学机构知识库	465	374	262	210
294	中国西部环境与生态科学数据中心	372	583	260	10
316	香港理工大学机构知识库	68	686	65	420
324	台湾"中央"大学机构典藏	231	329	788	20
365	台湾科技大学机构典藏	165	649	141	368
399	厦门大学机构知识库	464	582	294	174

① 台湾"中央"大学有学位论文和机构典藏两个知识库，学位论文库当前无法访问

从类型上看，除中国西部环境与生态科学数据中心是由中国科学院主办的学科知识库外，其他均为由大学主办的机构知识库，主要存储大学产生的学位论文、预印本、课件、研究报告等学术和教学资源。

计算这 12 个知识库总排名和各分项指标排名的中位数，得到

median（RANK，S，V，R，Sc）=（258.5，174.5，427.5，186，140.5）

可以看到能见度指标表现最差，也就是说这些知识库网页获得外部网页的链接数量和质量相对较低。表征网页活动度水平的三个指标高于平均值，特别是学术文献数量指标表现最好，这一方面是由于本身知识库的文档数量达到一定规模；另一方面也表明了网站被搜索引擎收录的程度。

4 对中国开放存取知识库的发展建议

据统计，2008 年度中国国际论文数量居世界第 2 位，1999 - 2009 年间科技论文被引用次数居世界第 9 位，篇均被引次数居世界第 10 位，提高论文引用率首要是使之最大程度地可见和传播，开放知识库正是快速提升国家、机构和个人学术影响力的有效途径[8]。但从网络计量世界知识库排名结果来看，中国在开放存取知识库建设、影响力上与世界先进水平相比存在显著差距，这也与当前我国科技发展趋势和学术交流需求不相匹配。在中国特别是内地发展开放知识库，应从国家发展战略、机构开放存取认知和知识库能见度三个方面制定相应措施。

从国家层面上制定机构知识库的发展战略和政策措施是我国发展开放知识库的关键。这一点上可以借鉴日本的发展模式。日本从 2004 年由多所大学联合启动机构知识库建设计划，2005 年国家信息研究所将之列入国家网络信息基础设施的组成部分，2008 年日本主要的大学都建制了机构知识库并制定了相应政策，成为世界机构知识库中的重要一员。

大学机构知识库建设实践表明，成功的关键要素不在于技术和资金，而是机构内部管理层和研究人员对开放存取的认识水平和支持程度。国内高校拥有丰富的学位论文资源，并且很多高校图书馆都建有电子学位论文数据库，可是由于不开放对学位论文的公开存取使得这部分学术资源成为"私有"文献，这也是导致内地高校图书馆缺乏建设机构知识库热情的主要原因。

提升知识库的能见度首先就是要在主要的知识库目录和新的搜索引擎中登记并提交信息，以利于信息检索和发现。"中国科技论文在线"是我国最大的开放知识库，在研究中发现它从文献数量、外部引用上都与台湾大学机构知识库相近，但由于未在 OpenDOAR 和 ROAR 中注册导致没有进入评测范围，

失去了在世界范围内提升自身影响力的机会。此外，增加学术型文档的数量、提高外部网页链接数量、注重外部网页链接源的等级和质量都是知识库建设和管理者需要关注的。

5 结语

对开放存取知识库的网络计量排名和质量评价是一个新兴的研究课题，随着研究的深入，将会引入新的评价指标（如访问量、用户数、下载量等使用情况数据），使排名能够更充分地反映和统计当前知识库的发展水平。同时，我们更期待能够通过排名在中国普及和推广开放存取理念，激励和引导中国开放存取知识库迈入新的发展阶段，在促进中国科技成果产出和提升学术影响力方面发挥效益。

参考文献：

[1] OpenDOAR. [2010 – 07 – 10]. http://www.opendoar.org/.

[2] ROAR. [2010 – 07 – 10]. http://roar.eprints.org/.

[3] Lawrance L. Free online availability substantially increases a paper's inpact. Nature, 2001 (411):521.

[4] Hajjem C, Harnad S, Gingras Y. Ten-year cross-disciplinary comparison of the growth of open access and how it increases research citation impact. IEEE Data Engineering Bulletin, 2005,28(4): 39 – 47.

[5] Ranking web of world repositories:Home. [2010 – 07 – 08]. http://repositories.webometrics.info/.

[6] Aguillo IF, Ortega J L, Ferna'ndez M, et al. Indicators for a webometric ranking of open access repositories. Scientometrics, 2005,82(3): 477 – 486.

[7] Ranking web of the world repositories: Top 400 repositories. [2010 – 07 – 10]. http://repositories.webometrics.info/top800_rep.asp.

[8] 中国科学技术信息研究所. 中国科技论文统计结果 2009 年度. [2010 – 07 – 10]. http://www.casted.org.cn/upload/news/Attach-20091130154058.pdf.

作者简介

崔宇红，女，1972 年生，副研究馆员，副馆长，博士，发表论文多篇。